中 等 职 业 学 校 机 电 类 规 划 教 材

ZHONGDENG ZHIYE XUEXIAO JIDIANLEI GUIHUA JIAOCAI

专业基础课程与实训课程系列

电工电子技术基础

（第2版）

于建华　主编

施春雨　白秉旭　副主编

BASIC & TRAINING

人 民 邮 电 出 版 社

北 京

图书在版编目（CIP）数据

电工电子技术基础 / 于建华主编. -- 2版. -- 北京
: 人民邮电出版社, 2011.3（2023.8 重印）
中等职业学校机电类规划教材
ISBN 978-7-115-24177-1

Ⅰ. ①电… Ⅱ. ①于… Ⅲ. ①电工技术－专业学校－
教材②电子技术－专业学校－教材 Ⅳ. ①TM②TN

中国版本图书馆CIP数据核字(2011)第011644号

内 容 提 要

全书共 7 章，主要内容包括：直流电路、正弦交流电路、交流电动机、低压电器与控制电路、二极管及简单直流电源电路、三极管及放大电路、数字电路等。

本书从中等职业教育的实际出发，体现项目式教学的特点，内容由浅入深，语言通俗易懂，突出实际应用能力的培养，可以作为中等职业学校非电类专业基础教材，也可作为行业岗位培训教材。

中等职业学校机电类规划教材
专业基础课程与实训课程系列
电工电子技术基础（第 2 版）

◆ 主　　编　于建华
副 主 编　施春雨　白秉旭
责任编辑　王　平

◆ 人民邮电出版社出版发行　　北京市丰台区成寿寺路 11 号
邮编　100164　　电子邮件　315@ptpress.com.cn
网址　http://www.ptpress.com.cn
大厂回族自治县聚鑫印刷有限责任公司印刷

◆ 开本：787×1092　1/16
印张：14.75　　　　2011 年 3 月第 2 版
字数：375 千字　　　　2023 年 8 月河北第16次印刷

ISBN 978-7-115-24177-1

定价：27.00 元

读者服务热线：(010)81055256　印装质量热线：(010)81055316
反盗版热线：(010)81055315
广告经营许可证：京东市监广登字 20170147 号

中等职业学校机电类规划教材

专业基础课程与实训课程系列教材编委会

丛书前言

我国加入 WTO 以后，国内机械加工行业和电子技术行业得到快速发展。国内机电技术的革新和产业结构的调整成为一种发展趋势。因此，近年来企业对机电人才的需求量逐年上升，对技术工人的专业知识和操作技能也提出了更高的要求。相应地，为满足机电行业对人才的需求，中等职业学校机电类专业的招生规模在不断扩大，教学内容和教学方法也在不断调整。

为了适应机电行业快速发展和中等职业学校机电专业教学改革对教材的需要，我们在全国机电行业和职业教育发展较好的地区进行了广泛调研；以培养技能型人才为出发点，以各地中职教育教研成果为参考，以中职教学需求和教学一线的骨干教师对教材建设的要求为标准，经过充分研讨与精心规划，对《中等职业学校机电类规划教材》进行了改版，改版后的教材包括 6 个系列，分别为《专业基础课程与实训课程系列》、《数控技术应用专业系列》、《模具制造技术专业系列》、《计算机辅助设计与制造系列》、《电子技术应用专业系列》和《机电技术应用专业系列》。

本套教材力求体现国家倡导的“以就业为导向，以能力为本位”的精神，结合职业技能鉴定和中等职业学校双证书的需求，精简整合理论课程，注重实训教学，强化上岗前培训；教材内容统筹规划，合理安排知识点、技能点，避免重复；教学形式生动活泼，以符合中等职业学校学生的认知规律。

本套教材广泛参考了各地中等职业学校的教学计划，面向优秀教师征集编写大纲，并在国内机电行业较发达的地区邀请专家对大纲进行了多次评议及反复论证，尽可能使教材的知识结构和编写方式符合当前中等职业学校机电专业教学的要求。

在作者的选择上，充分考虑了教学和就业的实际需要，邀请活跃在各重点学校教学一线的“双师型”专业骨干教师作为主编。他们具有深厚的教学功底，同时具有实际生产操作的丰富经验，能够准确把握中等职业学校机电专业人才培养的客观需求；他们具有丰富的教材编写经验，能够将中职教学的规律和学生理解知识、掌握技能的特点充分体现在教材中。

为了方便教学，我们免费为选用本套教材的老师提供教学辅助光盘，光盘的内容为教材的习题答案、模拟试卷和电子教案（电子教案为教学提纲与书中重要的图表，以及不便在书中描述的技能要领与实训效果）等教学相关资料，部分教材还配有便于学生理解和操作演练的多媒体课件，以求尽量为教学中的各个环节提供便利。

我们衷心希望本套教材的出版能促进目前中等职业学校的教学工作，并希望能得到职业教育专家和广大师生的批评与指正，以期通过逐步调整、完善和补充，使之更符合中职教学实际。

欢迎广大读者来电来函。

电子函件地址：lihaitao@ptpress.com.cn, liushengping@ptpress.com.cn

读者服务热线：010-67143761, 67132792, 67184065

第 2 版前言

本书第 2 版保留了第 1 版的主要特点，同时根据教育部 2009 年最新颁布的《中等职业学校电工电子技术与技能教学大纲》以及电工电子技术的最新发展对内容和版式做了一定的调整，主要体现在如下几个方面。

1. 删减了原理推导及定量计算，强化了对器件、电路外部特性及主要应用的介绍。

2. 剔除了一些陈旧知识，增加了一些新知识的介绍，如增加了电子式时间继电器，去除了逐步过时的空气阻尼式时间继电器等内容。

3. 进一步贯彻了课程改革思想，如强化了项目化任务驱动思想，体现“做中学，学中做”的理念，强化了多元评价的思想，在每节结束增加了“评一评”栏目，供教师及时组织学生进行自评、互评等过程评价。

4. 精减了有关“知识能力训练习题”，强调了知识应用能力的训练。

5. 更新了部分图片，使得本书更加图文并茂。

6. 提供了更加丰富的配套多媒体教学资源，读者可通过人民邮电出版社教学资源网免费下载。

在第 2 版修订过程中，许多读者给予了大力的支持和帮助，对第 1 版中的一些错误进行了更正，在此对广大读者表示衷心的感谢。

限于编者水平，书中难免还存在诸多疏漏或不当之处，恳请广大读者批评指正。

编者

2011 年 1 月

第 1 版前言

本书根据教育部颁发的中等职业学校“电工电子技术”课程教学大纲进行编写，同时参考了有关行业标准和有关省市对口单招考试大纲，本书适用于中等职业学校非电类专业，也可供有关行业培训使用。

本书在编写过程中着重体现了如下特点：

1. 注意面向当代电工电子技术的最新发展动向，吸收最新的知识、材料、技术和工艺。

2. 注意体现当前国内外职业教育新的教育理念和教育方法，贯彻项目教学思想，采用任务驱动，以体现学生的主体性；同时在内容编排上增加了大量的拓展延伸和阅读材料作为提高和拓宽，注意体现分层教学的思想，以适应不同类型学生的不同需要。

3. 注意针对当前中等职业学校学生的实际和非电类专业对电学知识技能的实际需求，大量删减烦琐的原理推导和定量计算，侧重于元件和单元电路外部特性的介绍，以实践作为主线，通过实践体会来了解有关的元件和电路性能，掌握有关的操作方法，体现从感性到理性的认知规律。

4. 注意图文并茂，排版形式力求新颖活泼，文字力求通俗易懂，举例力求贴近时代和生活，以提高学生的阅读兴趣。

“电工电子技术”是中等职业学校非电类专业的一门技术基础课，是非电类专业在少课时情况下帮助学生掌握基本的电学知识和基本技能的一门必修课程，通过本课程的学习应使学生掌握电工和电子技术的基本概念和基本原理，了解常用设备和器件的特性和应用，学会常用仪器仪表的使用和基本电学量的测量方法。具体内容包括如下 4 个方面：①电路基础，包括直流电路、正弦交流电路、常用电工测量仪表的使用和安全用电知识；②模拟电子技术，包括二极管及直流稳压电源电路、分立元件基本放大电路和集成运算放大电路；③数字电子技术，包括数字电路基础知识、集成门电路和触发器等；④电工技术，包括变压器、电动机、低压电器与控制电路等。

在教学中我们建议：贯彻理论实践一体化的教学思想，以“活动”为主线，通过“活动”来引出相关的知识，通过“活动”来培养学生的实践能力，同时通过“活动”培养学生的合作意识和观察、思维等方面的能力，有条件的学校要尽量将课堂置于实验室或实习室进行，尽可能提高学生参与课堂“活动”的程度。本书每部分内容后均配有“练一练”，供学生课堂练习之用，每一节课后配有适量的知识能力训练题，供教师布置课后作业之用；此外，每章后还配有思考与练习，教师可以根据学生的实际情况（分层教学），选择其中部分作为单元练习之用。

本课程分两个学期进行教学，建议安排在三年制的第二三学期（《物理》力学部分完成之后），教学总课时为 120～140，各章学时分配建议方案如下：

序　号	课 程 内 容	建议学时数
第 1 章	直流电路	20
第 2 章	正弦交流电路	20
第 3 章	交流电动机	10
第 4 章	低压电器与控制电路	18

续表

序　　号	课 程 内 容	建议学时数
第5章	二极管及简单直流电源电路	16
第6章	三极管及放大电路	20
第7章	数字电路	18
机动		6
总计		128

本书由通州职教中心于建华主编，负责全书的策划构思、大纲的编写及统稿，并编写了第1、2、7章，通州职教中心施春雨编写了第3、4章，江宁职教中心白秉旭编写了第5、6章。邓继平、张军华、张林娣、朱新民等老师参与了本书的审校工作。南京信息职业技术学院华永平老师担任主审，武汉市仪表电子学校胡峥老师、常州刘国钧职教中心郭占涛老师审稿，南京信息职业技术学院何娴副教授、温州技师学院章振周副教授等参加了本书编写大纲的审定，青岛、广州、宁波等全国许多地方的老师提供了宝贵的意见，通州职教中心的领导和老师在本书的编写过程中给予了大力的支持。编者在此一并表示感谢！

限于编者的水平，加之时间仓促，本书难免存在疏漏和不足之处，恳请广大老师和读者批评指正。

编者

2006年1月

目 录

第 1 章 直流电路……1
1.1 认识电路的组成……1
1.1.1 观察电路的组成……1
1.1.2 观察电路的状态……2
1.1.3 认识电源……3
1.2 测量电流和电压……6
1.2.1 认识电流和电压……6
1.2.2 学习电流表的使用方法……7
1.2.3 学习电压表的使用方法……7
1.2.4 测量简单电路的电流和电压……8
1.3 测量电阻……11
1.3.1 学习使用万用表测量电阻……11
1.3.2 学习用伏安法测量电阻……12
1.4 电流表和电压表的量程扩大改装……16
1.4.1 认识电阻串联、并联电路的规律……17
1.4.2 扩大电压表量程……17
1.4.3 扩大电流表量程……18
1.5 测算电功和电功率……22
1.5.1 认识电功和电功率……22
1.5.2 电能的计算——电度表的使用……23
1.5.3 使用功率表测量电功率……24
1.6 测量电池的使用效率……27
1.6.1 测量电池内阻和电动势……27
1.6.2 分析电池的效率……28
1.7 验证节点电流定律和回路电压定律……30
1.7.1 验证节点电流定律……30
1.7.2 验证回路电压定律……31
1.8 分析复杂直流电路……34
1.8.1 运用支路电流法分析复杂直流电路……34
1.8.2 运用戴维南定律分析复杂直流电路……36
本章小结……41
思考与练习……42

第 2 章 正弦交流电路……46
2.1 认识交流电……46
2.1.1 正确使用示波器……46
2.1.2 用示波器观察交流信号……48
2.2 认识单一参数正弦交流电路的规律……52
2.2.1 认识电容器……52
2.2.2 认识电感器……54
2.2.3 验证纯电阻、纯电容、纯电感电路的电流、电压相位关系……56
2.3 认识 RL 串联电路的规律……61
2.3.1 安装日光灯电路……61
2.3.2 测算日光灯电路的功率……63
2.3.3 测算功率因数，提高电源利用率……65
2.4 认识三相交流电路的规律……69
2.4.1 认识三相交流电源……69
2.4.2 三相负载的星形连接……72
2.4.3 三相负载的三角形连接……76
本章小结……79
思考与练习……80

第 3 章 交流电动机……84
3.1 认识三相异步电动机……84
3.1.1 观察三相异步电动机的结构……84
3.1.2 了解三相异步电动机的转动原理和换向方法……85
3.1.3 了解三相异步电动机的调速方法……87
3.1.4 识读三相异步电动机的铭牌数据……88
3.2 了解单相异步电动机……90
3.2.1 认识单相异步电动机的结构和性能特点……90
3.2.2 认识电容启动单相异步电动机……92
3.2.3 电动机的简单检测……92
本章小结……94
思考与练习……95

第 4 章 低压电器与控制电路……96
4.1 认识常用低压电器……96

4.1.1 认识开关……97
4.1.2 认识熔断器……102
4.1.3 认识交流接触器……104
4.1.4 认识按钮开关……108
4.1.5 认识行程开关……110
4.1.6 认识继电器……111
4.2 安装、调试电动机控制电路……117
4.2.1 正确绘制电气原理图……117
4.2.2 掌握三相异步电动机的启动控制……117
4.2.3 掌握三相异步电动机的正、反转控制……123
4.2.4 掌握三相异步电动机的制动控制……126
本章小结……129
思考与练习……130

第5章 二极管及简单直流电源电路……134
5.1 认识变压器……134
5.1.1 了解变压器的结构……134
5.1.2 了解变压器的工作原理和作用……135
5.1.3 识读变压器的主要参数……138
5.1.4 测量变压器的绝缘电阻……141
5.1.5 判断变压器初、次级绕组的好坏……141
5.1.6 测量变压器变比……142
5.2 认识二极管……143
5.2.1 验证二极管的单向导电性……143
5.2.2 了解二极管的结构、型号、参数……143
5.2.3 判别二极管的极性和好坏……145
5.3 认识二极管整流电路……147
5.3.1 安装二极管桥式整流电路……147
5.3.2 测试二极管桥式整流电路波形……148
5.3.3 分析并验证二极管桥式整流电路的规律……148
5.4 认识简单直流电源电路……152
5.4.1 了解稳压二极管的特性……152
5.4.2 认识电容和电感的滤波特性……153
5.4.3 安装简单直流电源电路……154
5.4.4 测试简单直流电源电路各点波形……156
本章小结……158
思考与练习……159

第6章 三极管及放大电路……161
6.1 认识三极管……162
6.1.1 了解三极管的材料、结构、特性、参数……162
6.1.2 判别三极管的管脚和型号……164
6.2 认识基本放大电路……167
6.2.1 连接单管共射放大电路……167
6.2.2 测试放大电路的波形和参数……168
6.2.3 认识放大电路的性能特点……171
6.2.4 观测静态工作点对放大电路性能的影响……173
6.3 认识负反馈放大电路……175
6.3.1 连接负反馈放大电路，认识反馈概念……175
6.3.2 验证负反馈对放大电路性能的影响……177
6.3.3 连接射极输出器并分析其性能……179
6.4 认识集成运算放大电路……183
6.4.1 了解集成运算放大电路的外部特性……184
6.4.2 加法器电路的组装与测试……186
6.4.3 减法器电路的组装与测试……188
本章小结……191
思考与练习……191

第7章 数字电路……194
7.1 了解数字电路的基础知识……194
7.1.1 认识数字信号与数字电路……194
7.1.2 认识逻辑代数和逻辑变量……196
7.2 认识逻辑门电路……199
7.2.1 识读基本门电路芯片，认识基本门电路……199
7.2.2 识读组合门电路芯片，认识组合门电路……203
7.3 认识触发器电路……210
7.3.1 认识触发器……210
7.3.2 验证集成触发器的逻辑功能……212
本章小结……220
思考与练习……221

附录A……223

参考文献……226

第1章 直流电路

早在远古时代，人们就已经发现了电的存在，从雷电到静电，从摩擦起电到水力发电、火力发电，再到核电站发电，现代生产和生活已经离不开电。在实际应用中，电总是按照一定的路径（电路）传输和运行。电按其性质不同分成了直流电和交流电，相应的电路分成了直流电路和交流电路，本章主要学习直流电路。

知识目标

- 理解电流、电压、电阻、电源电动势、电功、电功率等电学量的概念。
- 理解直流电路中电流、电压、电阻之间的关系：欧姆定律、节点电流定律（基尔霍夫第一定律）、回路电压定律（基尔霍夫第二定律）。
- 掌握运用欧姆定律、基尔霍夫定律计算电流、电压、电功率的方法。
- 理解电路的 3 种状态，了解电气设备的额定值。

技能目标

- 学会正确使用电流表、电压表、万用表、功率表、电度表等仪表测量有关电学量。
- 学会电流表和电压表的改装。

1.1 认识电路的组成

1.1.1 观察电路的组成

在我们的周围存在着各种简单或复杂的电路，它们的结构组成必定符合相同的规律和要求。让我们通过观察来认识电路的组成规律。

如图 1.1 所示，将干电池、灯泡、开关、电线等连接成电路，当开关接通时，灯泡发光。

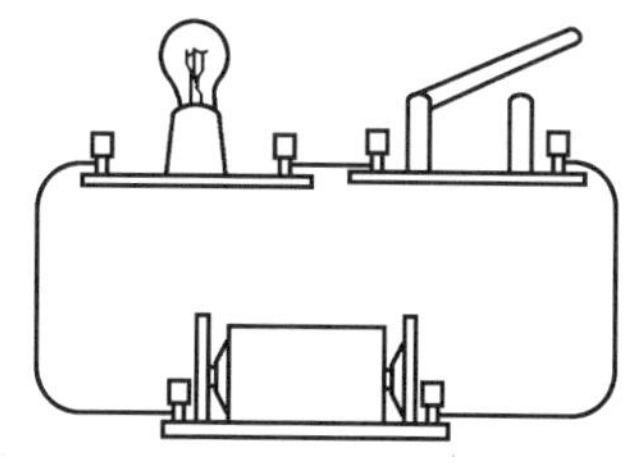

图 1.1 电路的组成

灯泡为什么能发光？

灯泡发光是由于电流通过灯丝时产生热效应所致，可见在上述电路中已形成了完整的电流的通路。

电路的组成包括：

（1）电源——供电的器件；

（2）用电器——利用电来工作的器件；

（3）开关——控制电路接通或断开的器件；

（4）导线——起连接和电流传输作用的材料。

1.1.2 观察电路的状态

灯泡能以是否发光显示所处电路的工作状态，电炉能以是否发热显示其电路状态，还有一些电路没有明显的标志显示其状态，但可以通过对电路有关电学量的测量分析判断电路的状态。我们还经常可以在很多用电器上看到诸如“警告”、“WARNING”等标志，禁止电路处于某些状态，这又是什么原因呢？

做一做

在图1.1所示电路中，当开关接通时，灯泡**发光**，表明电路处于**导通**状态；

当开关断开或电线断裂、接头松脱时，灯泡**不发光**，表明电路处于**断开**状态。

读一读

通常电路存在**通路**（闭路）、**开路**（断路）两种状态，但在发生故障或连接错误时，还存在**短路**状态。电路3种状态的比较如表1.1所示。

表1.1　电路的3种状态

状态	特点	
通路	电路接通	有电流通过
开路	电路一处或多处断开	无电流通过
短路	导线未经用电器（负载）而直接将电源正负极（两极）相接	电流很大，易引起电路烧毁甚至火灾等严重事故

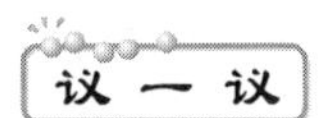

短路会产生什么后果？实际生产和生活中是如何防止短路的？

熔断器

熔断器又称熔丝，通常是由熔点比较低的铅锑合金材料制成的。当通过熔丝的电流超过一定数值（此电流称为额定电流）时，熔丝会因发热过多而很快熔断，从而起到保护电路中其他器件的作用。常见的熔断器如图1.2所示。

熔丝的额定电流与熔丝的粗细有关，其直径越粗，熔断电流越大。选用熔丝时，应使它的额定电流等于或略大于电路正常工作时的最大电流（详见本书第4章）。

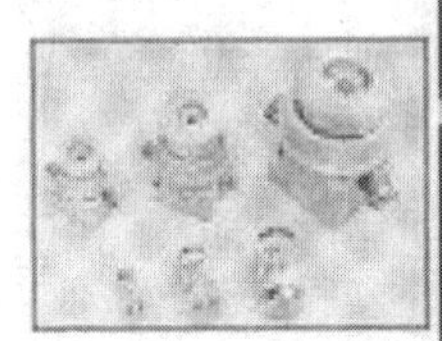
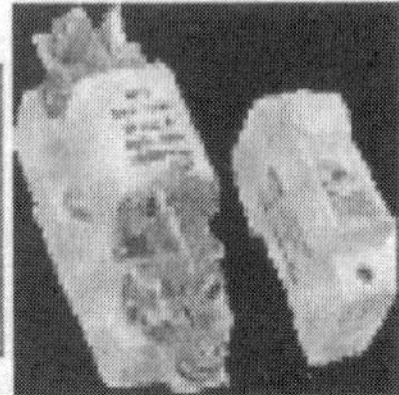

图1.2　熔断器

1.1.3 认识电源

电池是生活中常用的电源，我们常把几节新电池串联起来使用，生活常识告诉人们不要把新旧电池混用，一般也不把电池并联使用，这是什么原因呢？

议 一 议

列举你所知道的电源。

读 一 读

广义地讲，能把非电能转换成电能而向用电器供电的装置均称为**电源**。常用的电源有：干电池、太阳能电池、火力发电机组、水力发电机组、风力发电机组、核电机组等（见图 1.3）。

图 1.3 常用电源

电源均有两个电极（正、负极），电源的作用在于依靠电源内部的非静电力将正电荷不断地从电源的负极经电源内部搬运到电源的正极，从而维持电源的正极和负极之间存在一定的电压（称为电源的**端电压**）。

衡量电源内部这种搬运电荷能力的物理量称为**电源电动势**，通常用符号 E 表示，电动势的单位是 V（伏特）。

电源本身也存在一定的电阻，称为电源**内阻**，用符号 r 表示。

当电源两端接上负载 R_L 形成闭合回路时，电路中形成电流 I，此时

$$E = I \times r + I \times R_L$$

其中，$I \times R_L = U$ 称为电源的端电压。

议 一 议

如果电路处于开路状态，那么电源的端电压等于多少？

读 一 读

电源向负载供电时既提供电压也提供电流，电源既可以看做是电压提供者也可以看做是电流提供者，因此为电路分析方便起见，通常可以将电源分成电流源和电压源两种形式。

为电路提供一定电压的电源称为电压源，其符号如图 1.4 所示。其中，E 代表电动势，r_0 为内阻。

当 $r_0 = 0$ 时，电压源将向电路提供恒定电压，称为理想电压源，又称恒压源。

"+"代表电源正极。

为电路提供一定电流的电源称为电流源，其符号如图 1.5 所示。其中，I_S 为电流源输出的定值电流，r_0 为内阻。

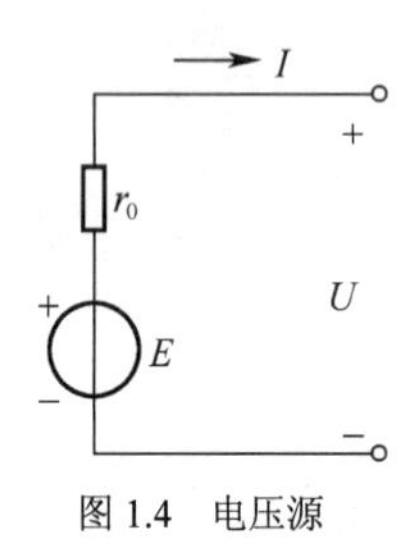

图 1.4　电压源

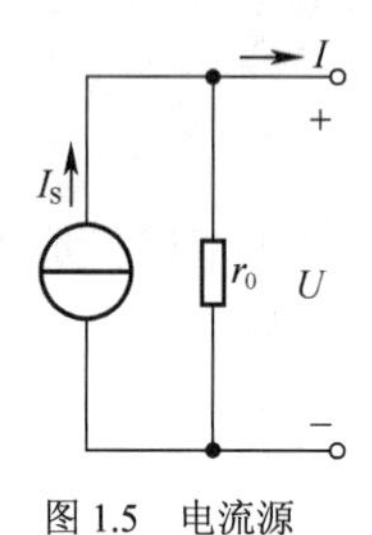

图 1.5　电流源

箭头方向代表电源电流输出方向。

当 $r_0=\infty$ 时，电流源将向电路提供恒定电流，称为理想电流源，又称恒流源。

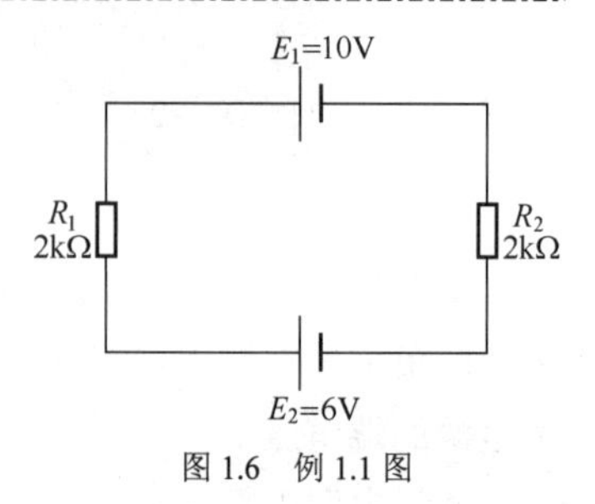

图 1.6　例 1.1 图

【例 1.1】 标出图 1.6 所示电路中电流的方向，并求出其大小。

【解】 $I=\dfrac{E_1-E_2}{R_1+R_2}=\dfrac{10-6}{2+2}=1(\text{mA})$，电流方向为逆时针方向。

练一练 电池组的连接

按照图 1.7 所示电路将几节相同的电池连接成电池组，用电压表测量其两端电压，并推算其内阻。

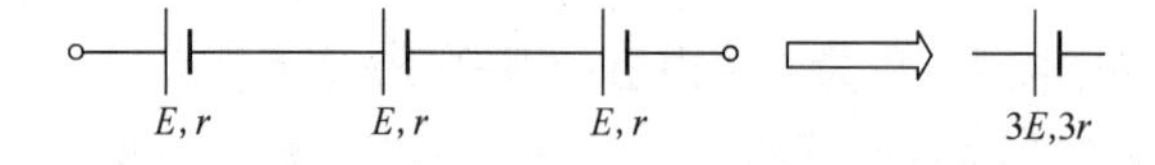

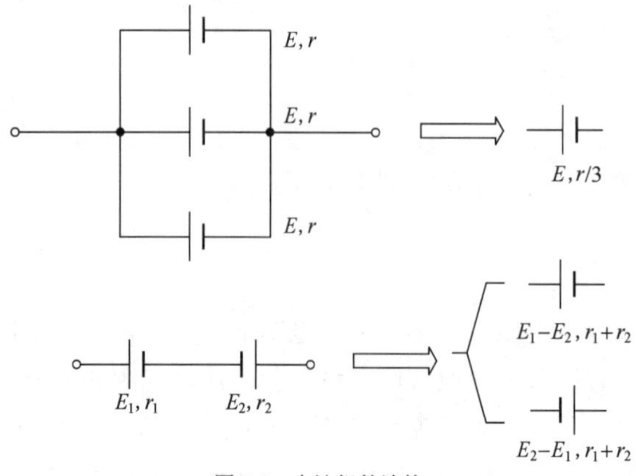

图 1.7　电池组的连接

每节电池的电动势为 1.5V，内阻设为 0.5Ω，求：

（1）两节电池同向串联后的总的电动势为________V，总的内阻为________Ω；

（2）两节电池同向并联后的总的电动势为________V，总的内阻为________Ω；

（3）两节电池反向串联后的总的电动势为________V，总的内阻为________Ω；

（4）画出上述 3 种电池连接的等效电路图。

电池的串联可以增加电动势，满足电路对大电动势的需求，同时串联以后的电池组的内阻也相当于几个电阻的串联。如果相互串联的几个电池中有一个是老化或损坏的（内阻比正常电池大大增大），将使整个电池组的电阻大大增大，也就使得整个电池组无法发挥作用，所以**一般不把新旧电池混合使用**。

电池组并联后，虽然没有增加电动势，但会使总的内阻减小，从而使整个电池输出的电流增加。由于电池之间存在一定差异，即使是同一型号、同一批次的电池，它们的内阻之间也会存在差异，这就使得各电池中通过的电流不平衡，内阻小的电池中会通过超过其正常值的电流，容易造成电池发热甚至烧毁，所以**一般不将电池并联使用**。

拓展与延伸　正确绘制电路图

1. 熟悉电路符号

国际电工委员会和我国国家标准委员会对各类电路元器件均规定了统一的符号。我国《电气图用图形符号》国家标准（简称国标），常用的电气图形符号如表 1.2 所示。

表 1.2　常用的电路元件符号

——	直流电	～	交流电	≂	交直流电
	开关		电阻器		接机壳
	电池		电位器		接地
	线圈		电容器		连接导线
	铁心线圈	A	电流表		不连接导线
	抽头线圈	V	电压表		熔断器
G	直流发电机		二极管		电灯
G	交流发电机	M	直流电动机	M	交流电动机

2. 绘图注意事项

（1）采用统一规定的电路符号（国标）。

（2）接线要横平竖直。

（3）交叉线注意是否有连接关系。

（4）线路要简洁、匀称、整齐、美观。

3. 计算机软件绘图

除了手工绘图外，随着计算机软件技术的发展，还出现了 Protel、AutoCAD、Visio 等计算机绘图软件，运用这些软件可以较方便地绘制各种电路图。

评一评 **根据本节任务完成情况进行评价，并将结果填入下列表格。**

项目 评价人	任务完成情况评价	等　级	评定签名
自己评			
同学评			
老师评			
综合评定			

知识能力训练

1. 电路存在________、________和________3 种可能的状态，其中________状态应严格避免，因为它会引起________________等严重后果。

2. 电路如图 1.8 所示。①标出回路电流方向；②通过电阻 R_1 的电流为________。

3. 6 节相同的干电池，每节的电动势均为 1.5V，内电阻均为 0.1Ω，若将其顺序串联，则总的电动势为________V，总的内阻为________Ω。

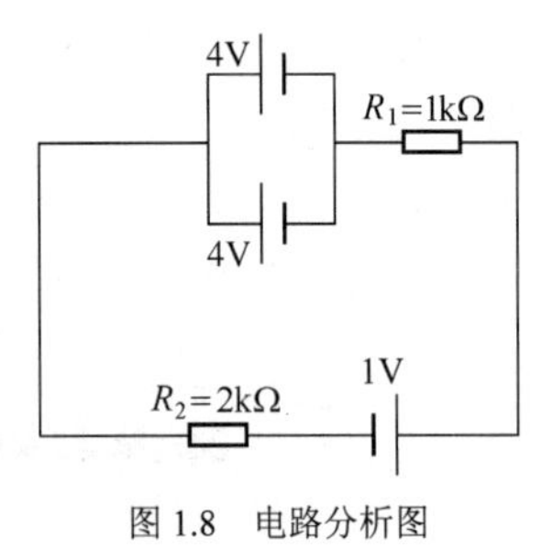

图 1.8　电路分析图

1.2　测量电流和电压

1.2.1　认识电流和电压

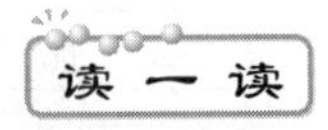

电荷的定向移动形成电流。从微观上分析，电流的大小与单位时间内通过导体横截面的电荷量有关。在宏观上，通常用电流表和万用表测量电流。

电流的符号为 I，在国际单位制中，电流的单位是 A（安培），此外常用的还有 mA（毫安）、μA（微安）等。

习惯上规定正电荷定向移动的方向为**电流的方向**。通常根据电流方向是否随时间改变而将电流分成**直流电流**和**交流电流**（见图 1.9）。

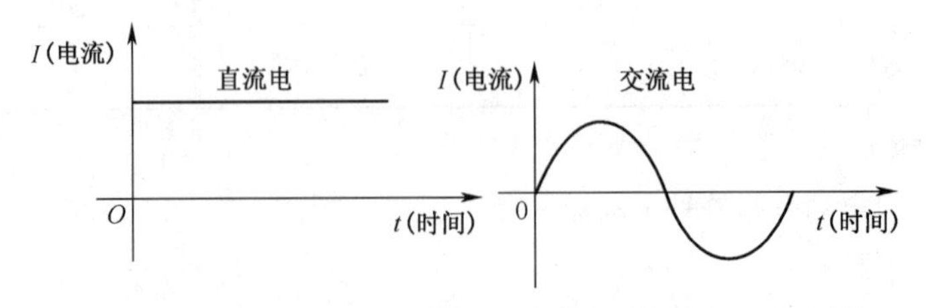

图 1.9　直流电流与交流电流波形

正如水位差带来的水压导致水流一样，电压是形成电流的必要条件之一，电路中提供电压的

器件是电源。

电压的符号为 U，在国际单位制中，电压的单位是 V（伏特），此外还有 kV（千伏）、MV（兆伏）、mV（毫伏）、μV（微伏）等。

正如水压又称水位差一样，电压又称电位差，它是导体两端在电场中的相对位置（电位）之差。根据电路中电流是直流电流还是交流电流，电路两端电压分别称为直流电压和交流电压。

练 一 练

某电路横截面上 10s 内通过的电荷为 20C（库仑），那么这段电路的电流等于________A。

1.2.2 学习电流表的使用方法

测量电流常用的仪表是电流表和万用表。

做 一 做

仔细观察电流表（见图 1.10）并思考：

（1）各接线柱（旋钮）的符号及含义；

（2）刻度盘上标有字母 A、mA、μA 表示的含义；

（3）对应各量程挡，刻度盘上的分度值分别是多少？

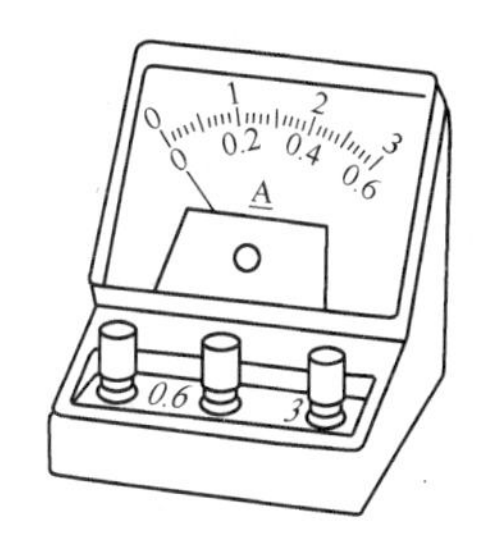

图 1.10 电流表

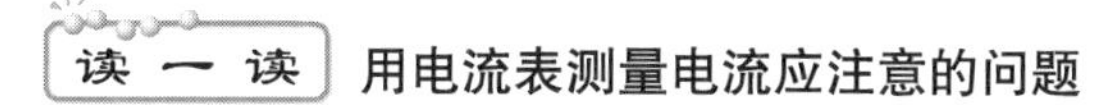

读 一 读 **用电流表测量电流应注意的问题**

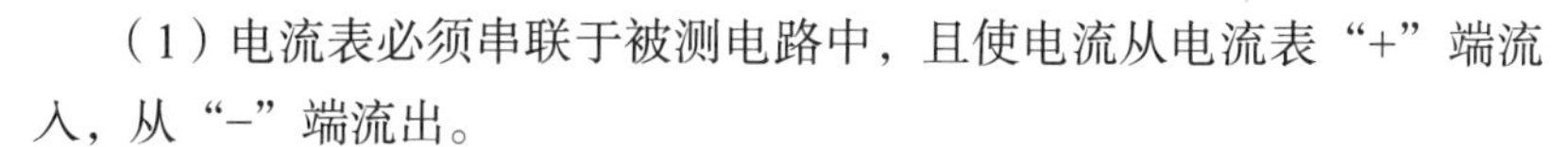

（1）电流表必须串联于被测电路中，且使电流从电流表“+”端流入，从“−”端流出。

（2）测量前应检查电流表的指针是否对准零刻度线，如果有偏差，要调节表盘上的调零旋钮。

（3）要选择合适的量程挡，通过电流表的电流不能超过它的量程。如果不能估计被测电流的大小，可以先将一个旋钮接好，然后将另一接线头快速碰触最大量程的接线柱，如果指针偏转仍然在较小的范围内，可以再选用较小的一个量程进行试碰，直到指针偏转到表盘中间位置。

（4）严禁将电流表并接在被测电路两端。

议 一 议

如果被测电流超出电流表量程或不慎把电流表并接到电路上，可能出现什么后果？为什么？

练 一 练

根据图 1.11 所示表盘指针显示情况，读出被测电流值。

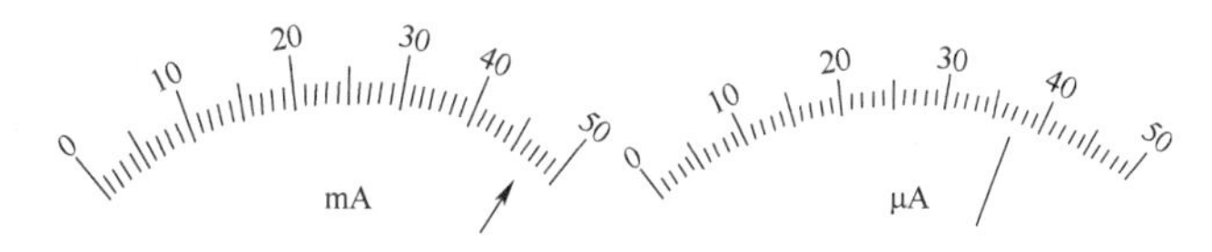

图 1.11 电流表的表盘

1.2.3 学习电压表的使用方法

测量电压的仪表主要是电压表或万用表。

观察电压表（见图 1.12）并思考：

（1）各接线柱（旋钮）的符号及含义；

（2）刻度盘上标有字母 V、mV 表示的含义；

（3）对应各量程挡，刻度盘上的分度值分别是多少？

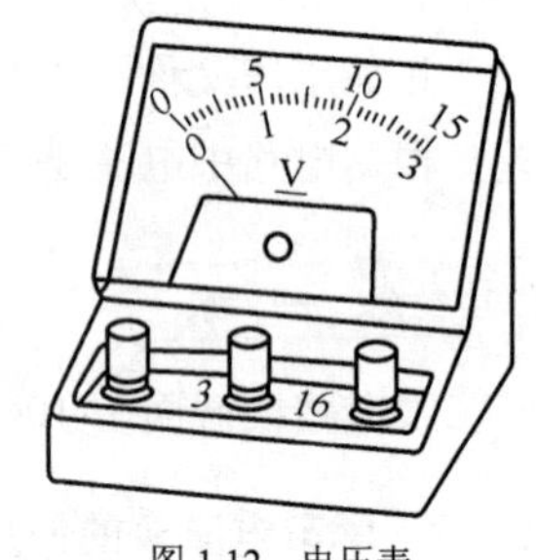

图 1.12　电压表

用电压表测量电压要注意的问题

（1）电压表应并接于被测电路的两端，且使电流从电压表“+”端接线柱流入，从“–”端接线柱流出。

（2）注意所测电压不能超过电压表量程，如不能估计被测电压，可以采用碰触法（方法同电流表的使用）。

（3）使用电压表前应先调零。

如果被测电压超出电压表量程或不慎将电压表串联接入电路，会出现什么后果？

练一练

读出图 1.13 中表盘所指示的被测数值。

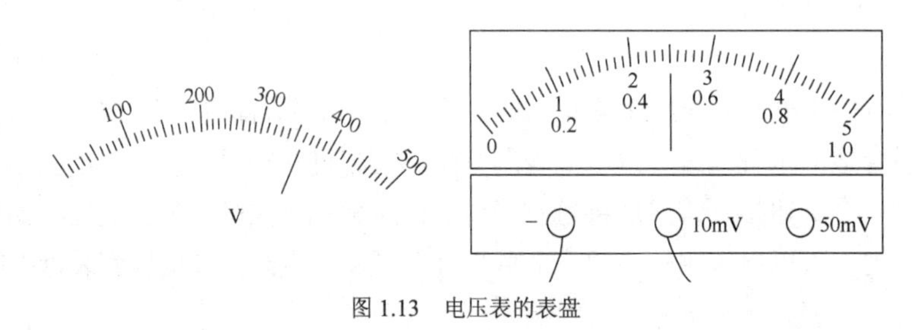

图 1.13　电压表的表盘

1.2.4　测量简单电路的电流和电压

做一做

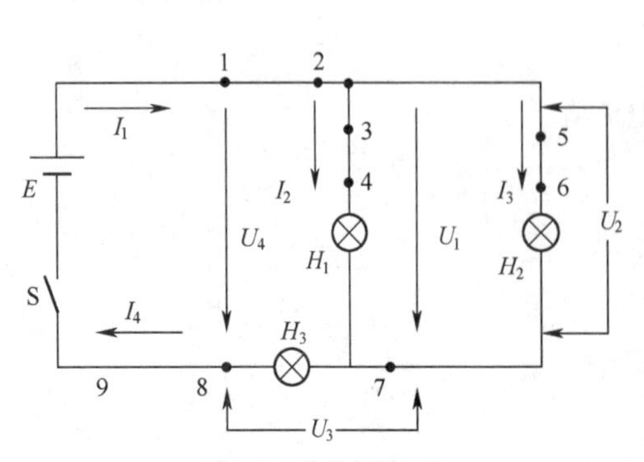

图 1.14　简单直流电路

（1）断开开关 S，按图 1.14 所示装配电路。

（2）断开 1、2 连线，将电流表从 1、2 两点串联接入电路，将电压表从 3、7 两点并联接入电路。

（3）合上开关 S，读取两表读数，分别为：I_1=________A，U_1=________V。

（4）断开开关 S，将电压表从 5、7 两点并联接入电路，断开 8、9 连线，将电流表从 8、9 两点串联接入电路，再合上开关 S，读取两表读数分别为：I_4=________A，U_2=________V。

（5）断开开关 S，将电压表从 7、8 两点并联接入电路，断开 3、4 连线，将电流表从 3、4 两点串联接入电路，合上开关 S，两表读数分别为：I_2 = ________A，U_3 = ________V。

（6）断开开关 S，断开 5、6 连线，将电流表从 5、6 两点串联接入电路，将电压表从 2、8 两点并联接入电路，两表读数分别为：I_3 = ________A，U_4 = ________V。

练 一 练

观察上述测量数据，可以发现各电流和电压之间存在联系，它们验证了什么规律？

（1）$I_1 = I_4$，表明________________。

（2）$U_2 = U_1$，表明________________。

（3）$I_1 = I_2 + I_3$，表明________________。

（4）$U_4 = U_1 + U_3$，表明________________。

如果换用同一表的不同量程挡或不同的电压表、电流表，上述测量结果是否相同？

理想的电流表内阻为零，理想的电压表内阻为无穷大，但实际的电流表存在一定的内阻，实际的电压表内阻也不是无穷大，所以在接入电路后，都会不同程度地影响电路。不同的电流表和电压表或同一表的不同量程挡，内阻也不完全一样，对被测电路的影响也不一样，所以用不同的电流表和电压表或同一表的不同量程挡测量同一物理量，其结果也会有所不同。

拓展与延伸　电路中电位的计算

正如水路中各点在空间都有一个水位高度一样，电路中各点都有一个电位。水路中各点的水位高度计算都有一个起点，称为**参考点**，如以海平面为起点的海拔高度其参考点就是海平面，同样，电路中的电位也要有一个参考点，称为**零电位点**。

如同水位高度相对于不同参考点有不同数值一样，电位相对于不同的零电位点，其数值也不相同，可见电位和水位都具有**相对性**。

电位的符号是 V，单位是 V（伏特）。零电位点的选择具有任意性，通常为了实际测量方便起见，习惯上以大地电位作为零电位点，设备外壳通常接地或者设备中的元件均与一个公共点相连，所以一般把设备外壳或电路中某一公共点作为零电位点。零电位点又称接地点，以符号 ⏚ 表示。

电位和电压是两个不同的概念。电压是任意两点之间的电位之差，而电位则可以看成是测量点与零电位点之间的电压。计算电路中某点的电位实际上就是计算该点到零电位点之间的电压，其方法是：沿着一条路径从被测量点到参考点，该点电位就等于此路径上各段电路电压的代数和。

某段电路上电压的正负号确定，如果是从正极到负极（高电位到低电位），就取“+”号，反之就取“–”号。

【例 1.2】 在图 1.15 所示电路中，已知 $E = 20V$，$R_1 = 2k\Omega$，$R_2 = 2k\Omega$，$R_3 = 1k\Omega$，求 A、B、C 这 3 点的电位。

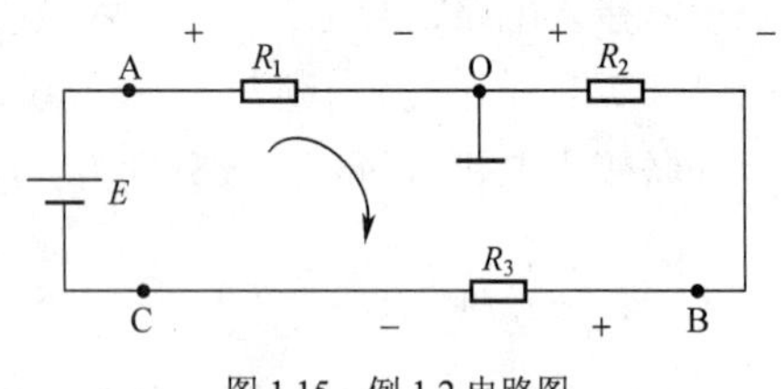

图 1.15 例 1.2 电路图

【解】 图中 O 点为接地点，选择其为零电位点，电路中电流方向及各电阻电压极性如图所示，电路中电流大小为

$$I = \frac{E}{R_1 + R_2 + R_3} = \frac{20}{2+2+1} = 4\text{（mA）}$$

则
$$V_A = IR_1 = 4 \times 2 = 8\text{（V）}$$
$$V_B = -IR_2 = -4 \times 2 = -8\text{（V）}$$
$$V_C = -IR_3 - IR_2 = -12\text{（V）}$$

或者
$$V_C = -20 + IR_1 = -12\text{（V）}$$

练 一 练

如果选择 B 点作为参考点，则 V_O、V_C、V_A 分别是多少？

评 一 评 **根据本节任务完成情况进行评价，并将结果填入下列表格。**

项目 / 评价人	任务完成情况评价	等　级	评 定 签 名
自己评			
同学评			
老师评			
综合评定			

知识能力训练

1. 导体中电流为 0.1A，则 1min 中通过导体横截面的电荷量为________C。
2. 图 1.16 所示表盘刻度读数为________，电流读数为________。
3. 在图 1.17 所示电路中，电流的大小等于________，电流的方向为________（顺、逆）时针，A、B、C 这 3 点电位分别为：V_A = ________，V_B = ________，V_C = ________。

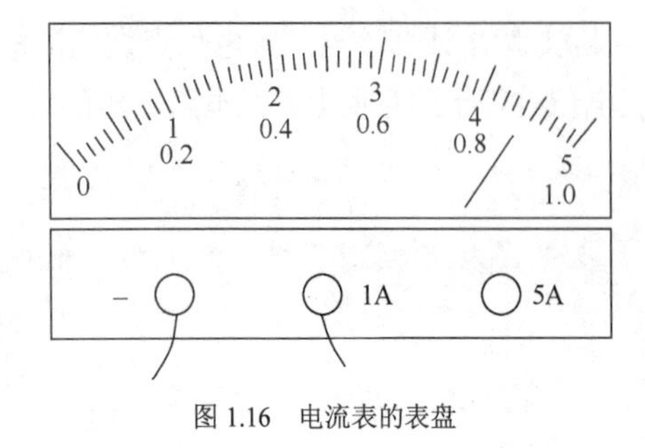

图 1.16 电流表的表盘

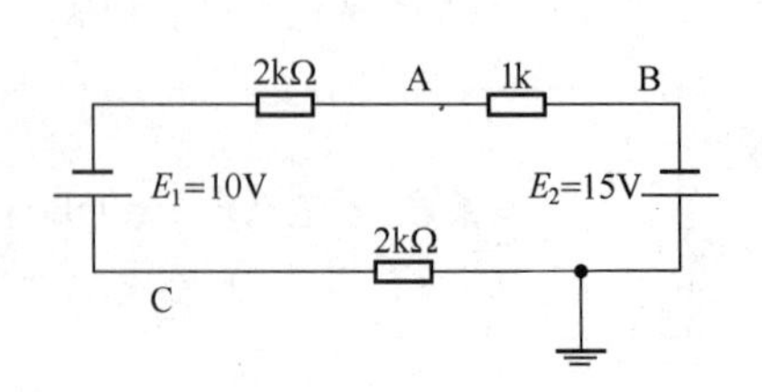

图 1.17 V_A、V_B、V_C 计算电路

1.3 测量电阻

自然界的物质按其导电能力的不同，通常分为**导体**、**绝缘体**和**半导体**。导体是导电能力较强的一类物质，如金属、电解液等；绝缘体是导电能力较弱的一类物质，如橡胶、塑料、玻璃等；而半导体是导电能力介于导体和绝缘体之间且导电能力易于受到外界的物理化学因素影响的一类物质。除此之外，近几十年来人们还发现了导电能力极强的所谓**超导体**。

反映物质导电能力的物理量是**电阻**，用符号 R 表示，其国际标准单位是欧姆，用符号 Ω 表示。测量电阻有很多种方法，除了用万用表直接测量外，还可以采用伏安法、惠斯通电桥法等间接测量的方法。

实验表明，导体的电阻与导体的长度、横截面积、材料、温度等因素有关。

1.3.1 学习使用万用表测量电阻

观察万用表面板（见图 1.18）。

万用表面板主要分成两个区域，即**刻度区**和**换挡开关区**。换挡开关区分成**电流挡**、**直流电压挡**、**交流电压挡**以及**电阻挡**（**又称欧姆挡**），各挡又分成若干量程挡。刻度区对应不同测量挡有不同的刻度线。

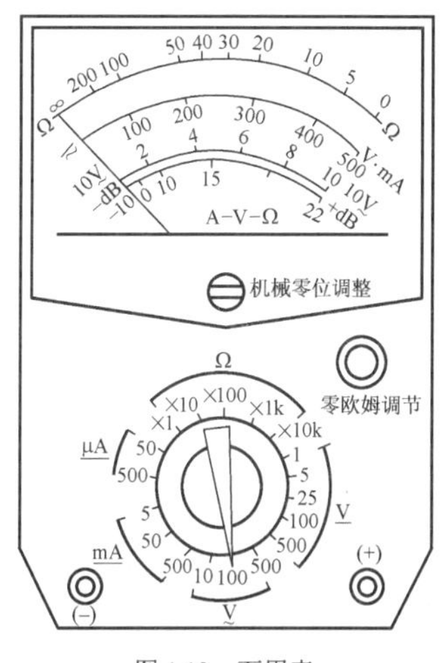

图 1.18 万用表

（1）电压、电流挡的刻度线是**均匀**的且零刻度线位于表盘的**最左端**。

（2）欧姆挡的刻度线是**不均匀**的且零刻度线位于表盘的**最右端**。

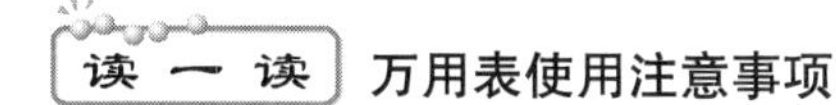

万用表使用注意事项

万用表在使用前要调零。调零包括**机械调零**和**欧姆调零**。

（1）机械调零——在作任何连接前，观察指针是否指在刻度盘最左端零刻度线处，如不指在零刻度线处，则用一字改锥调整表盘中间的机械调零旋钮，将指针调整到零刻度线处。

（2）欧姆调零——如果是测量电阻，将红、黑表笔分别插入“+”、“*”或“−”孔中，将红黑二表笔短接，观察指针是否对准刻度盘最右端零欧姆刻度线处，如没有，则调节欧姆调零旋钮使之对准。

每改变一次量程测量电阻前，均要重新进行一次欧姆调零。

万用表在使用一段时间后，欧姆调零可能难以调整到位，此时可能需要更换万用表的电池，

为什么？

读 一 读 **万用表使用步骤**

（1）首先正确选择测量挡，注意不能选错，如果错将电流挡当成电压挡接到电路中，将产生严重后果。

（2）要合理选择量程挡。测量电压电流时，量程挡的选择方法同电压表和电流表量程挡的选择一样；测量电阻时，由于欧姆表刻度不均匀，为提高读数的准确度，选择量程挡时以使指针偏转到满刻度的 1/2～2/3 为宜。

（3）测量电阻时注意接入方式必须正确，不要将人体电阻接入，以免产生误差（见图 1.19）。

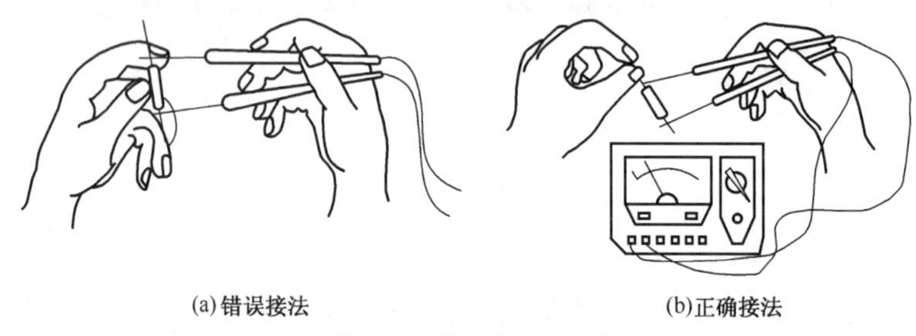

(a) 错误接法　　(b) 正确接法

图 1.19　万用表的正确使用

1. 任取一电阻，测量其阻值。
2. 测量人体电阻。
3. 根据图 1.20 所示表盘刻度和量程挡，读出其测量值。

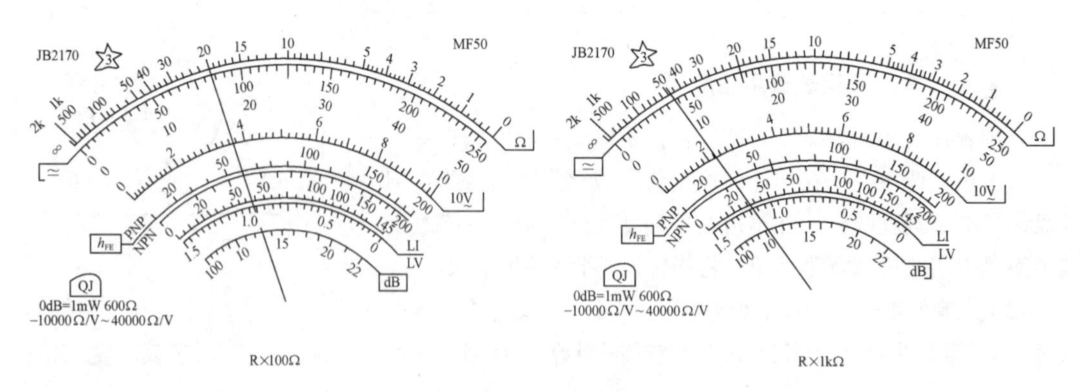

R×100Ω　　R×1kΩ

图 1.20　电阻的测量

1.3.2 学习用伏安法测量电阻

根据欧姆定律 $U=IR$，$R=U/I$，只要测出电阻两端电压 U 和电阻中流过的电流 I，即可通过计算得出电阻 R。

选用型号为 85C17（0～10mA）的毫安表，型号为 85C17（0～5V）的电压表，标称阻值 3kΩ

的电阻 R，依次按图 1.21（a）和图 1.21（b）所示安装电路。

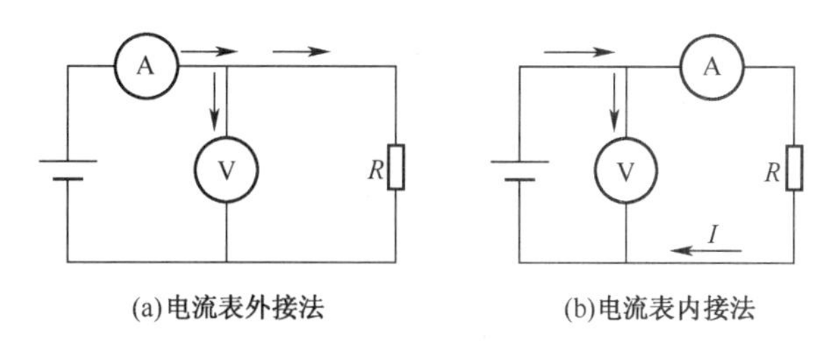

(a)电流表外接法　　(b)电流表内接法

图 1.21　电流表的两种接法

（1）分别记录两次读数 U_1= ________V，I_1= ________A；U_2= ________V，I_2= ________A。

（2）计算两种情况测量得到的电阻值 R_1= ________Ω，R_2= ________Ω。

（3）比较 R_1 和 R_2，发现二者________（相等、不相等）。

议 一 议

为什么用同一套电流表、电压表对同一电阻测量，得到的结果不完全相同？

读 一 读

在理想情况下（**即电流表内阻为零，电压表内阻为无穷大**），上述两种接法下测量得到的电阻值是一致的。但由于实际的电流表含有一定内阻，电压表内阻也不是无穷大，所以两表接入电路后均改变了电路原有性质，图 1.21（a）中实际测得的电阻是 R 与电压表内阻的并联值，而图 1.21（b）测得的电阻是 R 与电流表内阻的串联值。

议 一 议

什么情况下适合采用电流表内接法，什么情况下适合采用电流表外接法？

读 一 读

测量方法的选择要以提高测量的精度、减小误差为标准。

（1）当被测电阻阻值比电压表内阻小得多时（**被测电阻较小**），应采用电流表**外接法**。

（2）当被测电阻阻值比电流表内阻大得多时（**被测电阻较大**），应采用电流表**内接法**。

分别采用伏安法和万用表直接测量法测量待测电阻，比较用电流表内接法和外接法哪一种误差更小？

拓展与延伸　万用表欧姆挡工作原理

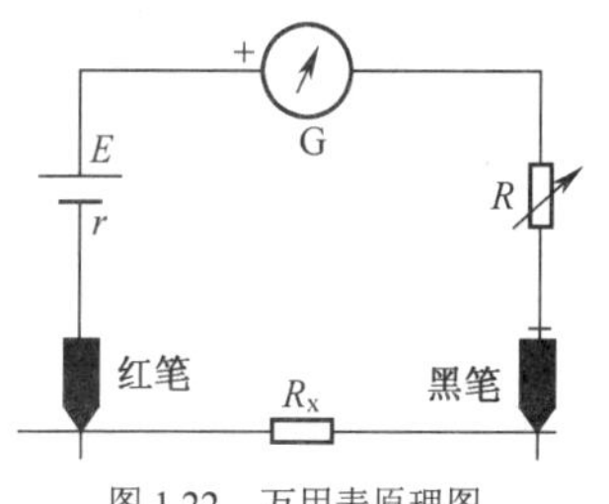

图 1.22　万用表原理图

万用表原理图如图 1.22 所示。其中，表头为一只内阻为 R_g、满偏电流为 I_g 的微安表；R 为调零电阻，当红、黑两表笔直接相接时，调节 R，使电流计指针满偏。

万用表使用一段时间后，由于电池电动势下降，即使 R 调到最小，电流计也难以达到满偏，此时需要更换电池。

在万用表不用时，应将转换开关转至**交流电压最大挡**，禁止置于欧姆挡，为什么？

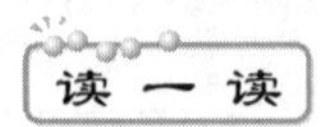

为什么欧姆表刻度是不均匀的？

当两表笔搭接一个待测电阻 R_x 时，$I=\dfrac{E}{R_g+r+R+R_x}$，可见 I（代表指针偏转角度）与 R_x（代表阻值）有固定的一一对应关系。

（1）当两表笔直接短接时，$I=I_g$，表明 $R_x=0$，指针指在表盘最右端。

（2）当两表笔不接触时，$I=0$，表明 $R_x=\infty$，指针指在表盘最左端。

I 与 R_x 之间是非正比例关系，所以 R_x 刻度是不均匀的。

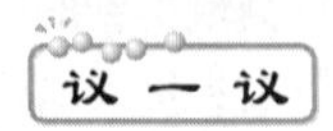

欧姆表表盘刻度从左至右，刻度线是由密至疏还是由疏至密？

阅读材料 **特殊电阻的测量**

实际生产和生活中有一些特别大或者特别小的电阻，用万用表法和伏安法往往难以测量。这些特殊电阻主要是电气设备的绝缘电阻(阻值特别大）和线圈的直流电阻（阻值特别小）。

一、用兆欧表测量绝缘电阻

兆欧表俗称摇表，是专供用来检测电气设备和供电线路绝缘电阻的一种便携式仪表（见图1.23）。

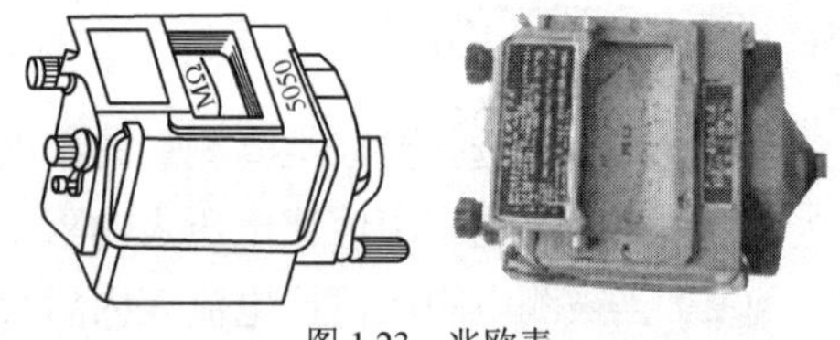

图1.23 兆欧表

电气设备绝缘性能的好坏，关系到电气设备的正常运行和操作人员的人身安全。为了防止绝缘材料由于发热、受潮、污染、老化等原因所造成的损坏，为便于检查修复后的设备绝缘性能是否达到规定的要求，都需要经常测量其绝缘电阻。兆欧表标尺的刻度是以“兆欧”为单位，可以较准确地测量出绝缘电阻的数值。

1．兆欧表的选择

选用兆欧表时，其额定电压一定要与被测电气设备或线路的工作电压相适应。此外，兆欧表的测量范围也应与被测绝缘电阻的范围相吻合。例如，测量高压设备的绝缘电阻，须选用电压高的兆欧表，如瓷瓶的绝缘电阻一般在10 000MΩ以上，至少需用2 500V以上的兆欧表才能测量，否则测量结果不能反映工作电压下的绝缘电阻。同样，不能用电压过高的兆欧表测量低电压电气设备的绝缘电阻，以免设备的绝缘受到损坏。也就是说，兆欧表中的电源产生的电压，能模拟被测绝缘电阻的工作电压，只有这样测量所取得的绝缘电阻数值，才是有实际意义的。为此，检测何种电力设备，应当选用何种等级的兆欧表，都有具体的规定。

测量额定电压在 500V 以下的设备或线路的绝缘电阻时，可选 500V 或 1 000V 兆欧表，测量额定电压在 500V 以上的设备或线路的绝缘电阻时，应选用 1 000～2 500V 兆欧表。量程的选用，一般测量低压电器设备绝缘电阻时可选用 0～200MΩ 量程，测高压电器设备或电缆时可选用 0～2 000MΩ 量程。

2. 兆欧表的使用注意事项

（1）使用兆欧表测量设备的绝缘电阻时，须在设备不带电的情况下才能进行测量。为此，测量之前须先将电源切断，并对被测设备进行充分的放电，以排除被测设备感应带电的可能性。

（2）兆欧表在使用前须进行检查。其检查方法如下；将兆欧表平稳放置，先使“L”、“E”两个端钮开路，摇动手摇发电机的手柄，使发电机的转速达到额定转速。这时的指针应该指在标尺的“∞”刻度处；然后再将“L”、“E”短接，须缓慢摇动手柄，指针应指在“0”位上（要注意必须缓慢摇动，以免电流过大烧坏线圈）。如果指针不指在“0”或“∞”的刻度线上，必须对兆欧表进行检修后才能使用。

3. 兆欧表的接线和测量方法

兆欧表有 3 个接线柱，其中两个较大的接线柱上分别标有“接地”（E）和“线路”（L），另一个较小的接线柱上标有“保护环”或“屏蔽”（G）。

（1）测量照明或电力线路对地的绝缘电阻。将兆欧表接线柱的 E 可靠地接地，L 接到被测线路上，如图 1.24 所示。线路接好后，可按顺时针方向摇动兆欧表的发电机摇把，转速由慢变快，一般约 1min 后发电机转速稳定时，表针也稳定下来，这时表针指示的数值就是所测得的绝缘电阻值。

（2）测量电动机的绝缘电阻。将摇表接线柱的 E 接机壳，L 接到电动机绕组上，如图 1.25 所示，其余操作同上。

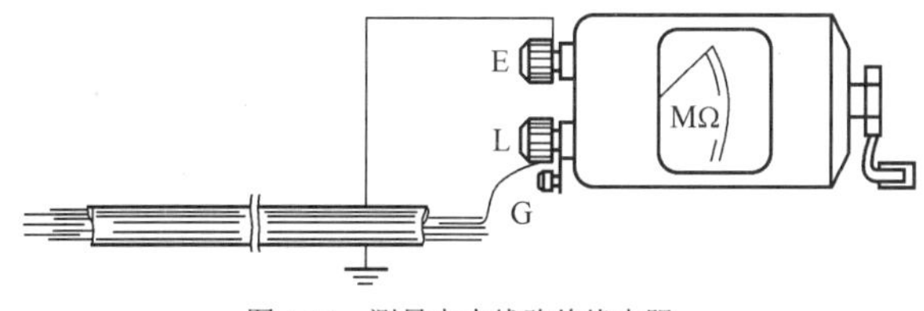

图 1.24 测量电力线路绝缘电阻

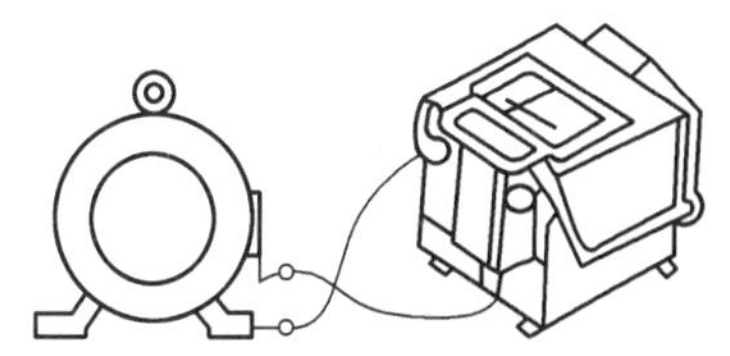

图 1.25 测量电机的绝缘电阻

（3）测量电缆的绝缘电阻。测量电缆的导电线芯与电缆外壳的绝缘电阻时，除将被测两端分别接 E 和 L 两接线柱外，还需将 G 接线柱引线接到电缆壳芯之间的绝缘层上，如图 1.26 所示。

二、用直流双臂电桥测量线圈电阻

双臂电桥又称凯文电桥，是专供测量小电阻（1Ω 以下）用的比较仪器（见图 1.27）。它可用于测定分流器电阻、电动机和变压器的绕组阻值等。将被测电阻接入电桥，调节刻度盘旋钮使电桥平衡（电流计指针在“零”位置），此时被测电阻值就等于倍率数 × 刻度盘读数。

使用直流双臂电桥时，必须特别注意以下两点。

（1）被测电阻有两对端钮时，应和电桥上的相应端钮相连接，若没有两对端钮，应使电压端接点必须在电流接点的内侧。特别要注意接线应尽量短、粗而且接触要紧密。

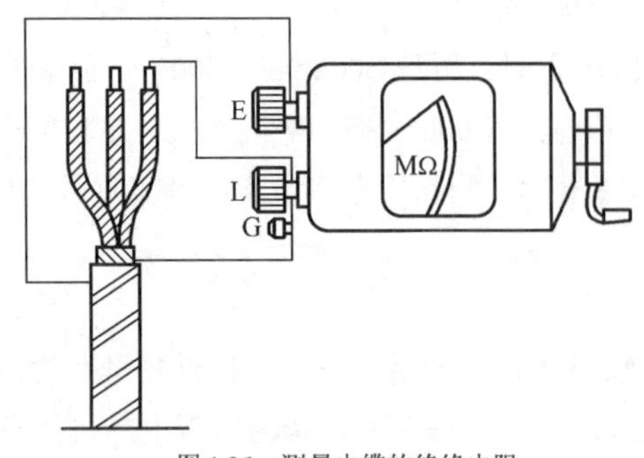

图1.26　测量电缆的绝缘电阻

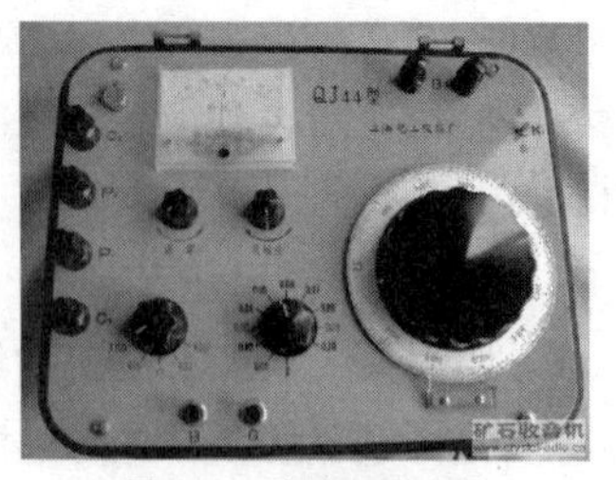
图1.27　直流双臂电桥

（2）直流双臂电桥的工作电流较大，要选择适当容量的直流电源，测量时要迅速，以免耗电量过大。

评一评　**根据本节任务完成情况进行评价，并将结果填入下列表格。**

项目 / 评价人	任务完成情况评价	等　级	评 定 签 名
自己评			
同学评			
老师评			
综合评定			

知识能力训练

1. 通常情况下，下列物质中属于绝缘体的有________。

A. 塑料　　B. 橡胶　　C. 玻璃　　D. 毛皮
E. 干燥的竹杆　　F. 盐开水　　G. 铁棒　　H. 空气
I. 瓷碗

2. 万用表表盘有多组刻度线，其中________及________刻度线是均匀的，其零刻度线在表盘的最________端，而________刻度线是不均匀的，其中最密的部分在表盘的最________端，其零刻度线在表盘的最________端。

3. 试述如何进行万用表的调零。

4. 请画出伏安法测量电阻的两种连接电路图。

1.4　电流表和电压表的量程扩大改装

电流表和电压表的核心部件是一只表头，也就是一只微安电流表，它有一个小的内阻，当通过它的电流达到满偏电流I_g时，指针偏转到满刻度，此时它所对应的被测电流为I_g（微安级），所代表的电压等于$I_g \times R_g$，数值都非常小，不能适用于通常的电流、电压的测量，所以常常要通过对微安表加上其他电路，扩大其量程，使之成为电流表和电压表。

1.4.1 认识电阻串联、并联电路的规律

电流表和电压表改装依据的原理是电阻的串联和并联电路规律，即串联电阻的分压原理和并联电阻的分流原理。

电阻串联电路的规律（见图 1.28）：

（1）$R=R_1+R_2$——串联电路的总电阻等于各串联电阻之和；

（2）$I_1=I_2$——串联电路中电流处处相等；

（3）$U=U_1+U_2$——串联电路的总电压等于串联电路上各段电压之和；

（4）串联电阻具有分压的作用，在总电压一定的情况下，串联电阻可以限制（减小）电路电流；在电流一定情况下，串联电阻可以增加总电压。

电阻并联电路的规律（见图 1.29）：

（1）$\frac{1}{R}=\frac{1}{R_1}+\frac{1}{R_2}$——并联电路总电阻的倒数等于各个电阻的倒数之和；

（2）$U_1=U_2=U$——并联电路各支路两端电压相等；

（3）$I=I_1+I_2$——并联电路干路电流等于各支路电流之和；

（4）并联电阻具有分流作用，在总电压相同的情况下，并联电阻可以增加干路总电流。

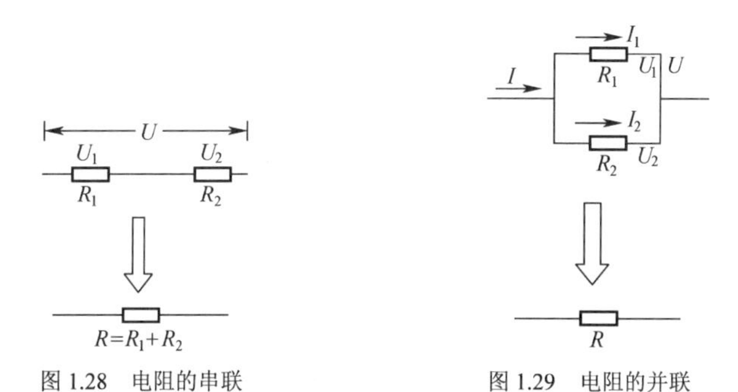

图 1.28 电阻的串联　　图 1.29 电阻的并联

1.4.2 扩大电压表量程

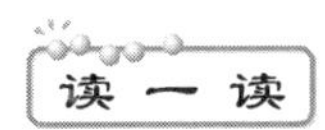

扩大电压表量程的原理——串联电阻分压原理（见图 1.30）。

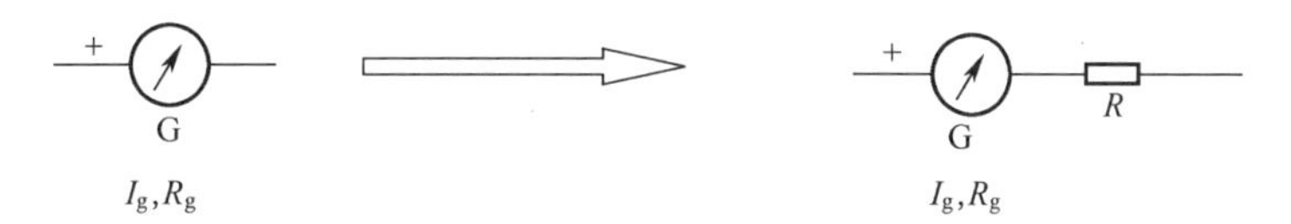

图 1.30 电压表改装原理图

改装前，量程 $U_g=I_g\times R_g$（毫伏级）不能适应较高电压的测量；改装后，量程 $U=I_g\times(R_g+R)$

可以根据量程挡的需要串联不同阻值的分压电阻（R 一般大于 R_g）。

（1）根据提供的微安表（满偏电流 $I_g=300\mu A$，内阻 $R_g=3\,000\Omega$），选择合适的电阻，正确连接电路，将其改装成量程为 6V 的电压表。

（2）计算分压电阻：

$$I_g\times(R_g+R)=6$$

$$R=\frac{6}{I_g}-R_g=\frac{6}{300\times10^{-6}}-3\,000=17(\text{k}\Omega)$$

（3）用万用表选择阻值适合的分压电阻（R=17kΩ）。

（4）按图 1.31 所示改装电流表。

（5）计算刻度读数与实际测量值之间的关系。

当指针指向满刻度时，表头电流为 $I_g=300\mu A$，当指针指向中间某刻度时，实际电流 $=I_g\times$ 实际刻度格数/满刻度格数；实际测量电压=实际电流 $\times(R_g+R)=$（$I_g\times$ 实际刻度格数/满刻度格数）μA × 20kΩ。

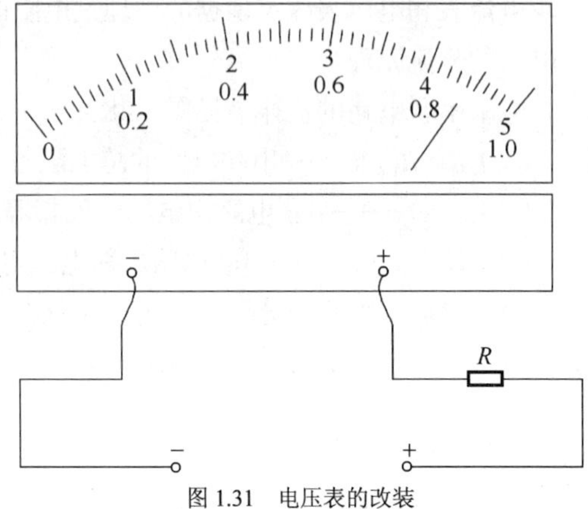

图 1.31 电压表的改装

【例 1.3】 用上述改装好的电压表测量某电压，表盘显示如图 1.32 所示，试读出被测电压 U=?

【解】 微安表读数= 300 × 25/50 =150（μA）

实际电压值=150 × 20 = 3（V）

练 一 练

1. 在例 1.3 中，如要求改装后的电压表量程为 12V，试分析应串联多大的电阻?
2. 用上述改装后的电压表测得某电压，表盘显示如图 1.33 所示，试读出被测电压数值。

图 1.32 例 1.3 图

图 1.33 经过改装的电压表

议 一 议

如果要将微安表改装成有多个量程的电压表，应如何连接电路?

1.4.3 扩大电流表量程

扩大电流表量程的电路原理——并联电阻分流原理（见图 1.34）。

改装前，量程 $I=I_g$，不能测量较大的电流；改装后，量程 $I=\left(1+\frac{R_g}{R}\right)\times I_g$，可以根据量程挡

的需要并联不同阻值的分流电阻 R（R 一般小于 R_g）。

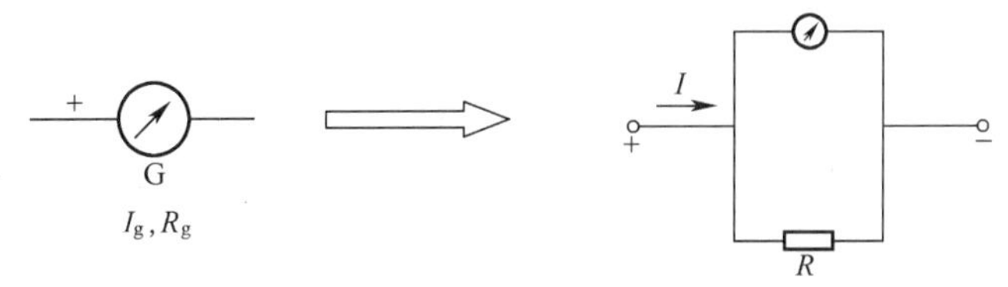

图 1.34　电流表改装原理图

（1）根据提供的微安表（满偏电流 $I_g = 300\mu A$，内阻 $R_g = 3\,000\Omega$），选择合适的电阻，正确连接电路，将其改装成量程为 0.5A 的电流表。

（2）计算分流电阻 R：

$$I_g \times R_g = (I - I_g) \times R$$

$$R = I_g \times R_g / (I - I_g) = \frac{300 \times 10^{-6}}{0.5 - 300 \times 10^{-6}} \times 3\,000 \approx 1.8(\Omega)$$

（3）用万用表选择阻值合适的分流电阻（$R = 1.8\Omega$）。

（4）按图 1.35 所示改装接线图。

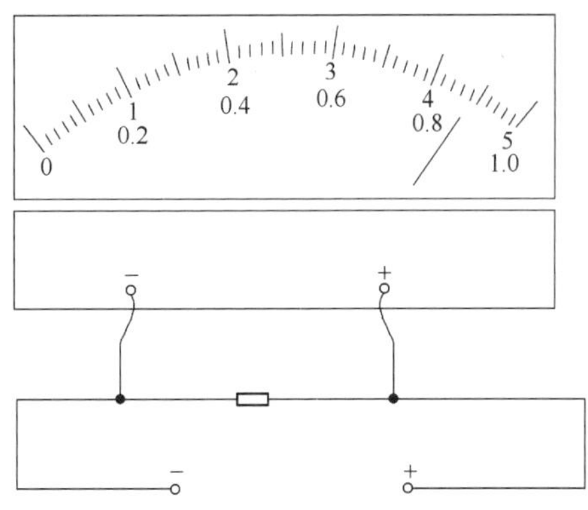

图 1.35　电流表改装接线图

（5）计算刻度值与被测量值之间的关系：

$$I_g \times R_g = (I - I_g) \times R$$

$$I = I_g \times R_g / R + I_g = \left(1 + \frac{3\,000}{1.8}\right) I_g = 1\,668 I_g$$

实际测量值=刻度显示值（μA）× 1 668。

【例 1.4】 用上述改装后的电流表测量某电路电流，表盘显示如图 1.36 所示，试读出被测电流值。

【解】 安表读数=10 × 300/50 = 60（μA）

实际测量值=60 × 1 668≈0.1A（A）

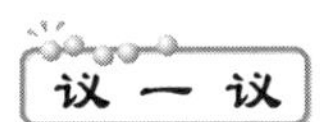

1. 在例 1.4 中，如要求改装后的电流表量程为 1A，试分析应并联多大的电阻?
2. 用上述改装后的电流表测得某电路电流，表盘显示如图 1.37 所示，试读出被测电流数值。

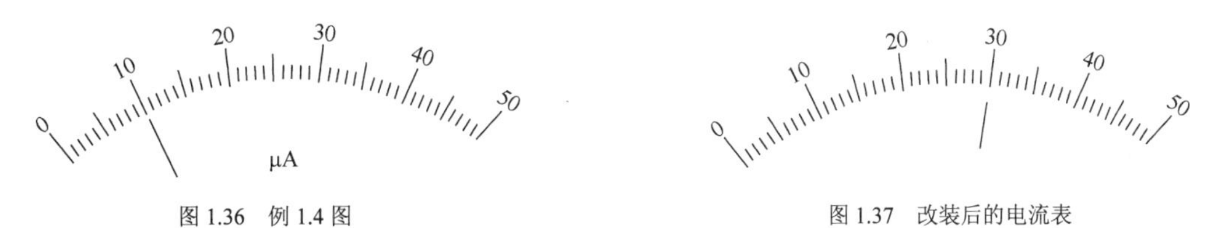

图 1.36　例 1.4 图　　　　图 1.37　改装后的电流表

3. 用万用表测量上题中的被测电流，验证上述测量结果，并分析可能出现偏差的产生原因。

议 一 议

如果要将微安表改装成有多个量程的电流表，应如何连接电路?

拓展与延伸 电阻的混联

在一个电路中，既有电阻的串联，又有电阻的并联，这种连接方式称为电阻混联。分析电阻混联电路的关键在于电阻混联电路的等效电阻的求解。

（1）依据电流流向及电流的分合以及电路中各等位点，画出等效电路，看清各电阻的串、并联关系，计算各串、并联电阻的等效电阻，然后计算混联电路等效电阻。

（2）求出其他电流、电压。

【例 1.5】 求图 1.38 所示电路的等效电阻 R（已知 $R_1=R_2=R_3=R_4=R_5=2\text{k}\Omega$）。

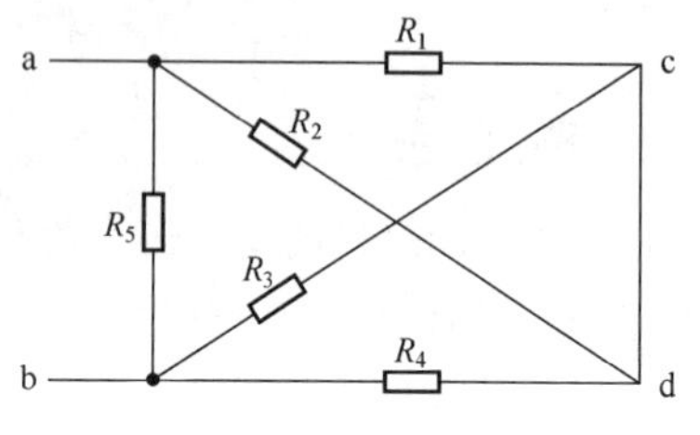

图 1.38　例 1.5 电路图

【解】 假设电流从 a 进入，在 a 点分为 3 条支路，分别流向 R_1、R_2 和 R_5，电流经 R_1，R_2 后在 c、d 点汇合，c、d 为等电位点，可视为同一点，R_1、R_2 是并联关系，电流从 c、d 点出来又分两路分别流向 R_3、R_4，然后在 b 点汇合，故 R_3、R_4 是并联关系（等效关系见图 1.39）。

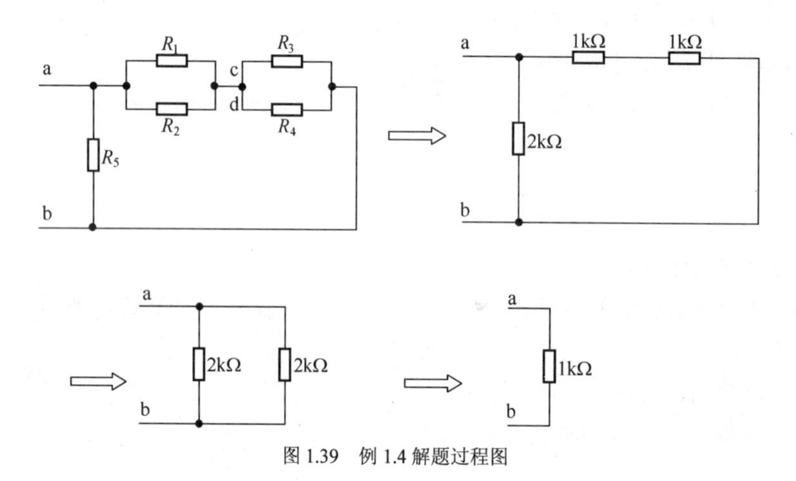

图 1.39　例 1.4 解题过程图

【例 1.6】 求图 1.40 中 a、e 间电阻 R_{ae}，已知 $R_1=R_2=R_3=R_4=4\text{k}\Omega$。

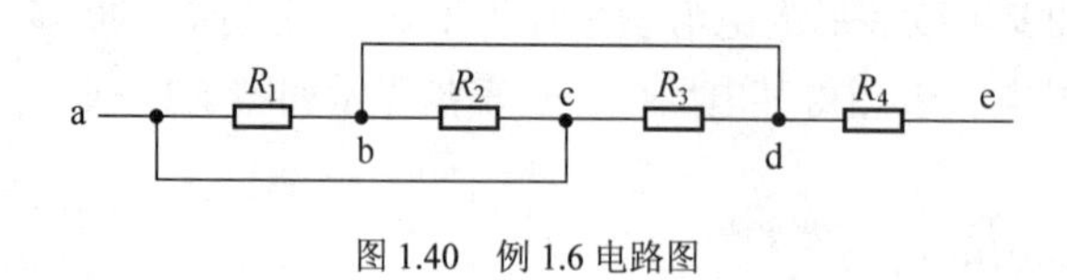

图 1.40　例 1.6 电路图

【解】 由图可知 a、c 为等电位点，b、d 为等电位点，将它们分别视作一个点。等效电路如图 1.41 所示。

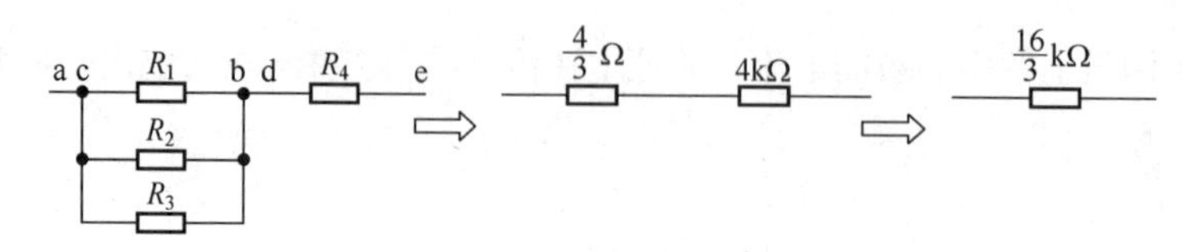

图 1.41　例 1.6 解题图

【例 1.7】 求图 1.42 中的 R_{ab}。

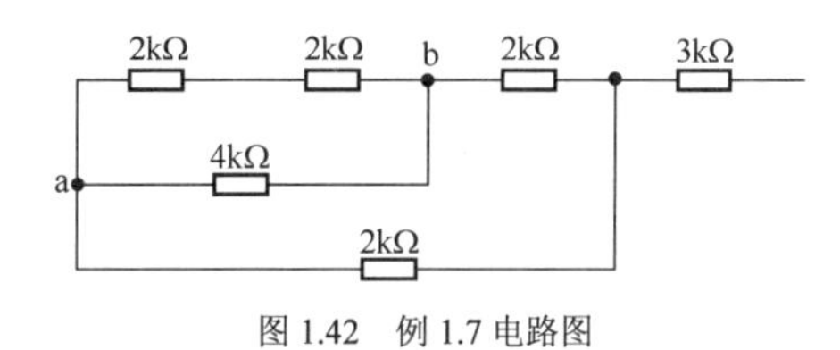

图 1.42　例 1.7 电路图

【解】 等效电路如图 1.43 所示。

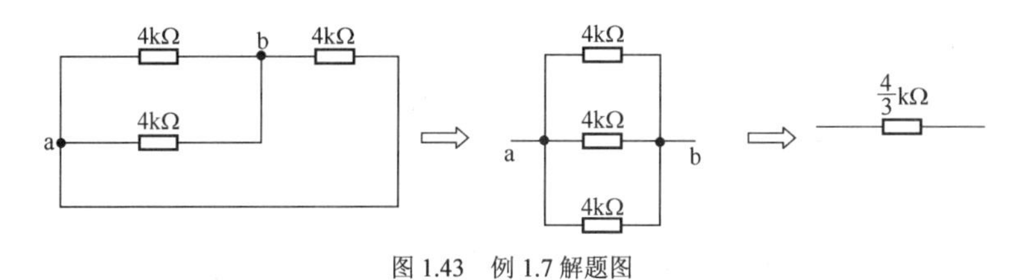

图 1.43　例 1.7 解题图

练 一 练

求图 1.44 所示电路的等效电阻 R_{ab}。

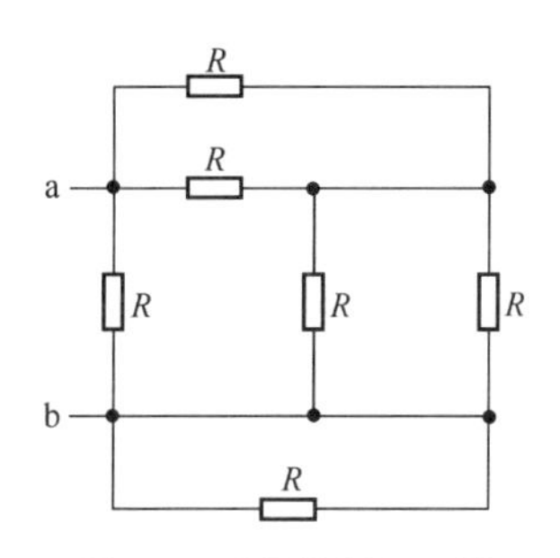

图 1.44　求等效电阻 R_{ab} 图

评 一 评 **根据本节任务完成情况进行评价，并将结果填入下列表格。**

项目 / 评价人	任务完成情况评价	等　级	评 定 签 名
自己评			
同学评			
老师评			
综合评定			

知识能力训练

1. 内阻为 R_g，量程为 V_g 的电压表串联一阻值为 R_g 的电阻后，其量程变为________，若并联一个阻值为 R_g 的电阻，则其量程变为________。

2. 有一只电流表，其最大量程 $I_g=200\mu A$，内阻 $R_g=1k\Omega$。如果要改装成量程为 2mA 的电流表，问应并联多大的分流电阻？画出电路图。

3. 有一内阻为 $R_g = 2k\Omega$，量程为 $I_g = 100\mu A$ 的电流表，现将其与一个阻值为 98kΩ 的电阻串联，问改装后是电流表还是电压表？其量程为多少？

1.5 测算电功和电功率

在我们每天的生产、生活和学习中，都大量地使用着各种各样的电器设备，消耗着大量的电能。作为一种能源，电能是宝贵且有限的，如何科学地使用用电器，节约电能，避免浪费，是每一位现代人应该思考的问题。下面从测算每天的用电情况来认识一下电功和电功率。

1.5.1 认识电功和电功率

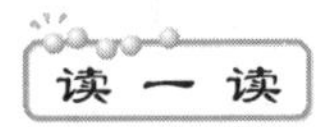

用电器用电过程就是电能转化为其他形式能量的过程，能量转化的过程就是做功的过程，所以用了多少电就意味着电流做了多少功，因此反映用电器或电路消耗电能的物理量称为电功，用符号 W 表示，单位为 J（焦耳），而反映电流做功效率也即用电器耗电快慢的物理量称为电功率，用符号 P 表示，其单位为 W（瓦特）。

实验表明，一段电路上的电功与这段电路两端的电压、电路中的电流以及通电的时间均成正比，用公式表示为

$$W = U \times I \times t$$

对于电阻电路，$U = I \times R$，所以 $W = I^2 \times R \times t$。

各种用电器正常工作时所消耗的功率称为额定功率，正常工作时的电压、电流分别称为额定电压和额定电流，额定电压、额定电流、额定功率统称额定值，这些均在用电器的外壳上标注，所以又称为铭牌数据。例如，日光灯上标有“220V 40W”表明其额定电压为 220V，额定功率为 40W。

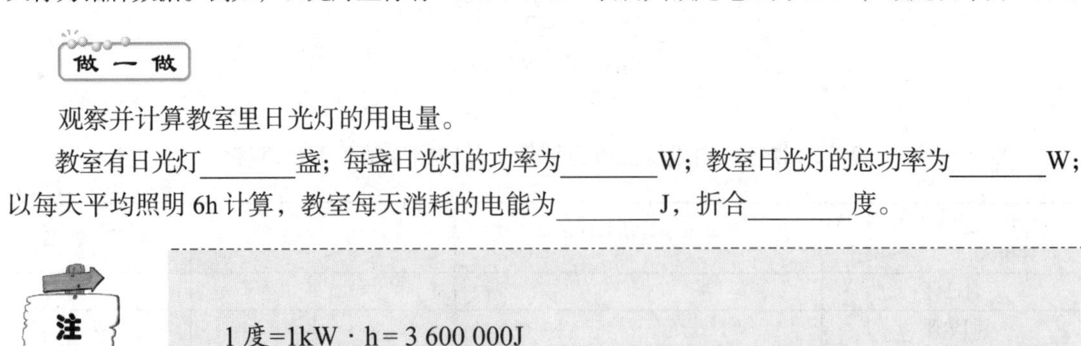

观察并计算教室里日光灯的用电量。

教室有日光灯________盏；每盏日光灯的功率为________W；教室日光灯的总功率为________W；以每天平均照明 6h 计算，教室每天消耗的电能为________J，折合________度。

1 度=1kW · h= 3 600 000J

如何节约用电？

1. 测算每个家庭每日的用电量。

2. 如果加热 1L 水使其温度升高 1℃，需要约 4 166J 的能量，试计算一只容量为 2L 的电水壶烧开一壶水约需消耗几度电（设环境温度为 20℃，电水壶功率为 1 200W）？约需多少时间?

1.5.2 电能的计算——电度表的使用

电能的测量仪表主要是电能表。

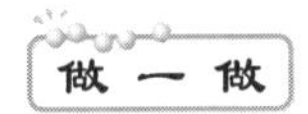

观察电能表（见图 1.45）。

电能表表盘上有 3 个区域，即________、________和________。家用电能表有 4 个接线端，其中两个为进线端，接电源；另外两个为出线端，接负载。注意顺序不能接错。

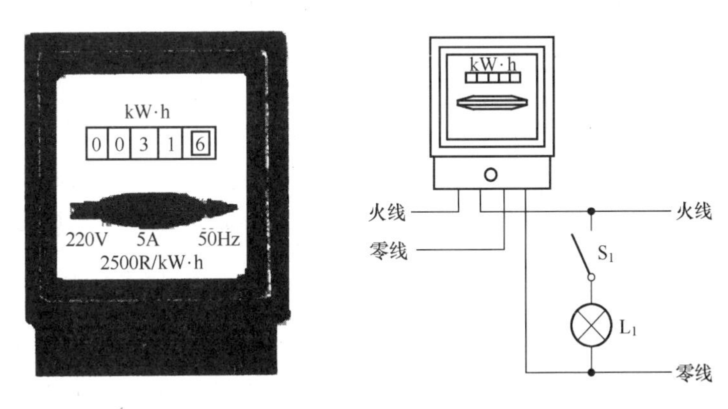

图 1.45 电能表

电能表是专门用来记录电路消耗电能的仪表，电能常用的单位是千瓦时（kW · h），通常称为“度”，所以电能表俗称**电度表**。

家用电度表表盘包括**计数器窗口**、**转盘显示窗口**和**铭牌数据栏**。

（1）记数器窗口以数字形式直接显示累积消耗的电能数，如计数器显示“01125”表示该电度表累积记录的电能为 112.5 度，两次记录数值之差就是这段时间所在电路消耗的电能数。

（2）转盘显示窗口显示内部转盘的转动情况，转盘转动表明电路中有电流通过（即耗电），有时也可能出现电路无负载，但是转盘依然有缓慢转动的情况，这种现象称为**潜动**。

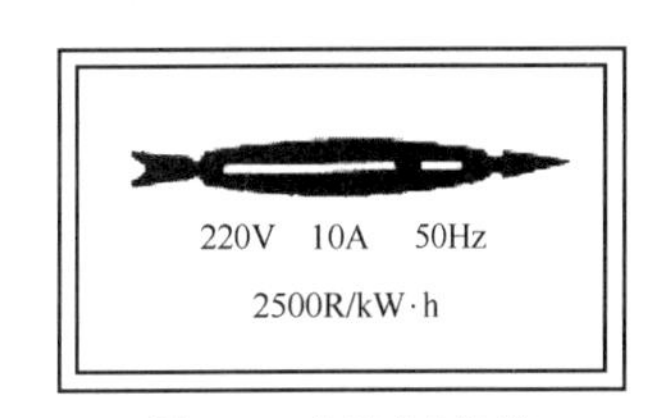

图 1.46 电能表的铭牌

（3）表盘上标有铭牌数据（见图 1.46），“2500R/kW · h”表示该电路每消耗 1kW · h（千瓦时）的电能，电度表转盘转动 2 500 转，这一数据称为**电度表常数**。“220V，10A”表示电度表适用的电路电压和电流分别为 220V 和 10A，同时也就表明这只电度表只能适用于 220 × 10 = 2 200W 的电路上。

做 一 做 单相电度表的安装

1. 接线要求

（1）两个进线端分别接电源的火线和零线（见图 1.45）。

火线和零线的判别可以采用测电笔。如图1.47所示，用测电笔正确搭接电源一端，凡是使测电笔氖管发光的即为火线，不能使氖管发光的即为零线。

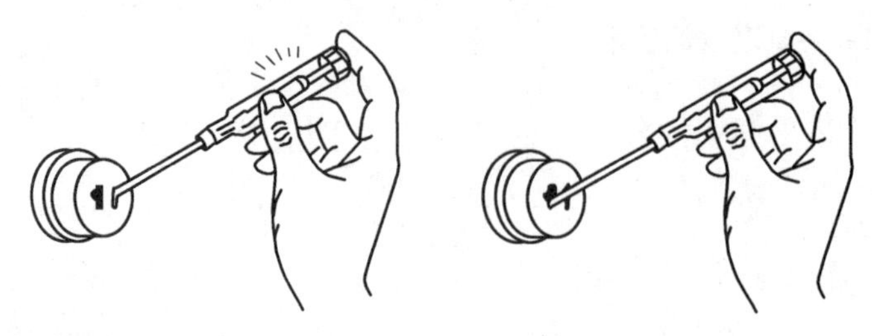

图1.47 判别火线与零线

（2）两个出线端分别接负载，注意要求先通过开关再接负载，且使开关位于火线一侧（见图1.45）。

2. 安装要求

（1）电度表要安装在能牢靠地固定的木板上，并且置于配电装置的左方或下方。

（2）表板的下沿一般不低于1.3m，为抄表方便起见，表盘中心高度一般为1.5～1.8m。

（3）要确保电度表在安装后表身必须与地面保持垂直，否则会影响测量精度。

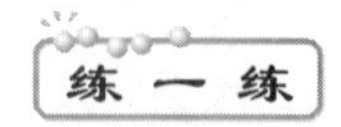

1. 某家庭平时常用的主要电器有："220V、60W"日光灯4只，"220V，1200W"电饭锅1只，"220V，250W"电视机1台，"220V，1500W"电水壶1只，"220V，2000W"电热水器1只，试判别安装图1.48中所示哪只电度表比较合适。

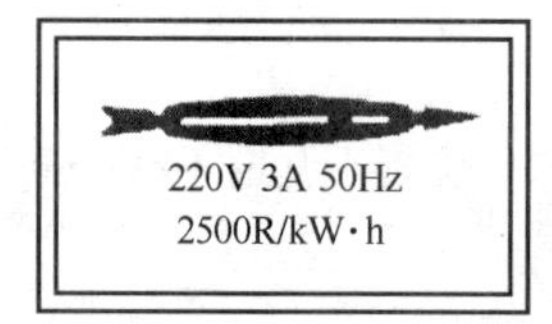

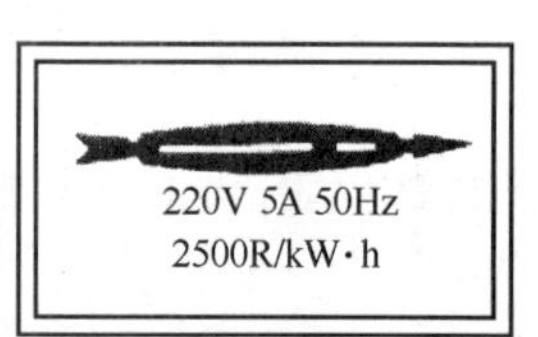

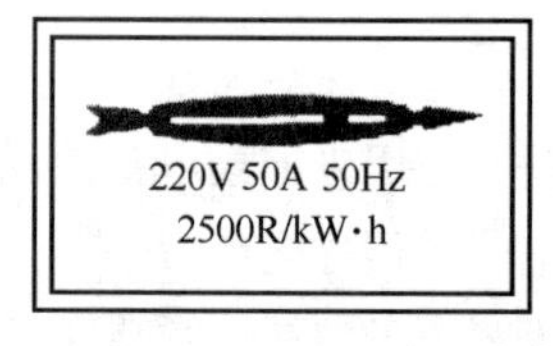

图1.48 3只电度表

2. 某家庭在1h前后分别读取电度表读数如图1.49所示，试分析这个家庭这段时间用电器的功率是多大？如果安装额定电流为2A的熔断器，熔断器会不会熔断？

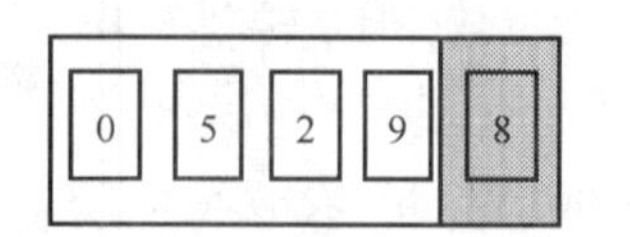

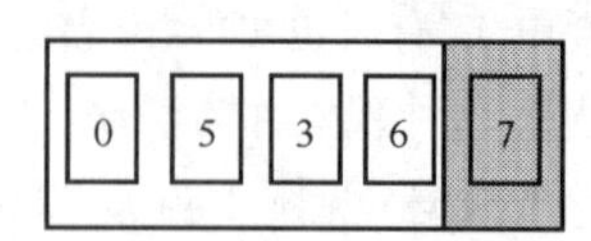

图1.49 两个电度表读数

1.5.3 使用功率表测量电功率

功率表又称瓦特表，是用来测量电功率的仪表。

（1）观察功率表面板与接线柱（见图1.50）。

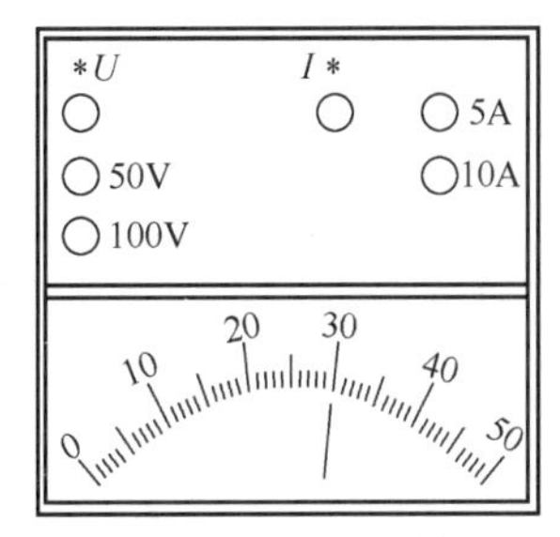

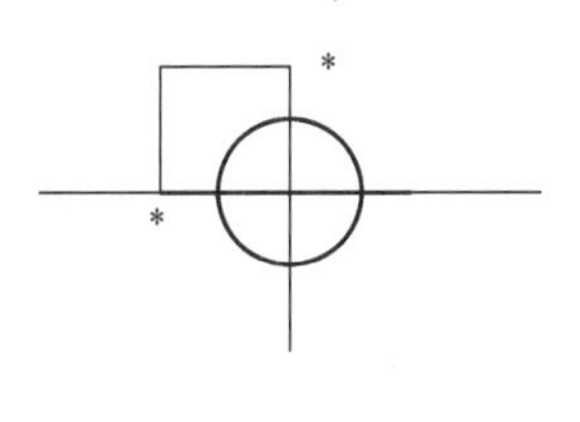

图 1.50　功率表面板与符号

（2）识读功率表符号。

功率表面板主要由刻度盘和接线柱两部分组成。接线柱分为电流端和电压端两组，电流端和电压端各有一个“*”号，称为发电机端。单量程的功率表，电流端和电压端各有两个，多量程的功率表则不止两个。

功率表的接线规则——**发电机端接线规则**。标有“*”的电流端必须接电源端，另一端接负载，电流线圈串入电路；标有“*”的电压端与电流端的任一端相接，另一电压端跨至负载另一端，电压线圈并接于负载两端（R 为分压电阻，R_L 为负载电阻）（见图 1.51）。

（1）如图 1.52 所示连接电路。

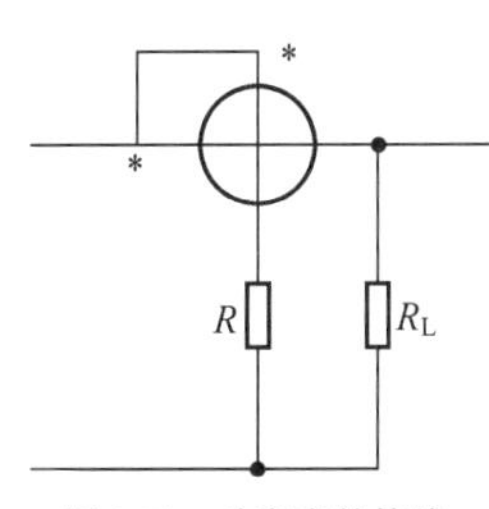

图 1.51　功率表的接线

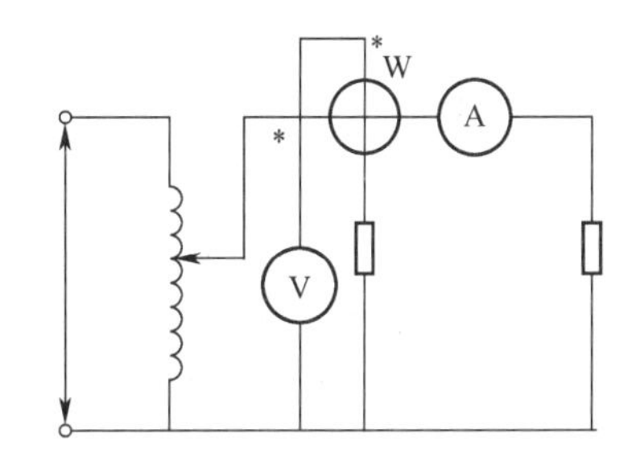

图 1.52　验算功率表实验电路

（2）分别读出电流表、电压表和功率表的读数，并记入表 1.3 中。

表 1.3　数据记录表

U	I	P

（3）验算功率表示数与电压、电流表示数乘积是否一致，即验算 $P=UI$ 是否成立。

【例 1.8】 用一只满刻度为 200 格的功率表去测量某一电阻所消耗的功率，所选用的量程挡额定电流为 10A，额定电压为 80V，其读数为 100 格，问负载所消耗的功率为多少？

【解】 功率表的分格常数为

$$C=\frac{U_m I_m}{N}=\frac{10\times 80}{200}=4\ \text{（W/格）}$$

负载消耗的功率为

$$P = C \times m = 4 \times 100 = 400\ (\mathrm{W})$$

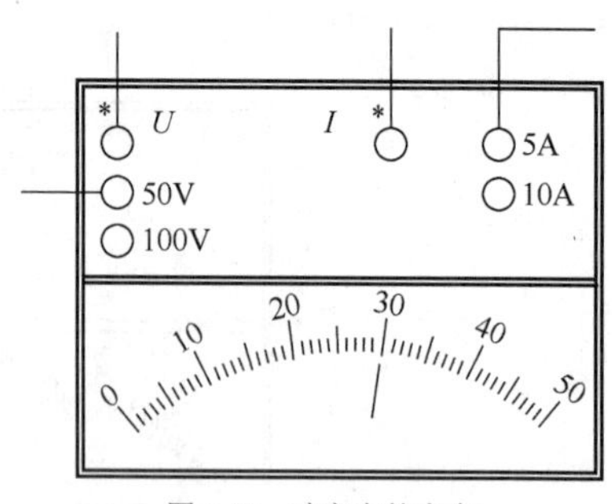

图 1.53　功率表的表盘

练一练

根据图 1.53 所示表盘接线及刻度，读出所测功率数。

拓展与延伸

电工测量的对象主要是电压、电流、电阻、电功率、电能等电学量。电工测量所采用的电工仪表一般是指安装式仪表、实验室和便携式仪表等。这些仪表均可以以指针式或数字形式直接显示测量结果，故也称为直读式电工仪表。

安装式仪表指安装在发电站、变电所的开关板上以及小型电气设备上使用的仪表。

实验室和便携式仪表是指在科学、教学以及工厂企业的实验室、现场测量用的仪表，它的特点是非固定安装，便携式可移动。

1. 电工仪表的分类

（1）按工作原理可分为磁电系仪表、电磁系仪表、电动系仪表、感应系仪表、电子系仪表等。

（2）按测量对象可分为电流表（安培表、毫安表、微安表）、电压表（伏特表、毫伏表、微伏表、千伏表）、功率表（瓦特表）、电度表（电能表）等。

（3）按仪表的准确度由高到低分类，有 0.1、0.2、0.5、1.0、1.5、2.5 和 5.0 共 7 个等级。

（4）按仪表工作电流分为直流仪表、交流仪表和交直流两用仪表。

（5）按使用条件分为 A、A1、B、B1 和 C 共 5 组。

（6）按显示方式可分为指针式仪表和数字显示式仪表。

2. 电工仪表的选择

（1）根据被测量性质，正确选择仪表类型。注意区分直流与交流，正弦波与非正弦波，低频与高频等。

（2）根据实际的测量要求选择仪表的准确度等级，即

0.1～0.2 级——标准式精密测量用；

0.5～1.5 级——实验室一般测量；

1.0～5.0 级——工业生产用。

（3）根据被测量大小合理选择仪表量程，应使被测量的值在仪表量程的 1/2～2/3。

（4）根据仪表使用场所及工作环境选择仪表。

评一评　**根据本节任务完成情况进行评价，并将结果填入下列表格。**

项目 / 评价人	任务完成情况评价	等　级	评 定 签 名
自己评			
同学评			
老师评			
综合评定			

知识能力训练

1. 1J 的电能可供功率为 10W 的用电器工作多少时间?

2. “220V，220W”的电器接到 110V 的电源上工作时，通过的电流等于多少?

3. 有一电度表（见图 1.54），月初示数为 02152，月底示数为 03251，已知电价为 0.52 元/度，试求这个月电费和电度表转盘转过的转数。

4. 满刻度为 100 格的功率表，当选择的量程挡额定电流为 5A、额定电压为 100V 时，功率表的分格常数为多少？如果用此表测量得指示值为 40 格，则所测功率为多少?

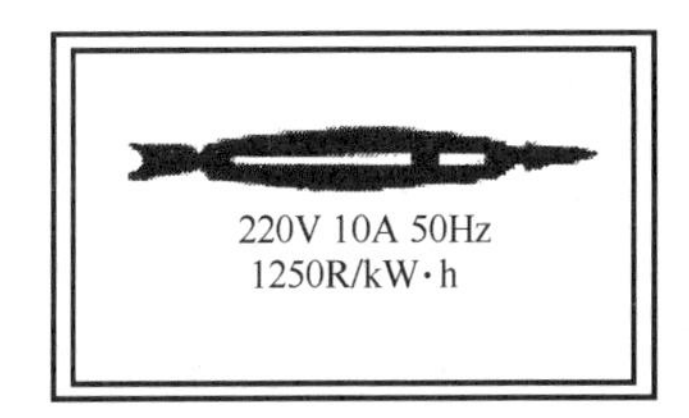

图 1.54 10A 电度表

1.6 测量电池的使用效率

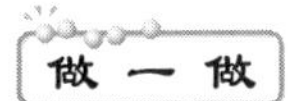

用万用表测量电池的端电压。

电池的标称电压为________V，实际测量的电压为________V。

标称为 1.5V 的电池在实际测量时往往达不到 1.5V，而且随着使用时间的延长，其实际输出电压也在下降，这是什么原因?

1.6.1 测量电池内阻和电动势

电池是一个可将其他形式能量转化为电能的装置，实际的电池除具有一定的电动势外，同时也具有一定内阻，其等效电路如图 1.55 所示，其中 r 代表电池内阻，E 代表电动势。

实际测量电池两端的电压称为电源端电压，也即电源的输出电压。

（1）在电源处于开路状态时，端电压=电动势。

（2）在电源处于有载状态时（见图 1.56），端电压＜电动势。

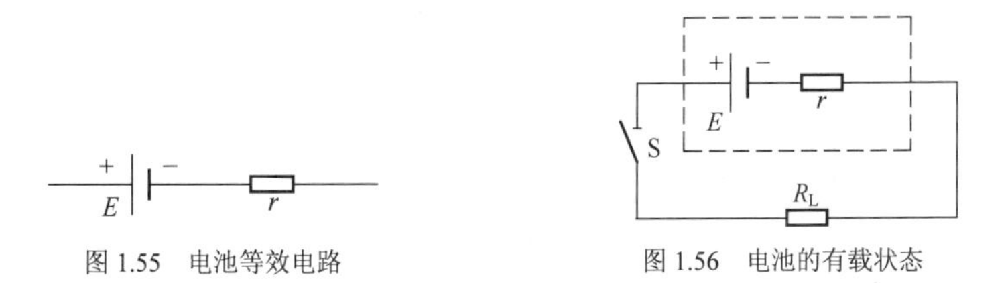

图 1.55 电池等效电路　　图 1.56 电池的有载状态

相对于一段电路而言，含有电源的闭合电路称为全电路，由欧姆定律可得出此电路电流为

$$I = E/(R_L+r)$$

这一公式称为全电路欧姆定律。

由此可见，电源端电压 $U=E-I\times r$，在 $I\neq0$ 或 $r\neq0$ 时，U 总是小于 E，这就是出现电池实际输出电压小于电动势的原因。

在实际使用中，当外电路负载电阻远大于电源内阻时，$U\approx E$，电源端电压可以看做是一个基本恒定的电压。但是，当外电路电阻较小或者随着使用时间延长，电源内阻增大后，内阻分担的电压就不是一个可以忽略的数值，此时端电压就小于电动势，且随负载不同其数值也会变化很大。

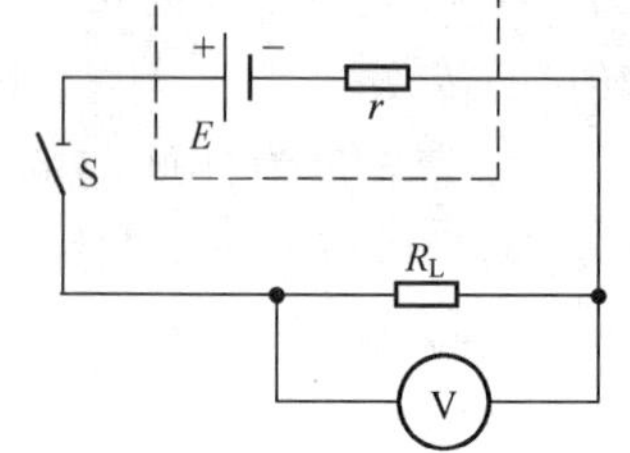

图 1.57 测量电池内阻实验

做一做 测量电池内阻

准备下列器材，按图 1.57 所示连接线路（断开开关 S）：1.5V 干电池 1 只，型号为 85C17 的电压表 1 只，万用表 1 只，1kΩ 电阻器 1 个，导线若干。

（1）用万用表测量电阻 R_L 的阻值为 $R_L=$________。

（2）闭合开关 S，用电压表测量电阻 R_L 两端电压 $U=$________。

（3）已知电池电动势 $E=$________。

（4）计算电流 $I=\dfrac{U}{R_L}=$________。

（5）计算电池内阻 r：

$I=E/(R_L+r)\Rightarrow r=\dfrac{E-IR_L}{I}=$________。

（6）比较 R_L 和 r。

练一练 测量电池电动势

（1）请利用 1 只万用表、2 只电阻器（不同阻值）设计一个电路，测试未知电池的电动势和内阻。

（2）已知某电源内阻 r 为 2Ω，电动势 E 为 6V，当外接 10Ω的电阻 R 时，试计算回路电流和电源端电压、负载功率和电源功率。

1.6.2 分析电池的效率

试根据 1.6.1 节练一练（2）提供的数据，计算电池的使用效率。

（1）负载消耗功率 $P_L=I^2\times R_L=$________。

（2）电源功率 $P_E=I\times E=$________。

（3）电源效率 $\eta=\dfrac{P_L}{P_E}\times100\%=$________。

（4）如果负载电阻变为 4Ω，则

$P_L=$________　　　$P_E=$________　　　$\eta=$________

可见，负载不同时，电源的输出功率和效率不一样。

议一议

什么情况下，电源的输出功率最大？

读 一 读

$$P_L = I^2 \times R_L = \left(\frac{E}{R_L + r}\right)^2 \times R_L = \frac{E^2 \times R_L}{(R_L - r)^2 + 4R_L r} = \frac{E^2}{\frac{(R_L - r)^2}{R_L} + 4r}$$

当 $R_L = r$ 时，P_L 最大，此时 $\eta = \frac{P_L}{P_E} = 50\%$ 。

可见，在电源不变（电动势和内阻不变）的情况下，当负载电阻等于电源内阻时，电源有最大的输出功率。电工学上将负载电阻与电源内阻相等，电源输出功率最大的状态称为负载与电源匹配。

练 一 练

电源输出功率最大时，电源的效率是否也最大？在什么情况下，电源的效率最大？

评 一 评 根据本节任务完成情况进行评价，并将结果填入下列表格。

项目 / 评价人	任务完成情况评价	等　级	评定签名
自己评			
同学评			
老师评			
综合评定			

知识能力训练

1. 写出图 1.58 所示电路中电流 I 的表达式。

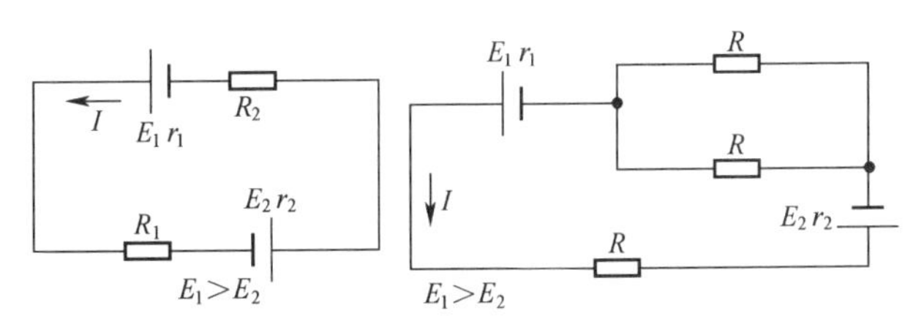

图 1.58　求电流 I 的 2 个电路

2. 试判断下列说法是否正确。

（1）电源内阻越大，电源的输出功率越小。（　　）

（2）电源内阻越大，电源的效率越低。（　　）

（3）电源输出功率最大时，电源效率也最高。（　　）

（4）负载功率最大时，电源效率最高。（　　）

（5）电源内阻与负载电阻越接近，电源效率越高。（　　）

（6）电源内阻与负载电阻越接近，负载功率越大。（　　）

3. 已知内阻为 20Ω，电动势为 12V 的电池与某电阻串联，测得回路电流为 0.4A，试求该电阻的阻值，电阻消耗的功率为多大？此时电源的效率为多少？

1.7　验证节点电流定律和回路电压定律

读一读　**认识几个概念**

（1）支路——由一个或几个元件首尾相接构成的无分支电路。

（2）回路——由电阻、电源等元件组成的闭合电路。

（3）节点——3条或3条以上的支路汇聚的点。

（4）单回路电路（简单电路）——可以通过电阻的串、并联计算以及电池组的串、并联，将电路简化为由一个电源、一个电阻和开关组成的闭合回路的电路。

（5）多回路电路（复杂电路）——两个或两个以上含有电源的支路组成的多回路电路，不能通过电阻和电池组的串、并联办法简化计算。

1.7.1　验证节点电流定律

（1）按图1.59所示连接电路。

元器件参数如下：$E_1=12V$，$E_2=6V$，$R_1=R_2=150\Omega$，$R_3=510\Omega$，85C17（0～200mA）毫安表两只，85C17（0～10mA）毫安表一只。

（2）标出图中各支路电流的正方向。

（3）将电流表串联接入电路，测出各支路电流，并记入表1.4中。

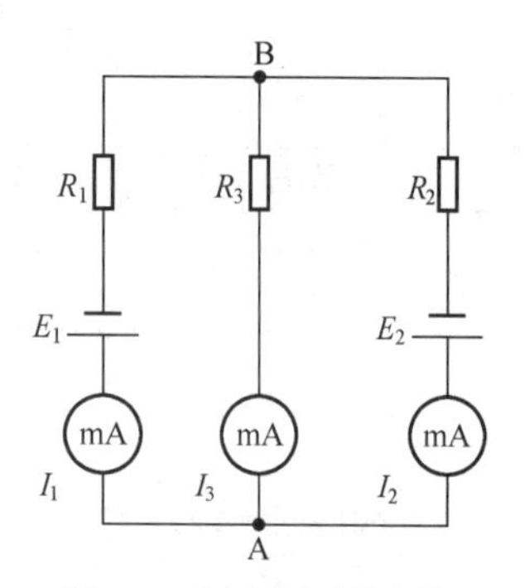

图1.59　验证节点电流定律

表1.4　**支路电流值记录表**

I_1	I_2	I_3

（4）分析图中的节点有________点和________点。

（5）流入A点的电流有：____________________。

流出A点的电流有：____________________。

流入B点的电流有：____________________。

流出B点的电流有：____________________。

如果按图中标定的电流参考方向接入电流表，发现电流表指针反转，说明实际电流方向与图中参考方向相反，此时应调整电流表表笔位置，并将所测量电流值记为**负值**。

流经同一节点的电流之间有何关系？

读 一 读 节点电流定律（基尔霍夫第一定律）

对于任一节点，流入节点的电流之和等于流出该节点的电流之和，即 $\sum I_{入}=\sum I_{出}$，或流经节点的电流之和为零，即 $\sum I=0$。

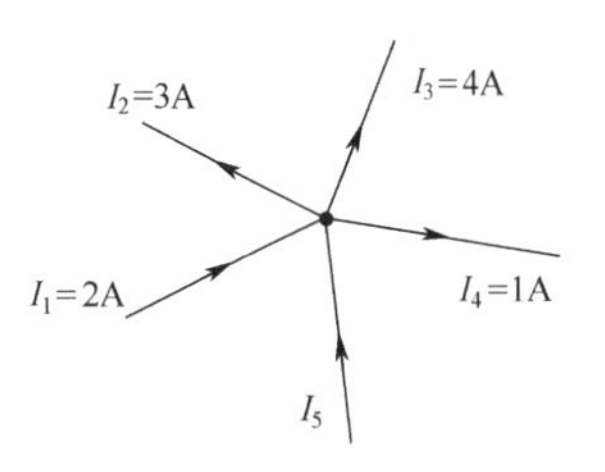

图 1.60　例 1.9 图

【例 1.9】 已知流经图 1.60 所示电路中一节点的电流，试求未知电流 I_5。

【解】 根据节点电流定律 $\sum I_{入}=\sum I_{出}$ 可得

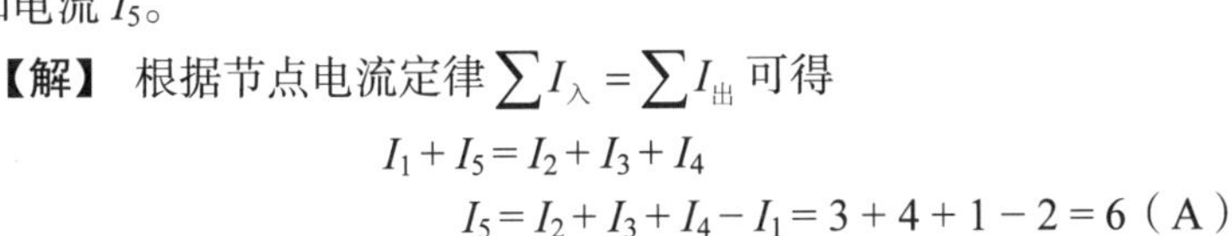

$$I_1+I_5=I_2+I_3+I_4$$

$$I_5=I_2+I_3+I_4-I_1=3+4+1-2=6\text{（A）}$$

练 一 练

（1）求图 1.61 中电流 I_4，并分析电流的实际方向。

（2）求图 1.62 中电流 I_3，并分析电流的实际方向。

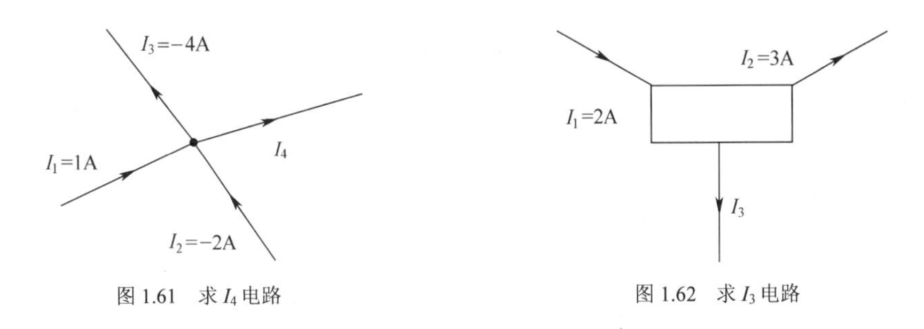

图 1.61　求 I_4 电路　　　　图 1.62　求 I_3 电路

节点可以是一个点，也可以是一个闭合电路（有对外的输入端和输出端）。

1.7.2 验证回路电压定律

（1）按图 1.63 所示连接电路。

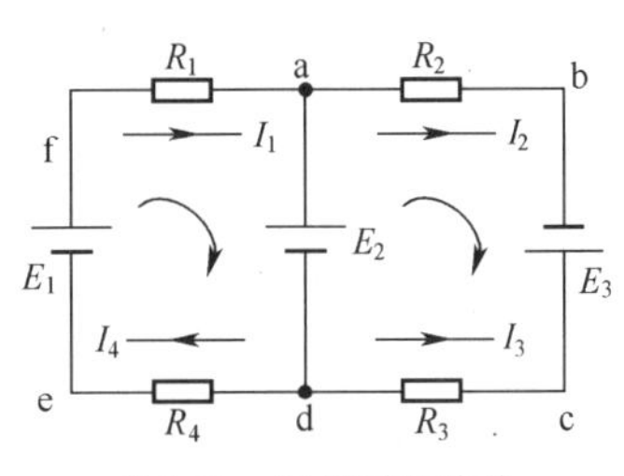

图 1.63　求回路电压电路

元件参数如下：$E_1=4.5\text{V}$，$E_2=9\text{V}$，$E_3=6\text{V}$，$R_1=3\text{k}\Omega$，$R_2=R_3=1\text{k}\Omega$，$R_4=2\text{k}\Omega$。

（2）测量各段电路电压，并填入表1.5中。

表1.5　　电压值记录表

U_{ab}	U_{bc}	U_{cd}	U_{da}	U_{de}	U_{ef}	U_{fa}

注意各电压极性。

电路中电压正负号的确定方法

（1）假定各支路电流方向和回路绕行方向如图1.63所示。

（2）电阻上电压的极性确定——顺电流方向绕行的电压取正，如 $U_{fa}=I_1R_1$；逆电流方向绕行的电压取负，如 $U_{cd}=-I_3R_3$。

（3）电源两端电压正负的确定——由负极到正极取负，如 $U_{ef}=-E_1$；由正极到负极取正，如在adefa回路中，$U_{ad}=E_2$。

（4）分别计算abcda和adefa两个回路中回路电压之和。

$\sum U_1=U_{ab}+U_{bc}+U_{cd}+U_{da}=$ ________

$\sum U_2=U_{ad}+U_{de}+U_{ef}+U_{fa}=$ ________

从上述回路电压的计算，可以看出什么规律？

读一读

回路电压定律（基尔霍夫第二定律）——任一闭合回路中，各段电路电压的代数和等于零，即 $\sum U=0$

【例1.10】 写出图1.63所示电路中回路abcdefa电压之和的表达式，并验证回路电压定律。

【解】 $\sum U=U_{ab}+U_{bc}+U_{cd}+U_{de}+U_{ef}+U_{fa}$

$=I_2R_2-E_3-I_3R_3+I_4R_4-E_1+I_1R_1$

将上述测量得到的各段电压数据代入上式，可得 $\sum U=0$。

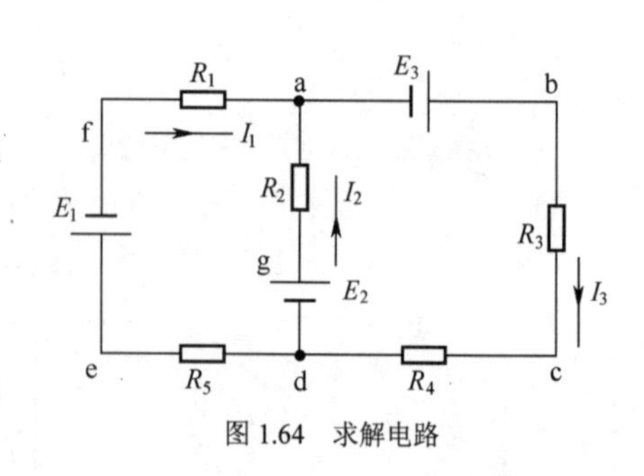

图1.64　求解电路

（1）列出图1.64所示电路中回路abcdga和回路agdefa电压之和表达式。

（2）在图1.64中已知 $I_1=I_2=1\text{mA}$，$I_3=2\text{mA}$，$E_2=4\text{V}$，$R_1=R_2=R_5=2\text{k}\Omega$，$R_3=R_4=1\text{k}\Omega$，试求 $E_1=?$ $E_3=?$

拓展与延伸　电流方向、电压极性与电流和电压符号的关系

（1）电路中的电流方向、电压极性分为实际方向、实际极性与参考方向、参考极性。

（2）实际方向和实际极性是由电路自身的电流、电压决定的。电流实际方向由高电位流向低电位，电压极性由起点和终点之间电位差决定。

（3）参考方向、参考极性是人为任意假定的。

（4）在参考方向（极性）确定后，当实际方向（极性）与参考方向（极性）一致时，电流（电压）符号取正，反之取负。

（5）可以根据电流电压的符号来判别其实际方向（极性）。例如在图 1.65 中，通过计算得 $I_1 = 1\text{A}$，$I_2 = -2\text{A}$，则表明 I_1 的实际方向与图示参考方向一致，I_2 的实际方向与图示参考方向相反。

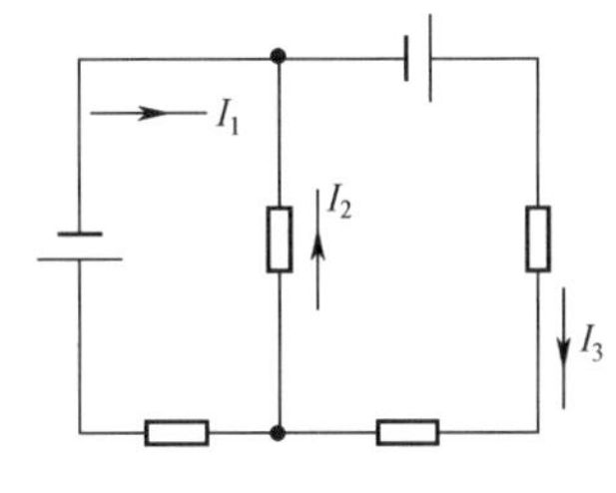

图 1.65　判定各电流实际方向

做一做　**根据本节任务完成情况进行评价，并将结果填入下列表格。**

项目 / 评价人	任务完成情况评价	等　级	评 定 签 名
自己评			
同学评			
老师评			
综合评定			

知识能力训练

1. 在图 1.66 所示电路中有________个节点，分别是________，共有________个回路，分别是________________________。

2. 在图 1.67 所示电路中，流经节点 B 的电流有________，它们之间的关系是________。流经节点 A 的各电流的代数和 $\sum I =$ ________。

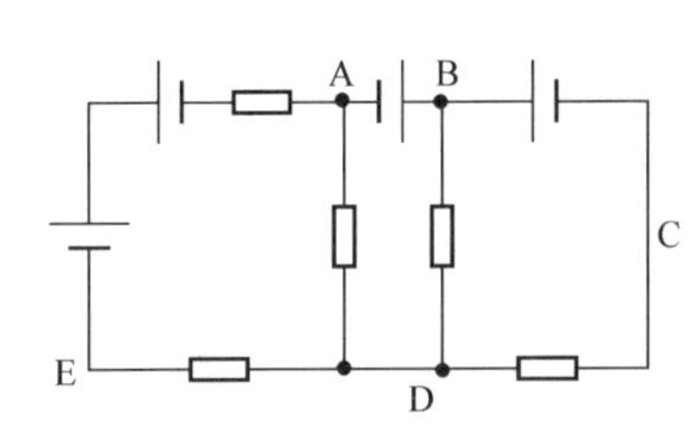

图 1.66　节点和回路分析（一）

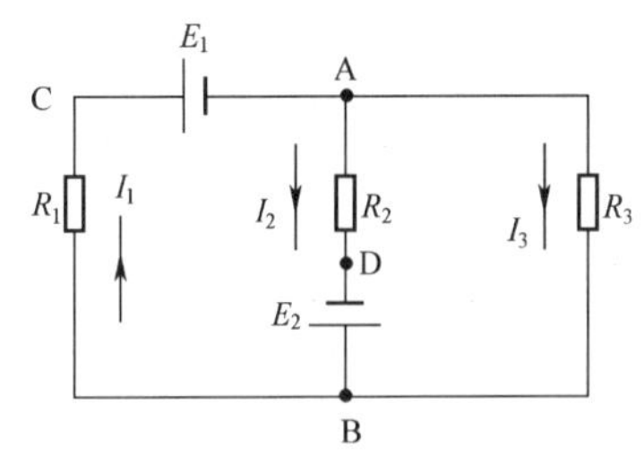

图 1.67　节点和回路分析（二）

图中各段电路电压表达式可写成：

$U_{AD} =$ ________

$U_{DB} =$ ________

$U_{BC} =$ ________

$U_{CA} =$ ________

$U_{AR_3B} =$ ________

U_{AR_3B}、U_{BC}、U_{CA}之间的关系是________。

3. 对于图1.67所示电路，表达正确的关系式有________。

（1）$I_3 = U_{AB}/R_3$

（2）$I_1 = U_{AB}/R_1$

（3）$I_2 = U_{AB}/R_2$

（4）$I_1 = E_1/R_1$

（5）$I_2 = E_2/R_2$

（6）$I_1 = I_2 = (E_1+E_2)/(R_1+R_2)$

4. 求图1.68所示电路中的电流 I_1、I_2、I_3、I_4。

5. 求图1.69所示电路中的电流 I。

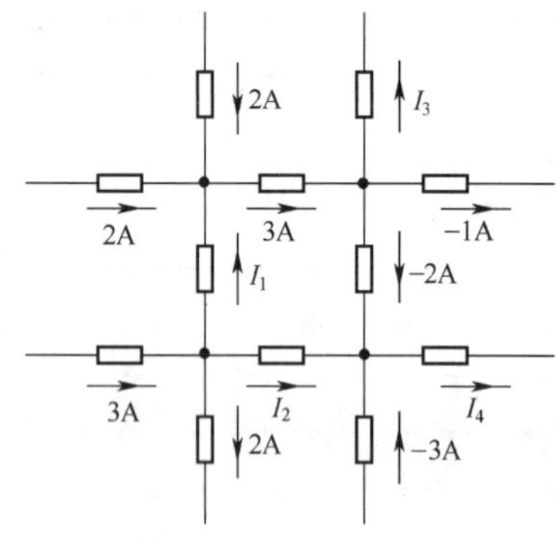

图1.68 求 I_1～I_4 电路图

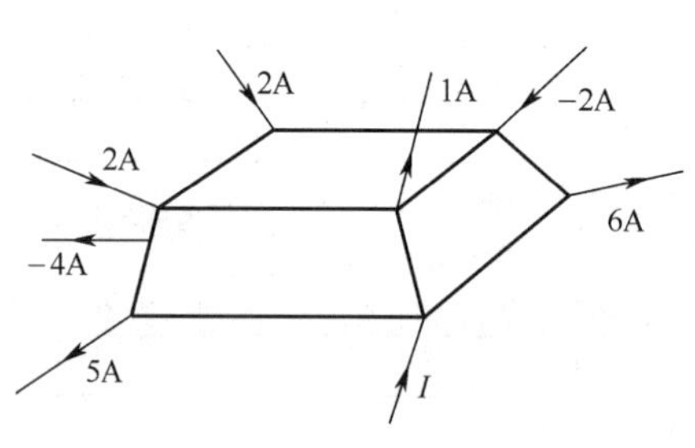

图1.69 求电流 I 电路图

6. 判别下列说法是否正确。

（1）通过任一节点的电流的代数和为零。（ ）

（2）节点电流定律表明节点中不能存储电流。（ ）

（3）任何电路中各段电压的代数和为零。（ ）

7. 对于图1.70所示电路，下列表达式正确的是（ ）。

（1）$E_1+E_2+I_2R_2+I_1R_1 = 0$

（2）$I_2R_2-E_2+I_3R_4+E_3-I_3R_3 = 0$

（3）$E_1-I_3R_4+E_3-I_3R_3+I_1R_1 = 0$

（4）$I_3R_3-E_3+I_3R_4+E_2-I_2R_2 = 0$

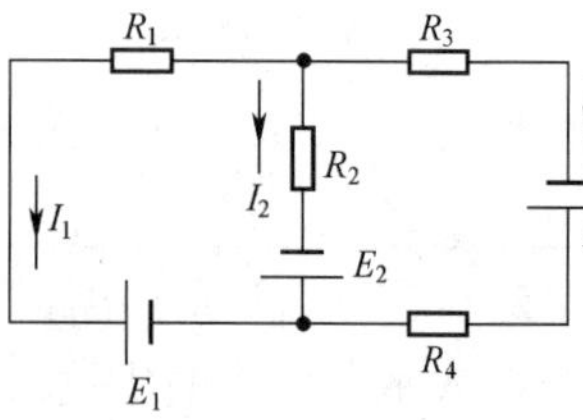

图1.70 题7图

1.8 分析复杂直流电路

单回路电路或者简单直流电路可以直接运用欧姆定律以及电阻、电池的串并联规律分析计算，而多回路电路除了需要用到欧姆定律外，还需用到节点电流定律和回路电压定律。复杂直流电路主要的分析方法有支路电流法、戴维南定律和叠加原理。

1.8.1 运用支路电流法分析复杂直流电路

支路电流法

所谓支路电流法就是以支路电流作为未知量，根据节点电流定律和回路电压定律，写出节点电流方程和回路电压方程，联立方程组，解方程组得出各支路电流，进而可以得到其他要求的物理量。

【例 1.11】 在图 1.71 所示电路中，已知电源电动势 E_1、E_2 和电阻 R_1、R_2、R_3、R_4，试求解各支路电流和电压。

【解】 首先分析该电路有 3 条支路，即 ACB、ADB、AR_3B；有 2 个节点，即 A、B。

其次，假定 3 条支路电流分别为 I_1、I_2、I_3，并假定方向如图 1.72 所示。

第三，列出节点电流方程。

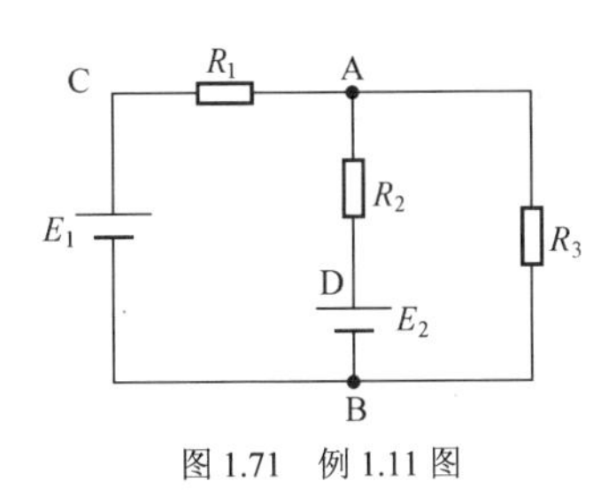

图 1.71 例 1.11 图

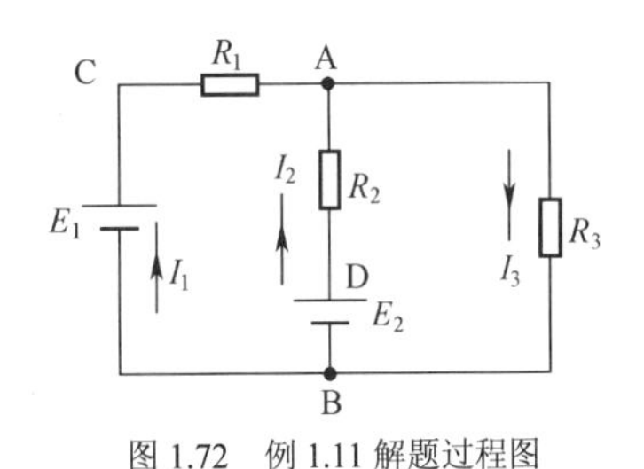

图 1.72 例 1.11 解题过程图

节点 A： $I_1+I_2=I_3$

节点 B： $I_3=I_1+I_2$ ①

第四，列出回路电压方程。

电路中共有 3 个回路，题中未知量有 3 个，所以只需再列两个方程即可。

回路 ADBCA： $U_{AD}+U_{DB}+U_{BC}+U_{CA}=0$

$$-I_2\times R_2+E_2-E_1+I_1\times R_1=0 \quad ②$$

回路 AR_3BDA： $U_{R3}+U_{BD}+U_{DA}=0$

$$I_3\times R_3-E_2+I_2\times R_2=0 \quad ③$$

①②③联立方程组，求解可得 I_1、I_2、I_3，进而可求得各段电压。

读 一 读 支路电流法的解题步骤

（1）确定节点、支路、回路，并在图中标出假定的支路电流方向、回路电压绕行方向（一般按顺时针方向）。

（2）列出节点电流方程。

（3）列出回路电压方程。

（4）联立并求解方程组，得到各支路电流。

（5）根据支路电流，进一步求解其他待求物理量。

【例 1.12】 求图 1.73 所示电路中的支路电流 I_1、I_2、I_3。

【解】

（1）标出各支路电流 I_1、I_2、I_3，确定节点 A、B（见图 1.74）。

（2）列出节点电流方程。

$$I_1+I_3=I_2 \quad ①$$

（3）列出回路电压方程。

回路 ABCA： $U_{AB}+U_{BC}+U_{CA}=0$

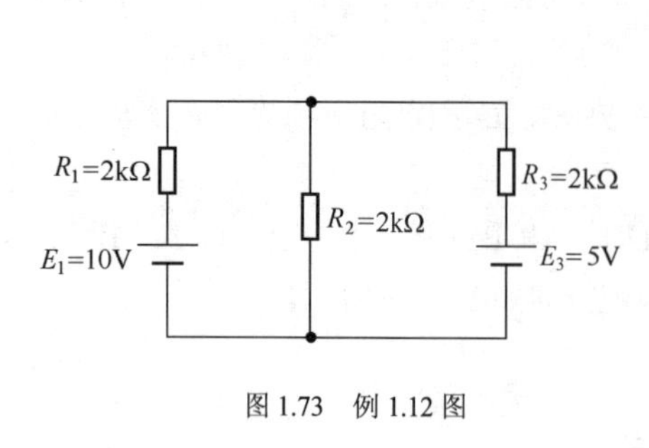

图 1.73　例 1.12 图

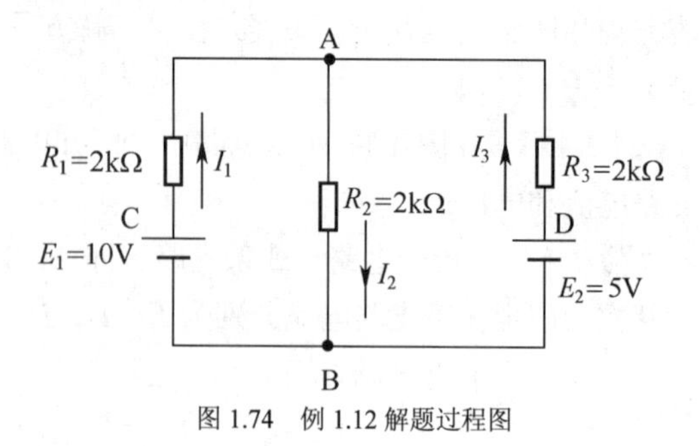

图 1.74　例 1.12 解题过程图

$$I_2 \times R_2 - E_1 + I_1 \times R_1 = 0 \quad ②$$

回路 ADBA：

$$U_{AD} + U_{DB} + U_{BA} = 0$$

$$-I_3 \times R_3 + E_2 - I_2 \times R_2 = 0 \quad ③$$

（4）将数据代入方程①②③，联立方程组：

$$\begin{cases} I_1 + I_3 = I_2 \\ 2I_2 - 10 + 2I_1 = 0 \\ -2I_3 + 5 - 2I_2 = 0 \end{cases}$$

（5）解方程组，得

$$I_1 = 2.5\text{（A）}$$

$$I_2 = 2.5\text{（A）}$$

$$I_3 = 0\text{（A）}$$

1. 在图 1.75 所示电路中，已知 $I_1 = 3A$，$I_2 = 1A$，求 U_{S1}、U_{S2}。

2. 在图 1.76 所示电路中，已知 $E_1 = 6V$，$E_2 = 8V$，$R_1 = 1kΩ$，$R_2 = 2kΩ$，$R_3 = 2kΩ$，$R_4 = R_5 = 4kΩ$，求流过 R_4 的电流。

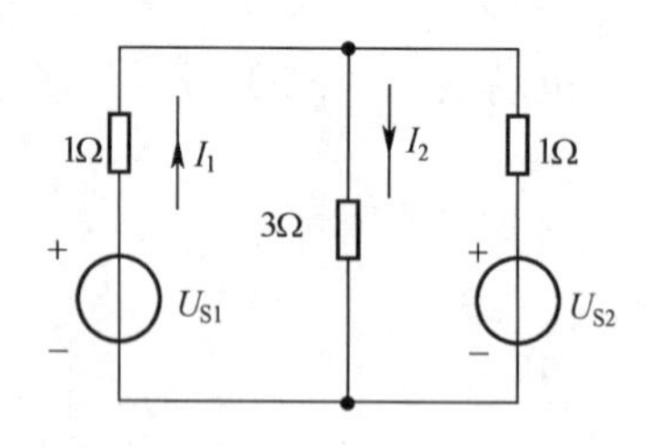

图 1.75　U_{S1} 和 U_{S2} 求解电路

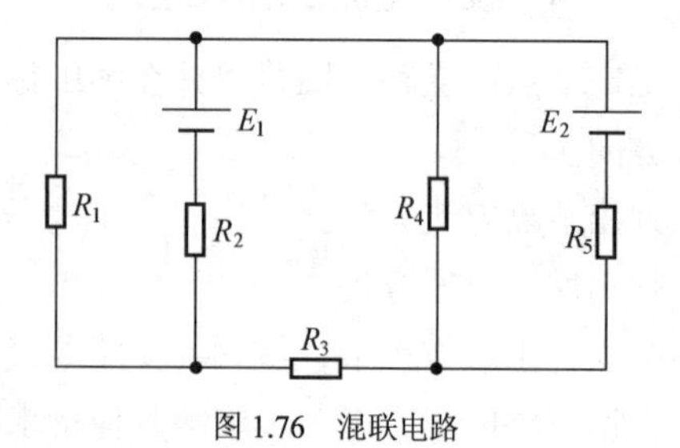

图 1.76　混联电路

1.8.2　运用戴维南定律分析复杂直流电路

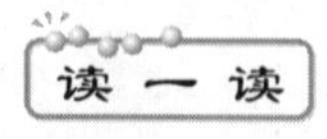

电路又称网络，根据其内部是否含有电源，分为有源网络和无源网络，根据其与外部电路相连的端子数目分为二端网络和多端网络。

戴维南定律——相对于外部电路，一个有源二端网络可以等效为一个电源（见图 1.77）。

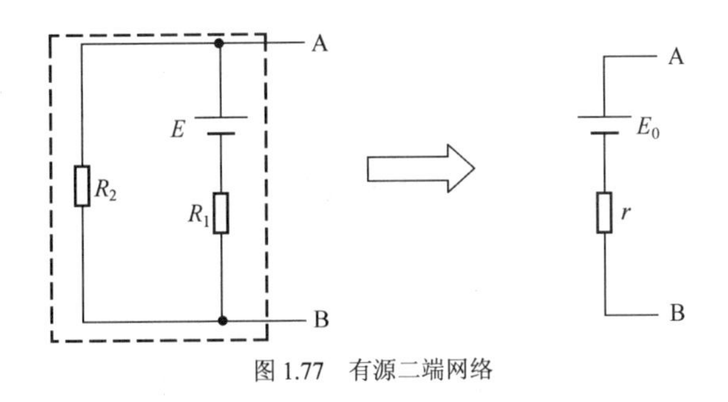

图 1.77　有源二端网络

其中，等效电源的电动势等于有源二端网络处于开路状态时其两端电压（称为开路电压），等效电源的内阻等于有源二端网络中电源电动势不起作用只保留内阻时网络两端之间的等效电阻（称为输入电阻）。

【例 1.13】 求图 1.77 所示电路的 E_0 和 r。

【解】 $E_0 = U_{AB} = I \times R_2 = \dfrac{E}{R_1 + R_2} \times R_2$（其方法同电路中任意两点间电压的求解方法）

$r = R_1 // R_2 = \dfrac{R_1 R_2}{R_1 + R_2}$（其中 $R_1//R_2$ 代表 R_1 和 R_2 的并联值）

练 一 练

求图 1.78 所示电路的等效电源。

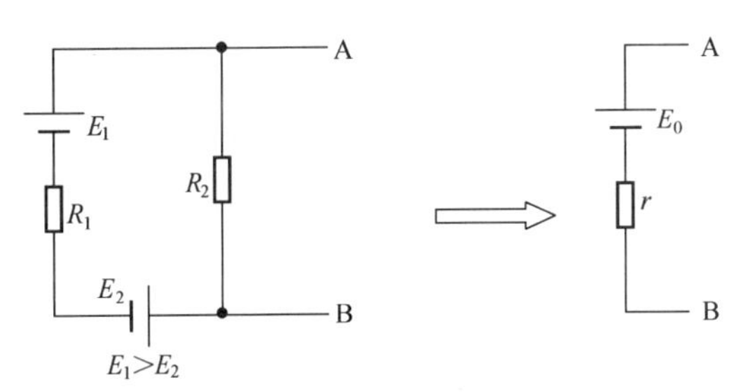

图 1.78　有源二端网络

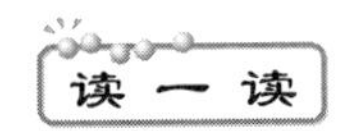

根据戴维南定律的等效原理，可以将一个复杂直流电路分成一个有源二端网络和一个待求支路（见图 1.79），运用戴维南定律将有源二端网络等效为一个电源，然后接入待求支路，求出待求物理量。

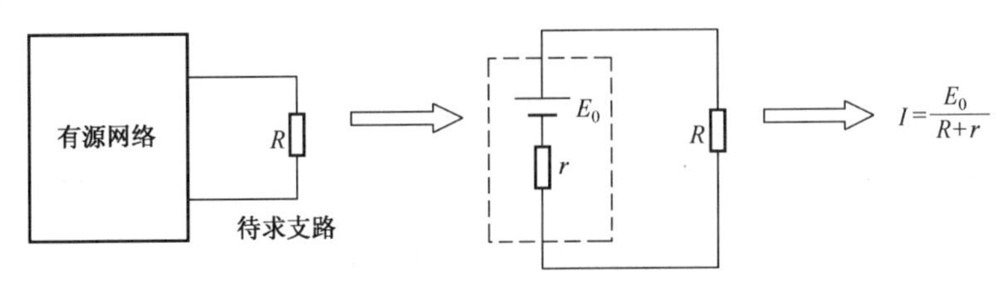

图 1.79　戴维南定律的等效原理

【例 1.14】 试用戴维南定律求图 1.80 所示电路中的电流 I，已知 $E_1 = 7$V，$E_2 = 10$V，$R_1 = 4\Omega$，$R_2 = 4\Omega$，$R_3 = 2\Omega$。

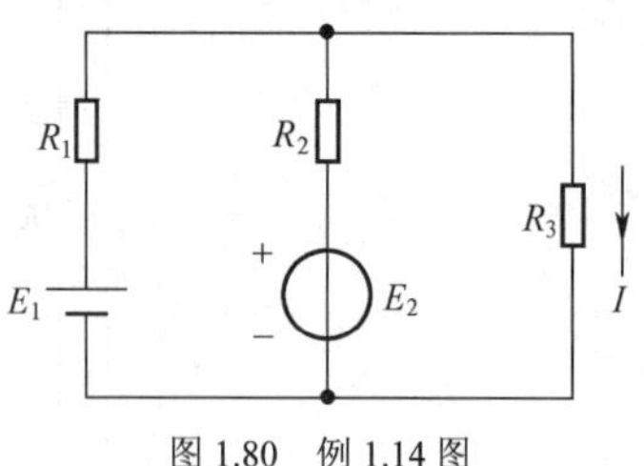

图 1.80 例 1.14 图

【解】

（1）以 R_3 作为待求支路，其余部分作为有源二端网络，将待求支路与有源二端网络分开（见图 1.81）。

（2）将有源二端网络等效为一个电源，求出其等效电动势和等效电阻。

$$E_0 = U_{AB} = -I' \times R_2 + E_2 = -\frac{E_2 - E_1}{R_1 + R_2} R_2 + E_2 = -\frac{10-7}{8} \times 4 + 10 = 8.5\text{（V）}$$

$$r = R_1 // R_2 = 2\text{（}\Omega\text{）}$$

（3）$I = \dfrac{E_0}{r + R_3} = \dfrac{8.5}{2+2} = 2.125\text{（A）}$

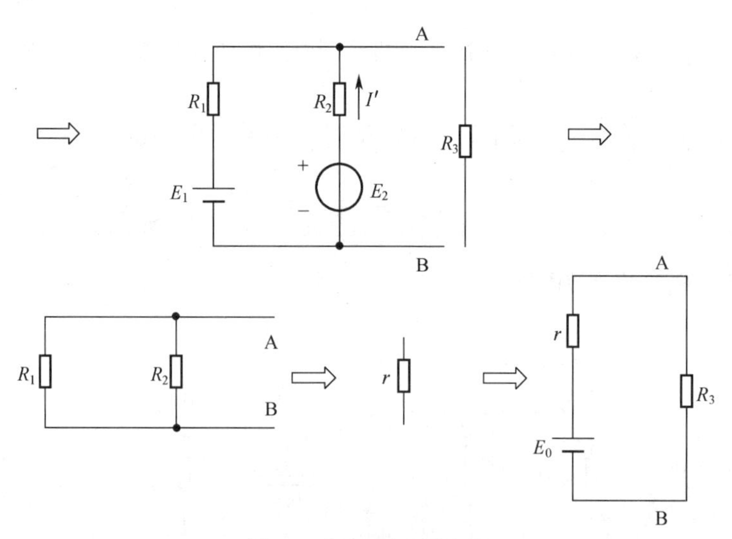

图 1.81 例 1.14 解题过程图

【例 1.15】 在图 1.82 所示电路中，已知 $E = 3$V，$R_1 = R_2 = R_3 = 3$kΩ，求 R_L 取何值时可以获得最大功率。

【解】

（1）负载获得最大功率的条件是负载电阻与电源内阻相等。根据题意，可以将 R_L 作为待求支路，其余部分作为有源二端网络，将二者分开（见图 1.83）。

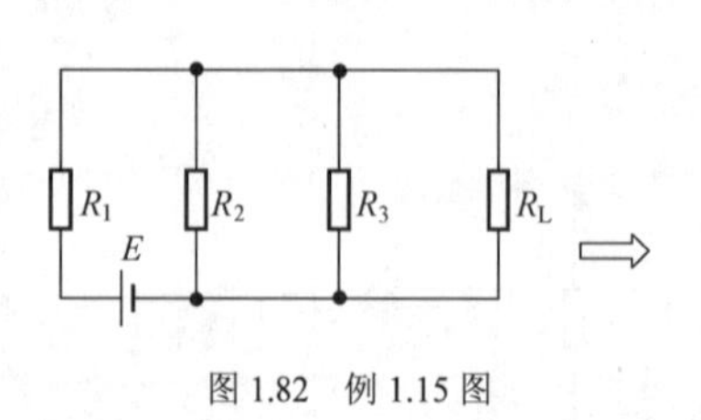

图 1.82 例 1.15 图

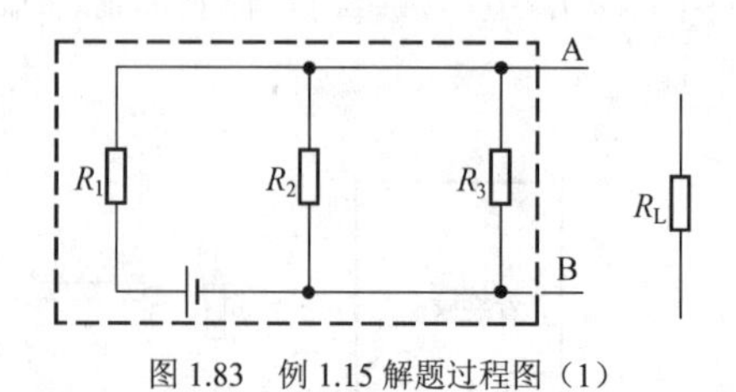

图 1.83 例 1.15 解题过程图（1）

（2）将有源二端网络等效为一个电源，其电动势 $E_0 = U_{AB}$，运用欧姆定律和电路中两点间电压的求解方法可以得到

$$E_0 = U_{AB} = \frac{E_1}{R_1 + R_2 // R_3} \times (R_2 // R_3) = \frac{3}{3+1.5} \times 1.5 = 1 (\text{V})$$

（3）等效电源的等效内阻如图 1.84 所示：

$$r = R_{AB} = R_1 // R_2 // R_3 = 1\text{k}\Omega$$

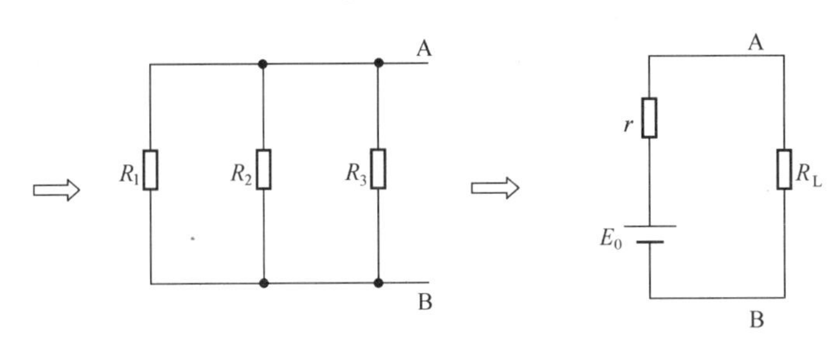

图 1.84　例 1.15 解题过程图（2）

（4）当 $R_L = r = 1\text{k}\Omega$ 时，负载可以获得最大功率。

本题还可以有其他解法吗？

在图 1.85 所示电路中，已知 $E = 6\text{V}$，$R_1 = R_2 = 2\text{k}\Omega$，$R_3 = 4\text{k}\Omega$，$R_4 = R_5 = 1\text{k}\Omega$，求 R_3 中通过的电流。

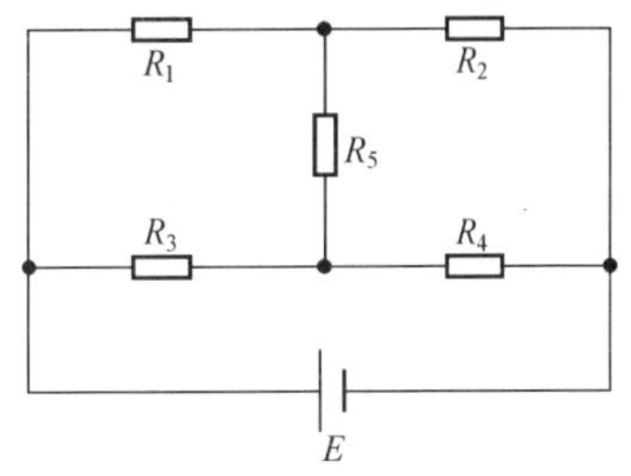

图 1.85 “练一练”电路图

拓展与延伸　叠加原理

复杂直流电路的分析方法除了前面介绍的支路电流法和戴维南定律外，常用的还有叠加原理。

理论和实验均证明，对于由多个电源和电阻组成的复杂直流电路而言，各支路中的电流（电压）等于各个电源单独作用时在该支路产生的电流（电压）的代数和。这里一个电源单独作用时，其余电源只保留内阻，电动势不发挥作用，所有电阻均不变。

叠加原理的解题步骤如下。

（1）分别作出各电源单独作用时的等效电路。

（2）分别求出各电源单独作用时各待求支路电流（电压）（含方向）。

（3）求出所有等效电路中待求支路电流（电压）的代数和，即为实际的待求支路电流（电压）。

叠加原理只适用于求电流和电压，不适用于求电功率。

【例 1.16】 试用叠加原理求图 1.86 所示电路中 R_2 通过的电流，已知 $E_1 = 6\text{V}$，$E_2 = 12\text{V}$，$R_1 = R_2 = R_3 = 4\text{k}\Omega$。

【解】

（1）画出 E_1 单独作用时的等效电路（见图 1.87）。

（2）求出 E_1 单独作用时 R_2 中的电流 I_2'：

$$I_2' = \frac{E_1}{R_1 + R_2 // R_3} \times \frac{R_3}{R_2 + R_3} = \frac{6}{4+2} \times \frac{4}{4+4} = 0.5\text{(mA)}$$

（3）画出 E_2 单独作用时的等效电路（见图 1.88）。

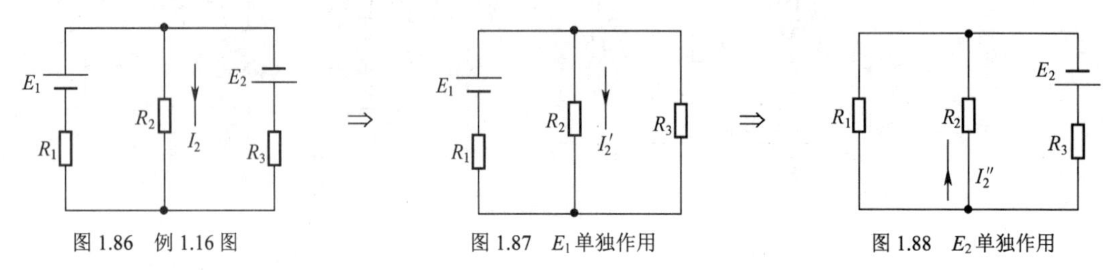

图 1.86　例 1.16 图　　图 1.87　E_1 单独作用　　图 1.88　E_2 单独作用

（4）求出 E_2 单独作用时 R_2 中的电流 I_2''：

$$I_2'' = \frac{E_2}{R_3 + R_1 // R_2} \times \frac{R_1}{R_1 + R_2} = \frac{12}{4+2} \times \frac{4}{4+4} = 1\text{(mA)}$$

（5）求出 R_2 中实际通过的电流：

$$I_2 = I_2' - I_2'' = 0.5 - 1 = -0.5\ \text{(mA)}$$

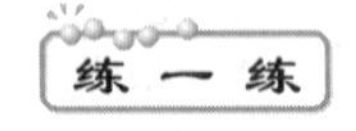

运用叠加原理法求解例 1.14。

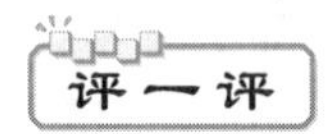

根据本节任务完成情况进行评价，并将结果填入下列表格。

项目 / 评价人	任务完成情况评价	等　级	评 定 签 名
自己评			
同学评			
老师评			
综合评定			

知识能力训练

1. 下列定律或分析方法对于一段支路适用的是（　　），对于单回路适用的是（　　），对于多回路适用的是（　　）。

A. 部分电路欧姆定律　　B. 全电路欧姆定律

C. 节点电流定律　　D. 回路电压定律

E. 电阻串并联简化法　　F. 电池组串并联简化法

2. 图 1.89 所示电路简化后的两个电路如图 1.90（a）、（b）所示，简化正确的是（　　）。

3. 在图 1.91 所示电路中，已知 E_1=4V，E_2 = 8V，$R_1 = R_2 = R_3$ = 4kΩ，试分别用支路电流法、戴维南定律和叠加原理求 R_2 所消耗的功率。

4. 运用支路电流求图 1.92 所示电路中各支路的电流。已知 E_1 = 10V，内阻为 1Ω，E_2 = 60V，R_1 = 9Ω，$R_2 = R_3$ = 20Ω。

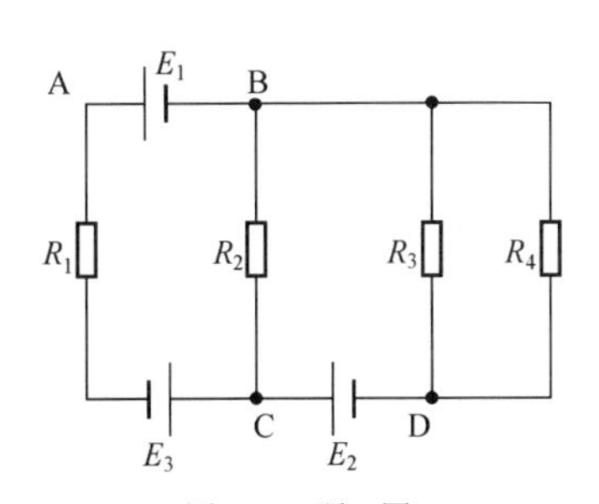

图 1.89　题 2 图

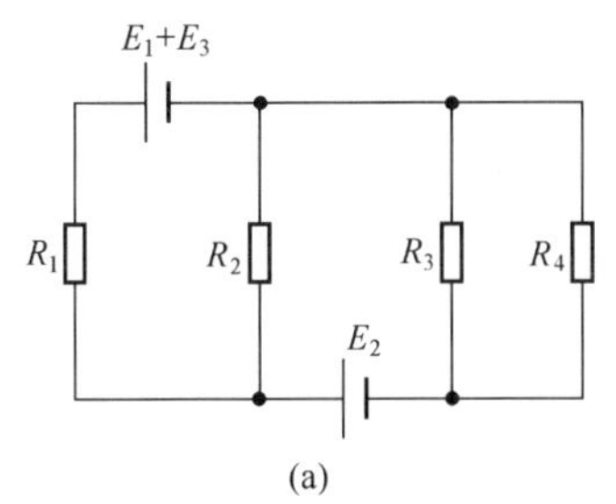

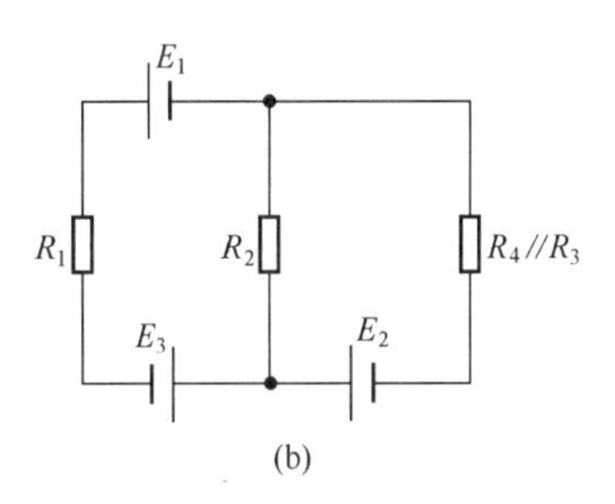

图 1.90　题 2 简化后的两个电路

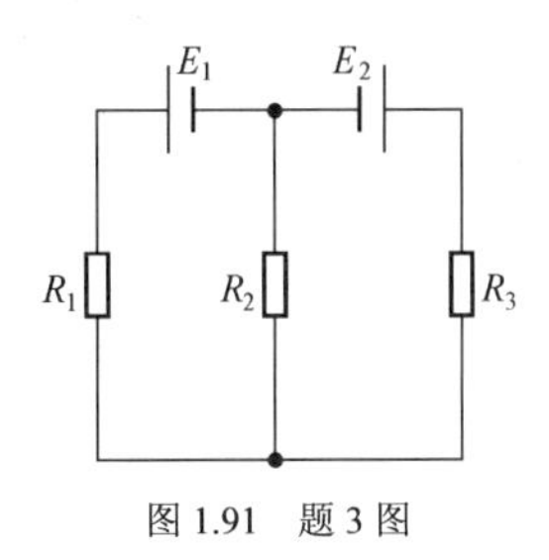

图 1.91　题 3 图

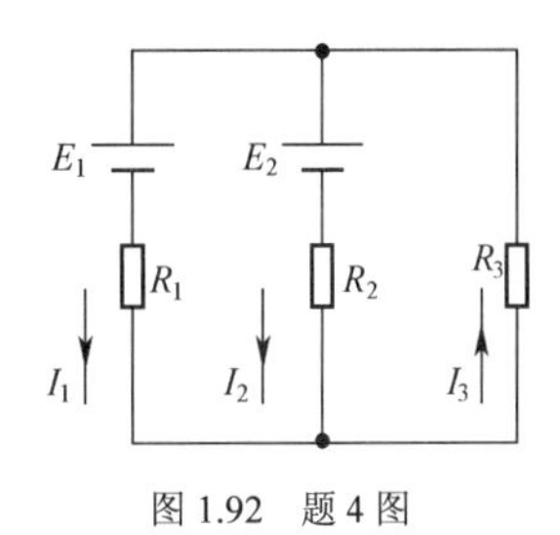

图 1.92　题 4 图

5. 运用支路电流法，求图 1.93 中各支路电流以及 A 点电位。已知 $E_1=10\text{V}$，$E_2=20\text{V}$，$R_1=R_2=R_3=2\text{k}\Omega$。

6. 运用戴维南定律，求图 1.93 中 R_3 两端的电压。

7. 求图 1.94 所示电路中 R_3 消耗的功率，已知 $E_1=20\text{V}$，$E_2=40\text{V}$，$R_1=R_2=20\text{k}\Omega$，$R_3=10\text{k}\Omega$。

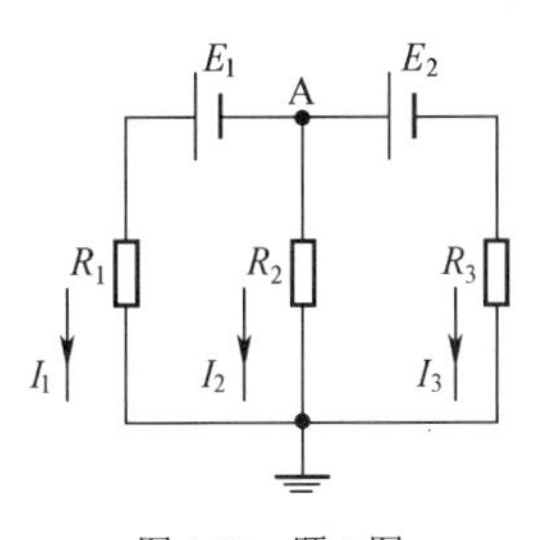

图 1.93　题 5 图

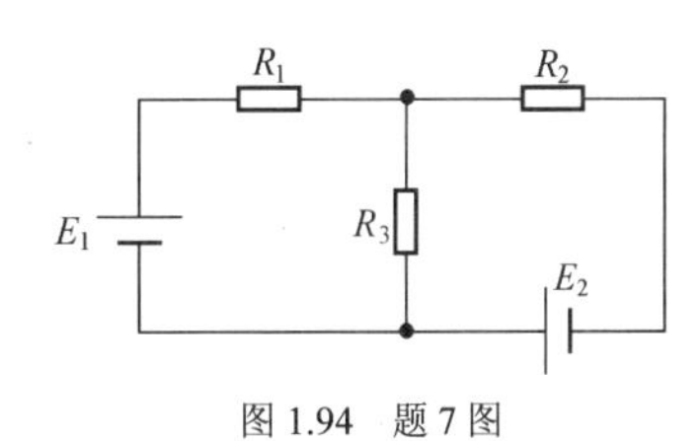

图 1.94　题 7 图

本章小结

1. 了解主要电学概念

（1）电路——通路、短路、开路

（2）电源——电压源、电流源

（3）电动势 E

（4）电阻　$R=\rho\times\dfrac{L}{S}$

（5）电流　$I=U/R$

（6）电位　V

（7）电压　$U_{AB}=V_A-V_B$

（8）电功率　$P=UI$

（9）电功　$W=UIt$

2. 掌握下列操作方法

（1）电流表扩大量程改装。

（2）电压表扩大量程改装。

（3）用电流表测量电流。

（4）用电压表测量电压。

（5）用万用表测量电阻。

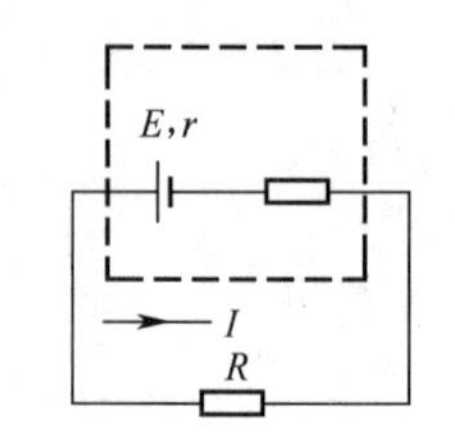

（6）用伏安法测量电阻（电流表内接法和外接法）。

（7）安装单相电度表。

3. 掌握下列电路规律和分析方法

（1）部分电路——部分电路欧姆定律 $I=U/R$

（2）单一回路——全电路欧姆定律 $I=\dfrac{\sum E}{\sum R+\sum r}$

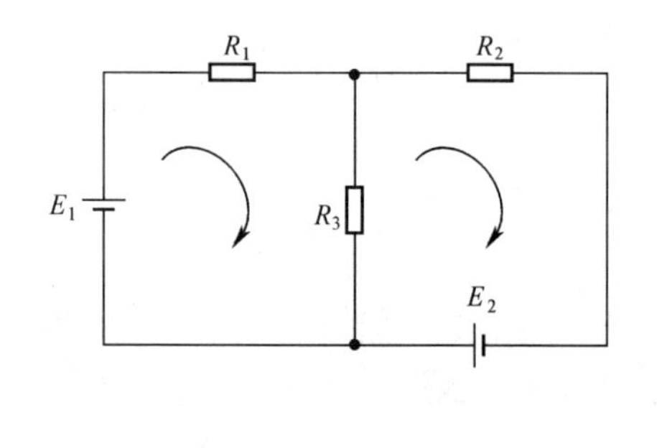

（3）多回路——
- 节点电流定律 $\sum I=0$
- 回路电压定律 $\sum U=0$
- 支路电流法
- 戴维南定律
- 叠加原理

思考与练习

一、判断题

1. 短路状态是电路正常工作状态之一。（　　）
2. 电源在某些情况下也可以变成用电器。（　　）
3. 被测电流超过电流表量程有可能烧毁电流表。（　　）
4. 万用表在保存时应将转换开关置于最大电阻挡。（　　）
5. 电压表扩大量程依据了并联电阻分流的原理。（　　）
6. 电流表扩大量程依据了串联电阻分压的原理。（　　）
7. 用万用表测标称电动势为1.5V的电池时得到的端电压为1.3V的原因主要是电池内阻的存在。（　　）
8. 玻璃是电绝缘材料。（　　）
9. 欧姆表在每次换挡测量前都必须进行欧姆调零。（　　）
10. 电阻阻值大小除与其材料、尺寸有关外，还与所处的环境温度有关。（　　）

二、选择题

1. 某导体电阻原为2Ω，现将其均匀地拉长至原长的2倍，则电阻值变为（　　）。

A. 2Ω　　B. 4Ω　　C. 8Ω　　D. 1Ω

2. 在图 1.95 所示电路中，R 可获得的最大功率为（　　）。

A. 1W　　B. 2W　　C. 4W　　D. 8W

3. 在图 1.96 所示电路中，U_{AB} 等于（　　）。

A. E_2+IR_2　　B. E_1+IR_1　　C. E_2-IR_2　　D. IR_1-E_1

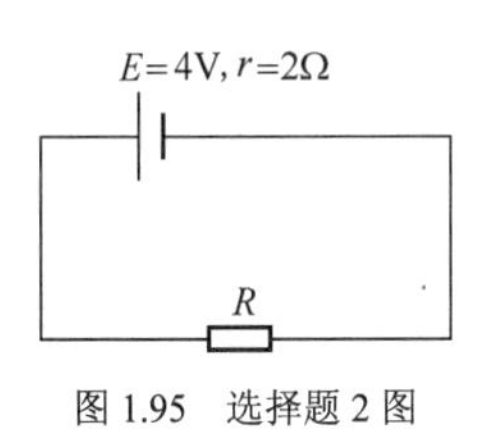

图 1.95　选择题 2 图

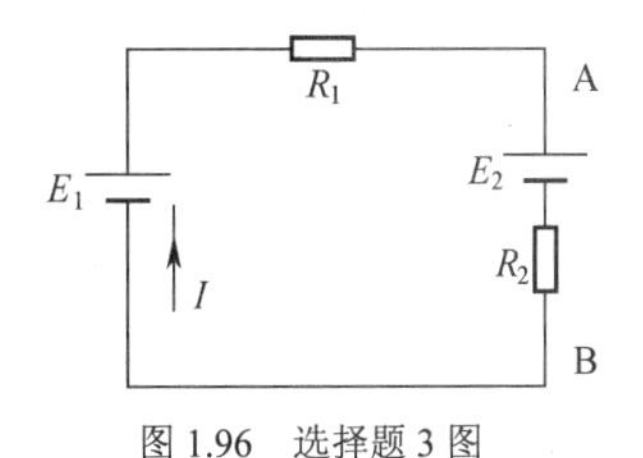

图 1.96　选择题 3 图

4. 在图 1.97 所示电路中，I_4 等于（　　）。

A. 2A　　B. 4A　　C. −4A　　D. −2A

5. 当电路处于阻抗匹配时，电源输出功率最大，此时电源效率（　　）。

A. 最大　　B. 最小　　C. 为 50%　　D. 不能确定

6. 灯 A（“220V，100W”）和灯 B（“220V，60W”）并联接于 220V 的电源上，较亮的是（　　）。

A. 灯 A　　B. 灯 B　　C. 一样亮　　D. 无法确定

7. 用伏安法测量电阻，适宜采用图 1.98 所示接法的是下列选项中的（　　）。

A. $R_X<<R_A$　　B. $R_X<<R_V$　　C. $R_X>>R_A$　　D. $R_X>>R_V$

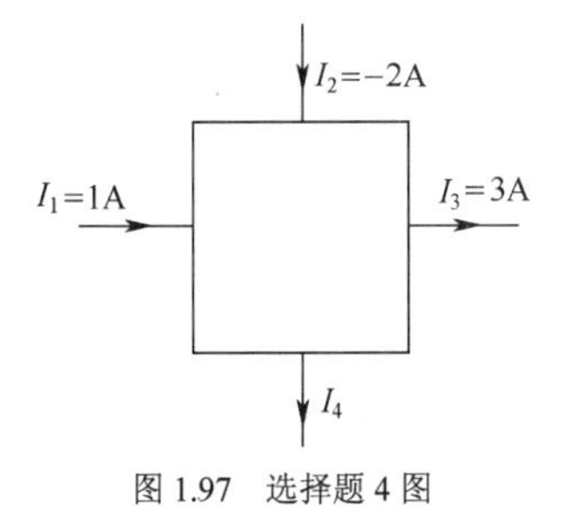

图 1.97　选择题 4 图

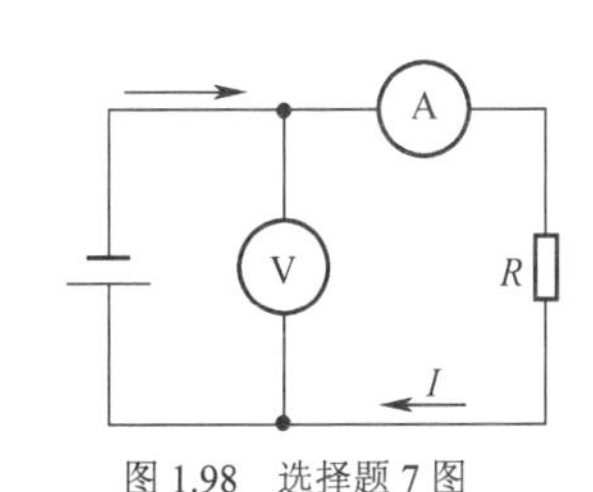

图 1.98　选择题 7 图

8. 1 度电可以供“110V，100W”的灯泡正常使用的时间是（　　）。

A. 1h　　B. 10h　　C. 20h　　D. 5h

9. 下列说法错误的是（　　）。

A. 两点间电压大，但这两点的电位却不一定都高

B. 两点间电压的大小与参考点的选择无关

C. $R=U/I$ 表明电压越大，电流越小，则电阻越大

D. $R=\rho\frac{L}{S}$ 表明导体越长，其阻值越大

10. 两阻值之比为 1:3 的电阻串联后的功率之比为（　　）。

A. 1:1　　B. 1:3　　C. 1:9　　D. 3:1

三、填空题

1. 电动势为 1.5V，内阻为 0.1Ω的电池与电阻 R 串联后，测得电池两端电压为 1.4V，则电路

中的电流为________A，R 的阻值为________Ω。

2. 图 1.99 所示电路中电流 I_1 = ________A，I_2 = ________A。

3. 万用表欧姆挡的零刻度位于表盘的最________端（填左或右），其刻度线是不均匀的，由左至右刻度线由________变________（填疏或密）。为提高读数的精确度，应通过选择合适量程挡，使指针指示在满刻度的________左右。

4. 在图 1.100 所示电路中，V_A = ________，V_B = ________，V_C = ________，U_{AC} = ________。

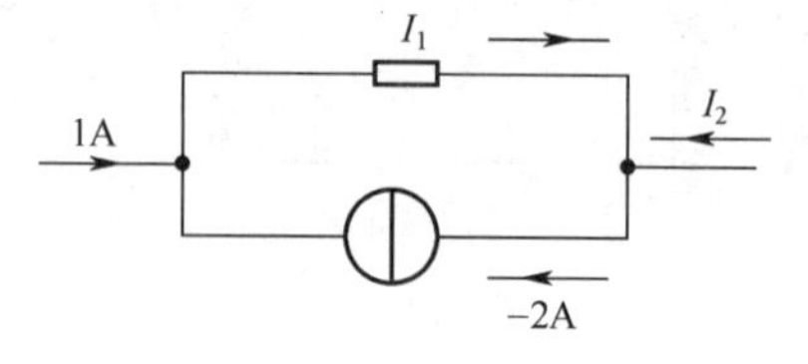

图 1.99　填空题 2 图

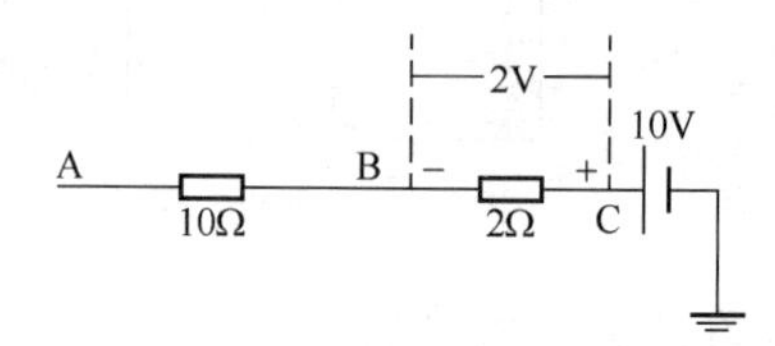

图 1.100　填空题 4 图

5. 用图 1.101 所示两种方法测量未知电阻 R_X 都会带来一定误差，其中图（a）实测值________实际值，图（b）实测值________实际值（填<、=、>=）。

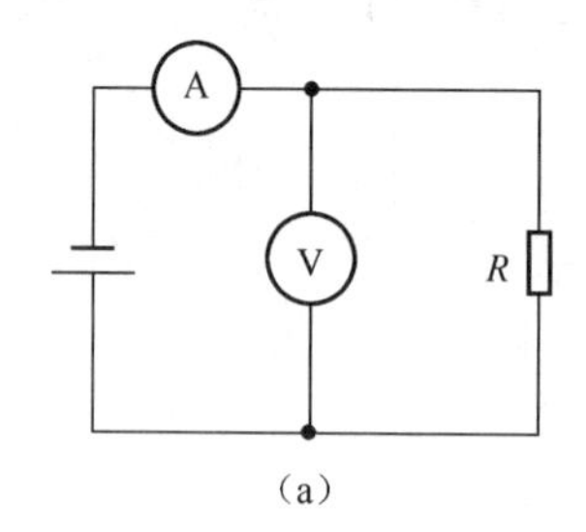

（a）

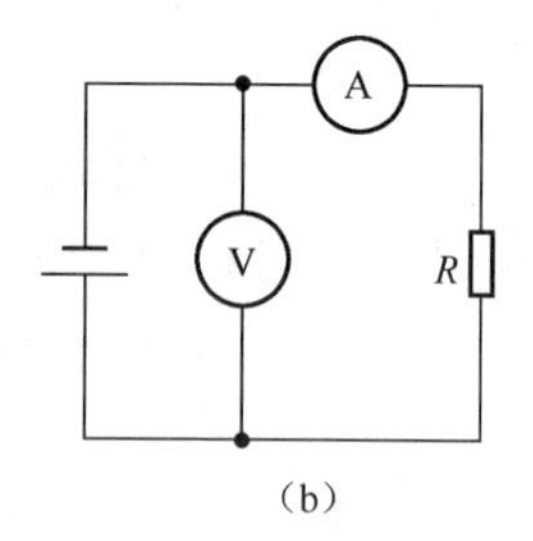

（b）

图 1.101　填空题 5 图

6. 满偏电流 I_g = 200μA，内阻为 1 000Ω 的微安表________联阻值为________Ω 的电阻可以改装成量程为 6V 的电压表。

四、计算题

1. 某用电器接在 220V 的电路中，通过的电流为 0.5A，通电 2h，消耗电能多少度？

2. 试计算图 1.102 所示电路中 a、b 两点间的电阻 R_{ab}。

3. 试计算图 1.103 所示电路中 a、b、c 这 3 点的电位。

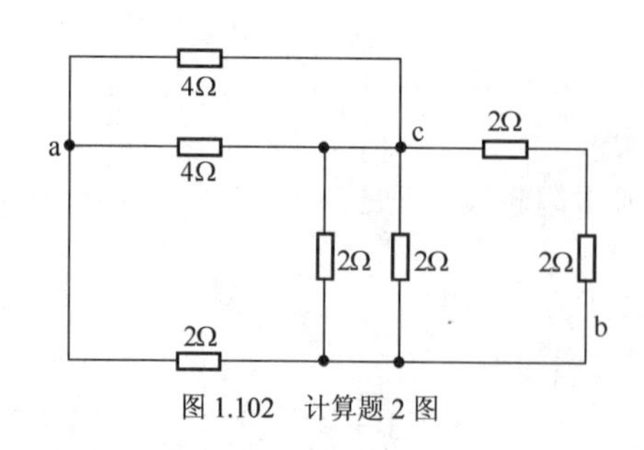

图 1.102　计算题 2 图

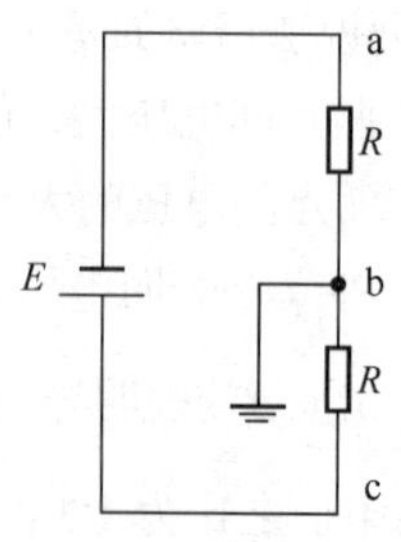

图 1.103　计算题 3 图

4. 求图 1.104 所示电路中各支路电流，并标出其方向。

5. 求图 1.105 所示电路中 R_L 消耗的电功率。

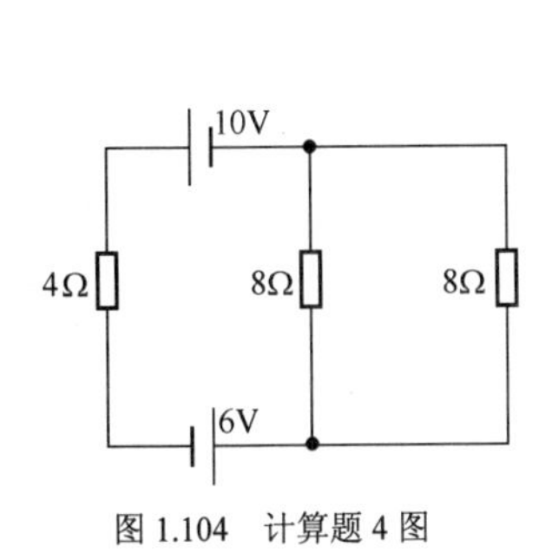

图 1.104 计算题4图

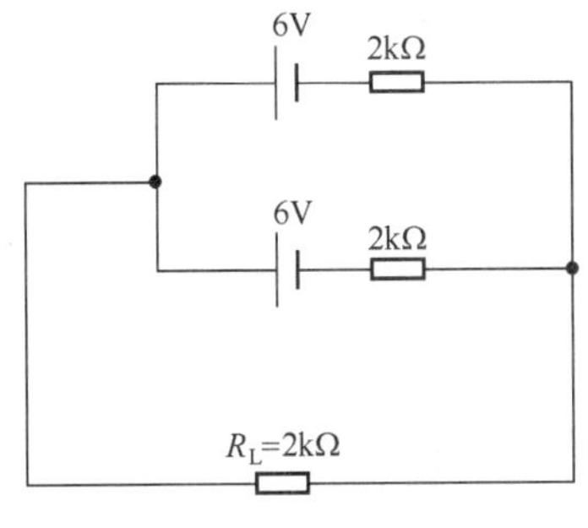

图 1.105 计算题5图

6. 在图 1.106 所示电路中，已知 $I_1=2A$，$I_2=3A$，$I_4=-1A$，求 I_3、I_5、I_6。
7. 求图 1.107 所示电路各支路电流。
8. 求图 1.108 所示电路中 1Ω电阻上流过的电流。

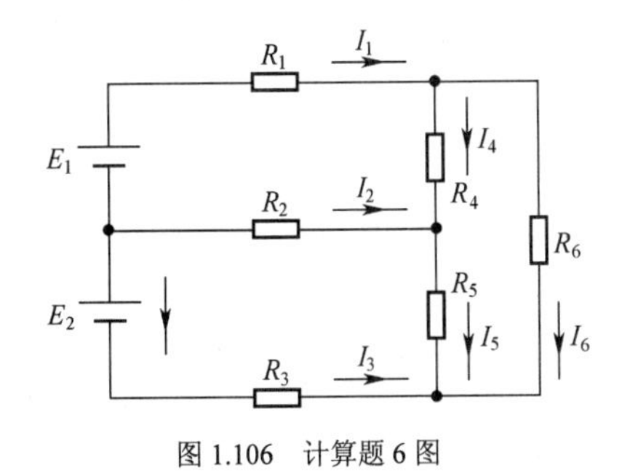

图 1.106 计算题6图

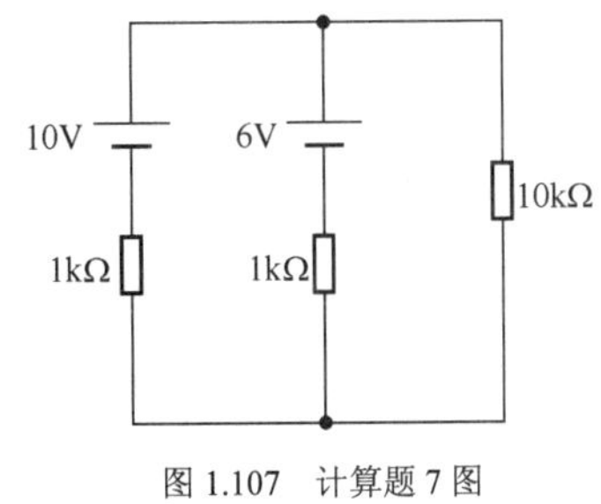

图 1.107 计算题7图

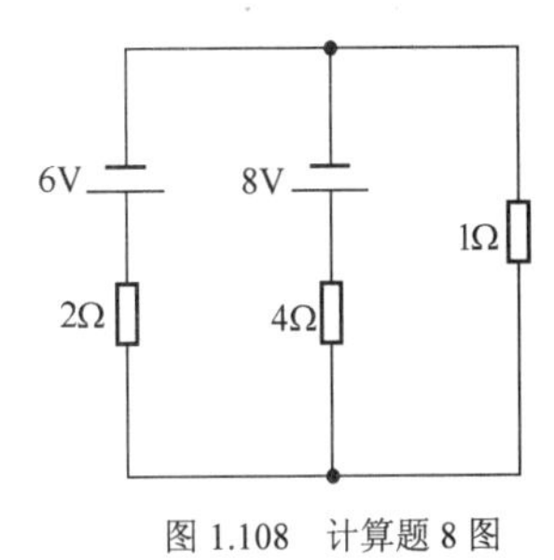

图 1.108 计算题8图

第2章

正弦交流电路

生产和生活中除了使用干电池、蓄电池等直流电源外，更多地是使用来自于国家电网提供的交流电源，即所谓的市电。交流电源具有方便、经济、环保等优点，所以得到非常广泛的应用，实际的电路负载绝大多数是以交流电源作为工作电源，因此实际电路大部分是交流电路。本章主要从交流电源的特点入手来了解交流电路的主要规律。

知识目标

- 理解正弦交流电的三要素表示法。
- 掌握电容、电感元件的特性。
- 掌握纯电阻、纯电容、纯电感电路规律。
- 掌握 RL 串联电路的规律。
- 掌握三相交流电路的规律。
- 理解有效值、功率因数、有功功率、无功功率、视在功率等概念。

技能目标

- 正确使用示波器测量交流电。
- 正确安装日光灯电路。
- 学会提高交流电路功率因数的方法。
- 掌握三相负载的星形接法和三角形接法。

2.1 认识交流电

所谓交流电，是指大小和方向随时间变化的电流、电压和电动势。通常使用的交流电主要是按正弦规律变化的交流电，称为正弦交流电，以正弦交流电作为信号源的电路就是正弦交流电路。观测交流电通常使用的仪器是示波器，本节先从示波器的使用开始来认识交流电。

2.1.1 正确使用示波器

示波器是用于直接观测信号波形的仪器，可以测量信号的幅度、频率、比较相位。

（1）观察示波器面板（见图 2.1）。示波器面板通常由 3 个区域组成，即显示部分、*X* 轴系统和 *Y* 轴系统。

（2）依次熟悉各旋钮的功能。

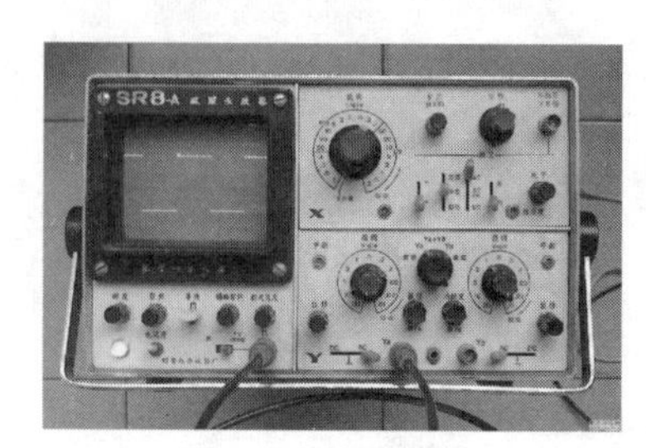

图 2.1 示波器外形图

读一读 示波器面板常用按钮和旋钮的功能介绍

示波器面板常用按钮和旋钮如图 2.2 所示。

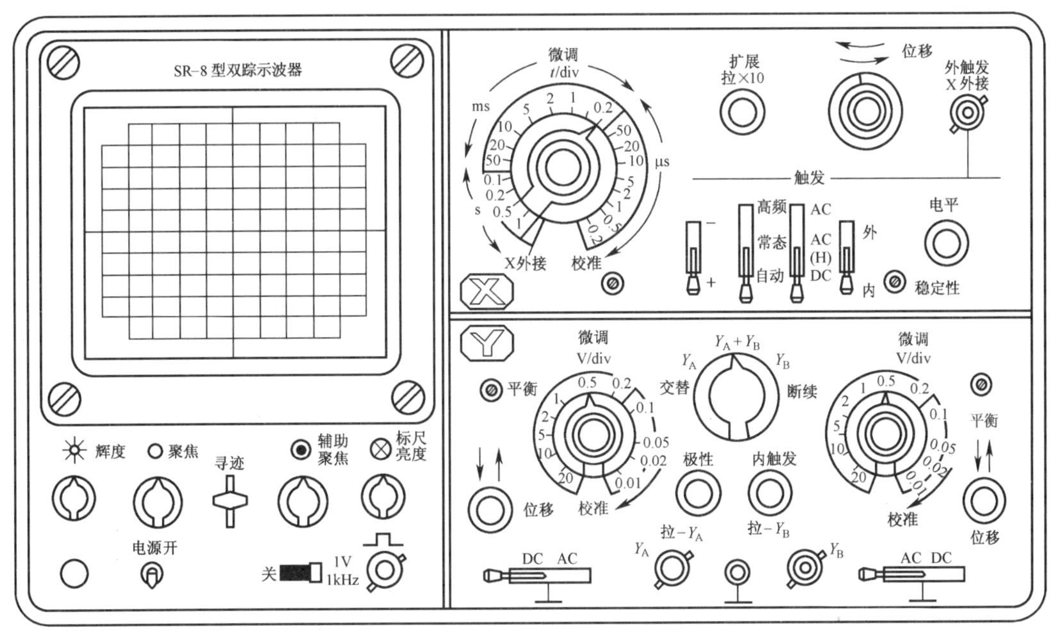

图 2.2 示波器面板

1. 显示部分

电源开关——仪器的总电源开关，接通后，指示灯亮表明仪器进入工作状态。

辉度旋钮——用以调节示波器屏幕上单位面积的平均亮度，顺时针转动辉度变亮，反之则辉度减弱直至消失。

聚焦旋钮和辅助聚焦旋钮——二者配合调节，可以使屏幕显示的光点变为清晰的小圆点，使显示的波形清晰。

标尺亮度旋钮——调整和改变示波器屏幕上坐标刻度的亮度和不同色别。

2. *Y* 轴系统

显示方式选择开关——对于双踪示波器，通常有以下 5 种方式。

（1）交替——实现双踪交替显示（一般在输入频率较高时使用）。

（2）Y_A——单独显示 Y_A 通道信号波形（相当于单踪示波器）。

（3）Y_B——单独显示 Y_B 通道信号波形（相当于单踪示波器）。

（4）Y_A+Y_B——显示 Y_A 通道和 Y_B 通道叠加的信号波形。

（5）断续——实现双踪交替显示（一般在输入频率较低时使用）。

极性 Y_A 开关——按下时显示 Y_A 通道的输入信号波形，拉出时显示倒相的 Y_A 通道信号波形。

内触发 Y_B 开关——内触发源选择开关，按下时作单踪显示，拉出时可比较两信号的时间和相位关系。

V/div 微调开关——垂直输入灵敏度选择开关及微调开关，表示屏幕上 *Y* 轴方向每一小格代表的电压信号幅度。

3. *X*轴系统

t/div 微调开关——扫描时间选择开关，代表屏幕上 *X* 轴方向每一小格代表的时间。

扩展×10 开关——扫描扩展开关，按下为常态，拉出时，*X* 轴扫描。

内外开关——触发源选择开关，置于“内”时，触发信号取自本机 *Y* 通道；置于“外”时，触发信号直接由同轴插孔输入。

AC、AC（H）、DC 开关——触发信号耦合开关。

高频、触发、自动开关——触发方式开关，“高频”在观察高频信号时使用，“触发”在观察脉冲信号时使用，“自动”在观察低频信号时使用。

做一做 示波器使用前的检查

（1）外观将查——检查面板上各旋钮、开关有无损坏，转动是否正常，保险丝是否完整。

（2）将电源插头接至“220V，50Hz”电源，打开电源开关，指示灯亮。

（3）将“V/div 微调开关”置于 20V/div，“内外开关”置于“外”，辉度旋钮顺时针旋至 2/3 处，在屏幕上应能看到一个光点。

（4）调节“聚焦”和“辅助聚焦”旋钮，使光点最圆、最小。

2.1.2 用示波器观察交流信号

（1）按图 2.3 所示连接电路。

（2）让信号发生器输出一个正弦波信号，调节信号发生器的输出信号频率，使示波器显示屏出现一个稳定的、完整的正弦支流信号波形（见图 2.4）。

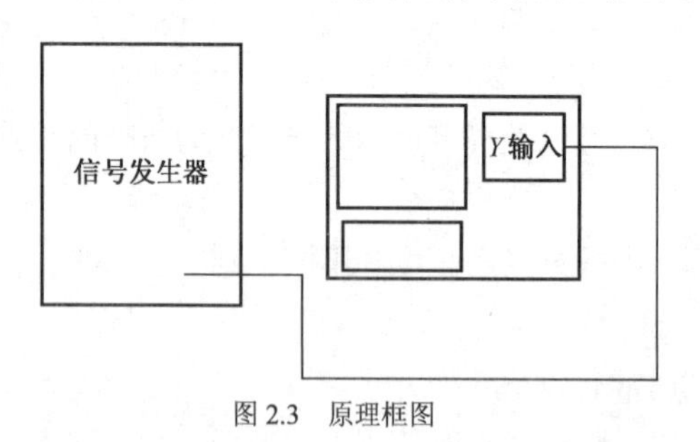

图 2.3 原理框图

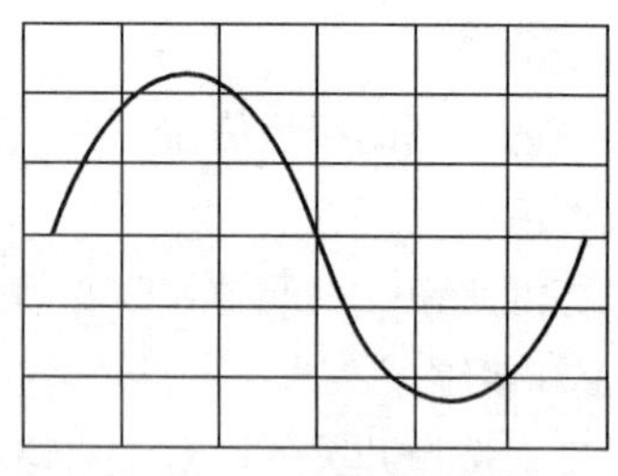

图 2.4 正弦交流信号波形

（3）观察正弦交流信号波形：*X* 轴方向代表**时间轴**，*Y* 轴方向代表**电信号幅度值**。可以看到随着时间的延伸，正弦交流电压从零开始增大，至最大值后又逐渐下降至零，然后又由零开始向负方向增大，至负的最大值又逐步减小至零，整个过程按正弦规律变化。

数学中正弦波可用正弦函数式来表示，同样，图 2.4 所示正弦电压信号也可以用一个正弦式来表示，即

$$u = U_m \sin(\omega t + \phi)$$

读一读 表示交流电的物理量——正弦交流电的三要素

（1）反映交流电大小（幅度）的物理量。

最大值——交流信号瞬时能达到的最大幅度（见图 2.5），对应于表达式中的 U_m。

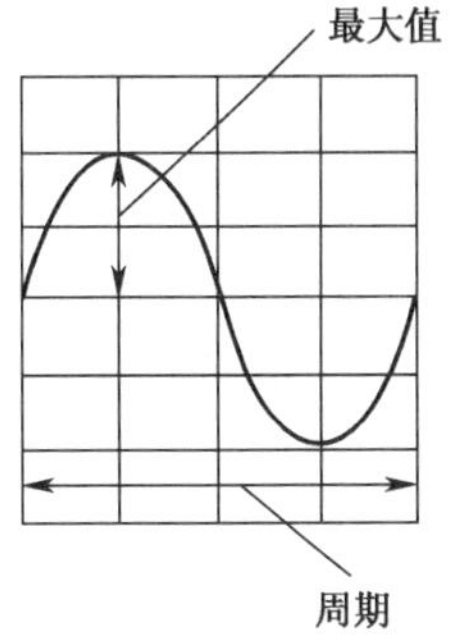

图 2.5　正弦交流电三要素

瞬时值——任一时刻交流信号的大小，对应于表达式中的 u。

有效值——衡量交流电有效幅度的物理量。当把一个直流电流（或电压）与一个交流电流（或电压）分别通过同一电阻，若二者使得电阻在相同的通电时间内产生的热量相同，则表明该交流电与该直流电效果相当，该直流电流（或电压）值等于该交流电流（或电压）的有效值。

（2）反映交流电变化快慢的物理量。

周期——一个完整的正弦波形所经过的时间（见图 2.5），符号为 T，单位为 s（秒）。

频率——1s 时间内完成的正弦波的个数，符号为 f，单位为 Hz（赫兹）。

角频率——$2\pi f$，符号为ω，单位为 rad/s（弧度/秒）。

周期、频率、角频率三者的关系为

$$T = 1/f$$

$$\omega = 2\pi f$$

（3）用以比较交流电变化步调的物理量。

相位（或位相）φ——表达式中代表角度的部分$\omega t + \varphi_0$，单位为 rad 或（°）（弧度或角度）。

初相位φ_0——代表 $t = 0$ 时刻的相位。

（1）读出上述交流电压的最大值 $U_m=n\text{V/div}\times A\text{div} =$________V。

n——Y 轴灵敏度。

A——正弦信号幅值位置对应的分格数（见图 2.6）。

（2）读出上述交流电压的周期 $T = t/\text{div} \times m\text{div} =$________s。

t——X 轴的灵敏度（每小格代表的扫描时间）。

m——一个正弦波对应的 X 轴分格数（见图 2.6）。

计算：频率 $f=1/T=$________Hz。

（3）在 Y_A、Y_B 两个端子同时输入两个同频率的正弦交流信号，同时将“内触发 Y_B”开关拉出，保证两输出信号波形的稳定（见图 2.7），测量二者的相位差：$\Delta\varphi = \varphi_1 - \varphi_2 = \dfrac{360°}{m\text{div}} \times B\text{div} =$________。

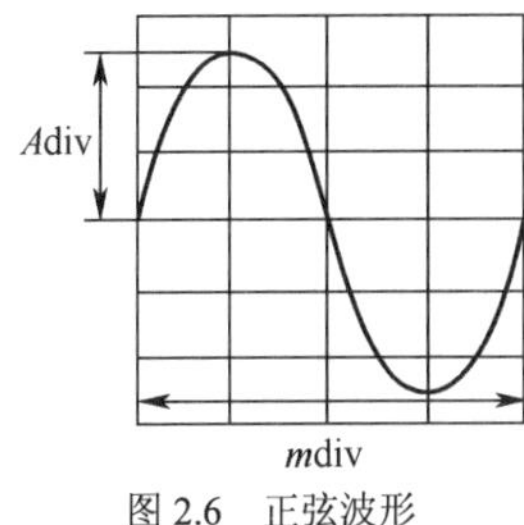

图 2.6　正弦波形

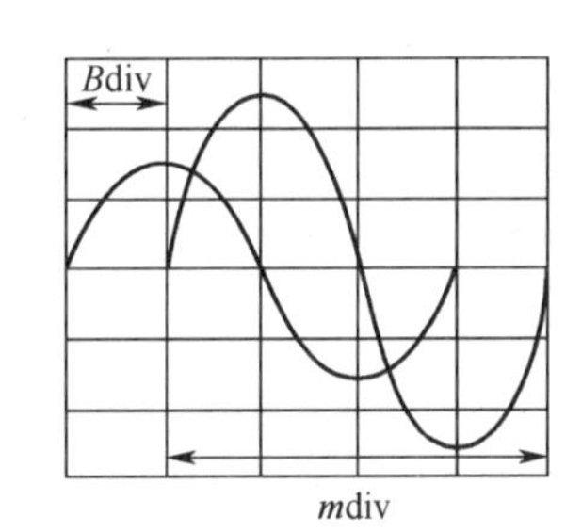

图 2.7　同频率正弦信号（一）

m、B 的含义如图 2.7 所示。

（4）根据上述参数可以写出正弦电压的表达式 $u =$________。

练一练

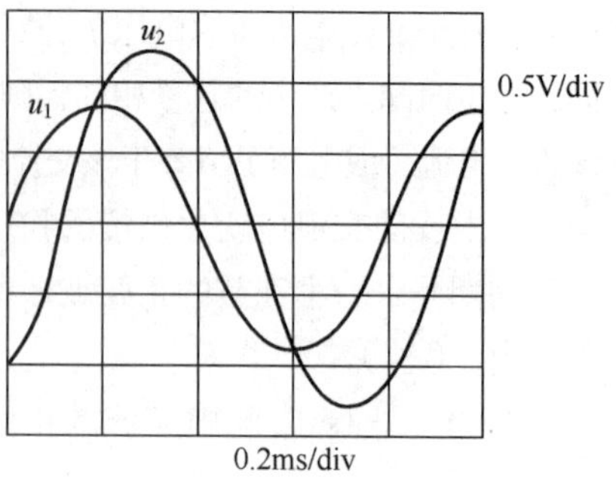

图 2.8　同频率正弦信号（二）

1. 根据图 2.8 所示的正弦波形，正确读出其参数。

最大值 U_{m1}= ________V，U_{m2}= ________V

周期 T_1= ________s，T_2= ________s

频率 f_1= ________Hz，f_2= ________Hz

角频率 ω_1= ________，ω_2= ________

u_1 与 u_2 之间的相位差 $\Delta\varphi$= ________

2. 根据上述数据，写出两个正弦交流电压的表达式。

u_1= ________，u_2= ________

读一读

（1）有效值、最大值、瞬时值均可表示交流电的幅度，但代表的含义不同，三者用不同的符号表示。

有效值——大写字母，如 U、I。

最大值——大写字母加下标 m，如 U_m、I_m。

瞬时值——小写字母，如 u，i。

（2）有效值与最大值的关系。

$$有效值 = 最大值/\sqrt{2}$$

$$U = U_m/\sqrt{2}$$

$$I = I_m/\sqrt{2}$$

（3）同相与反相。

同相——两个同频率的正弦交流信号的相位差为零，二者变化步调一致（见图 2.9）。

反相——两个同频率的正弦交流信号的相位差为 180°，二者变化步调相反（见图 2.10）。

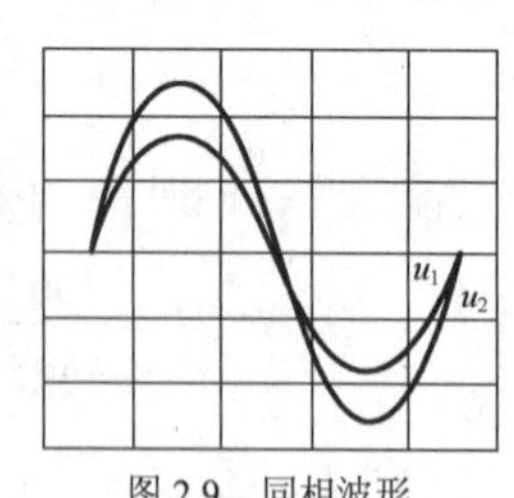

图 2.9　同相波形

图 2.10　反相波形

拓展与延伸　电磁感应与交流电的产生

（1）“电生磁”现象（见图 2.11）。1820 年丹麦物理学家奥斯特发现了电流的磁效应——通电导线周围存在磁场。置于通电导线下方的小磁针的指向会受到通电导线磁场的影响：改变电流方向，小磁针会指向相反方向，切断导线中的电流，小磁针恢复正常指向。

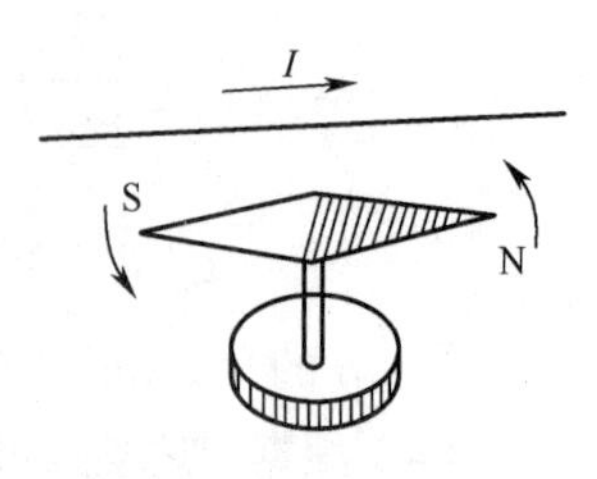

图 2.11　电流的磁场效应

（2）“磁生电”现象。1831 年英国科学家法拉第发现了电磁感应现象。

实验 1（见图 2.12（a））：通电导线 AB 在磁场中沿水平方向由左向右作切割磁力线的运动时，与之相连的回路中的电流表指针即发生偏转；AB 向相反方向运动时，电流表指针向相反方向偏转；AB 运动停止，电流表指针偏转停止；AB 沿垂直方向平行于磁力线运动时，电流表指针不动。

（a）　　（b）

图 2.12　电磁感应现象

实验 2（见图 2.12（b））：将条形磁铁插入空心线圈时，电流表指针发生偏转；将条形磁铁拔出时，电流表指针向相反方向偏转；条形磁铁停止运动，电流表指针即不偏转。

（3）法拉第在研究了有关实验现象后，总结出著名的电磁感应定律，即当导体相对于磁场运动而切割磁力线或者线圈中磁场（磁通量）发生变化时，在导体或线圈中会产生感生电动势，若导线或线圈构成闭合回路，则导线或线圈中将有感生电流通过。

（4）产生电磁感应的条件——穿越线圈回路的磁通量发生变化。

（5）法拉第的研究进一步发现，感生电动势的大小与穿越该线圈的磁通量的变化率成正比，即磁通量的变化（增大或减小）越快，感生电动势越大。

（6）愣次定律——俄国物理学家愣次于 1834 年研究发现感生电流的磁场总是阻碍原磁场的变化，即原磁场增强时，感生电流的磁场将与原磁场方向相反；当原磁场减弱时，感生电流的磁场将与原磁场方向相同。

练 一 练

运用电磁感应原理和愣次定律解释上述实验现象，分析感生电流及其磁场的方向。

发电机原理——正弦交流电的产生。

如图 2.13 所示，依靠外界驱动力（如水力、蒸汽压力等）的驱动，线圈 ABCD 在磁场中绕固定轴旋转，AB、CD 两条边同时向相反的方向切割磁力线，因此产生的感生电动势与外电路的感生电流方向一致；当线圈绕过中垂面后 AB、CD 切割磁力线的运动方向均改变，产生的感生电动势与感生电流方向均改变。当线圈连续转动时，外电路就得到方向交替改变的交流电。

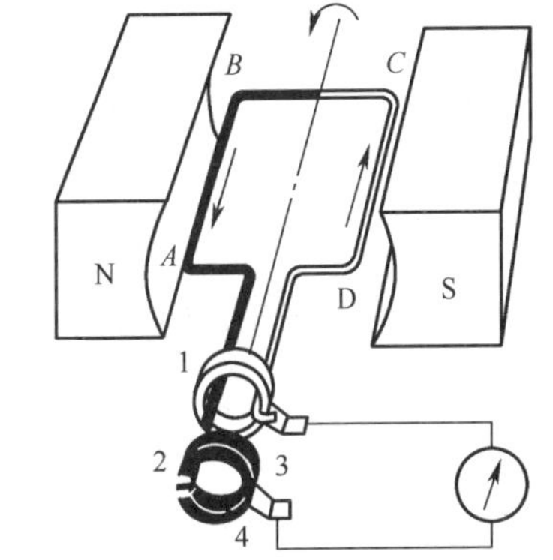

图 2.13　发电机原理图

实际应用中，对磁极形状及空气间隙均作了特定设计，使得磁场在空间按正弦规律分布，因此当线圈绕轴连续转动时，产生的交流电符合正弦规律，也就是正弦交流电。这就是交流发电机的基本原理。线圈所在部分称为电枢，磁场所在部分称为磁极，二者一个保持固定（定子），一个在外力推动下转动（转子），使二者作相对运动，从而产生正弦交流电。

评一评　**根据本节任务完成情况进行评价，并将结果填入下列表格。**

项目 / 评价人	任务完成情况评价	等　级	评定签名
自己评			
同学评			
老师评			
综合评定			

知识能力训练

1. 某交流电的周期为0.1s，则其频率为________，角频率为________。

2. 某交流电 $u=220\sqrt{2}\sin(100\pi t+60°)$ V，则其最大值 U_m= ________，有效值 U= ________，周期 T= ________，频率 f= ________，初相 ϕ= ________。

3. 周期为0.01s，有效值为100V，初相为30°的交流电的表达式可写成________________。

4. 用示波器观测某交流信号 u_1，观测到波形如图2.14所示，则该信号的最大值 U_m=________V，有效值 U= ________V，周期 T= s，角频率 ω= ________。其表达式为________________，已知另一交流信号 u_2 的频率是其2倍，初相位与其相同，幅值与 u_1 相同，则 u_2 的表达式为________________。

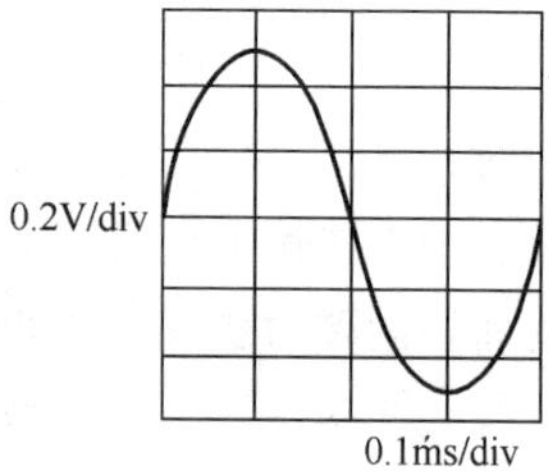

0.2V/div

0.1ms/div

图2.14　交流信号

2.2　认识单一参数正弦交流电路的规律

2.2.1　认识电容器

观察常用电容器，如图2.15所示。

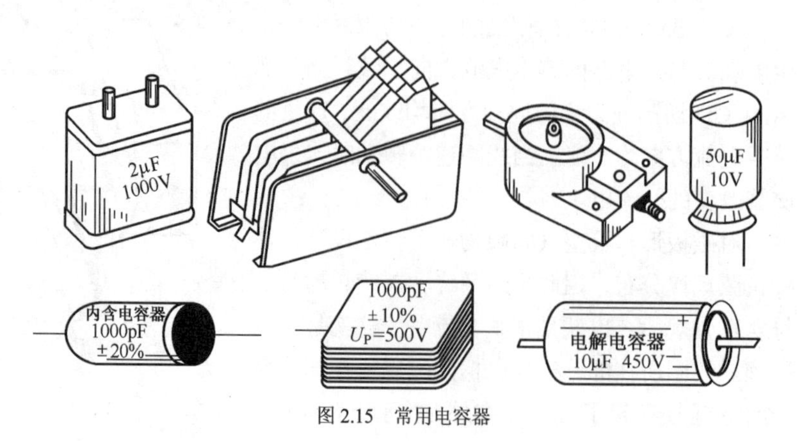

图2.15　常用电容器

电容器是能储存电荷的元件。电容器的结构——两个相互靠近而又彼此绝缘的导体。最简单的电容器是由两块相互平行、彼此靠近但中间填充绝缘介质的金属板组成，它的符号为⊣⊢。电容器的参数包括容量和额定电压。

（1）容量（简称电容）：$C=Q/U$，单位为 F（法拉）。

式中，Q——电容器极板上的电荷量（C）；

U——电容器两个极板之间的电压（V）。

（2）额定电压（电容器的耐压）——电容器能保持两极板之间处于绝缘状态而所能加的最大电压。

平行板电容器的电容（见图 2.16）为

$$C=\varepsilon\frac{S}{d}$$

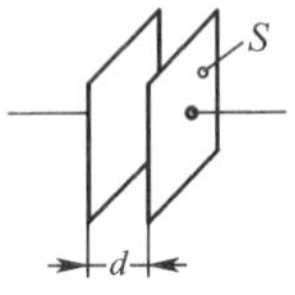

图 2.16 平行板电容器

式中，S——两极板正对的面积（m^2）；

d——两极板间的距离（m）；

ε——两极板间绝缘介质的介电常数（F/m）。

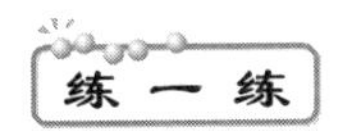

平行板电容器极板间距缩小至原来的 1/3，极板正对面积扩大到原来的 2 倍，问电容量变为原来的多少倍?

做一做 验证电容器的性质

（1）取耐压 10V 以上、容量为 50μF 以上的电容，接入图 2.17 所示电路中。

（2）合上开关，观察电流表指针偏转情况。

可以看到在开关合上的瞬间，电流表指针缓慢地转过一个角度，然后又慢慢回到零刻度处——表明在电路接通瞬间，电路中有短暂电流（充电电流），而在稳定后，电路中则没有电流，说明电容对直流电不导通（**隔直流**）。

（3）将直流电源换成低频信号发生器，直流电流表换成交流电流表（见图 2.18），合上开关，观察电流表指针偏转情况。

图 2.17 验证电容器直流特性

图 2.18 验证电容器交流特性

可以看到，电流表指针从一开始就偏转到一个位置并保持稳定——表明对于交流电，电容器能导通（**通交流**）。

（4）调节低频信号发生器，使输出交流信号频率逐步升高，观察此过程中电流表指针偏转情况。

可以看到，随着交流信号频率的升高，电流表指针偏转角度增大——说明电路中电流增加，反映电容的阻碍作用减小（**通高频，阻低频**）。

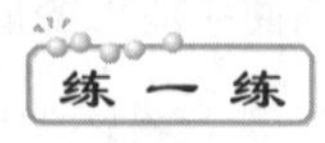

电容器的性质

（1）通交流，隔直流；通高频，阻低频。

（2）电容器对于电流的阻碍作用：容抗 $X_C=\dfrac{1}{\omega C}$，单位为Ω。

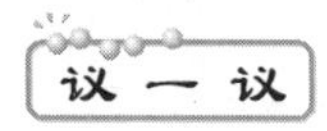

容量为10μF的电容器对于直流电、50Hz交流电、100Hz交流电的容抗分别为多大？

做一做 **用万用表判别电容器的好坏**

将万用表的转换开关拨至欧姆挡，将两表笔分别搭接电容器的两管脚（对于电解电容，要注意黑表笔搭接“+”极，红表笔搭接“–”极），观察指针偏转情况（见图2.19）。

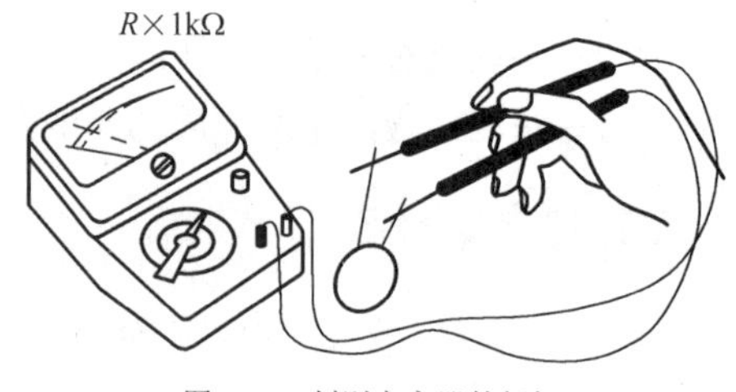

图2.19 判别电容器的好坏

议一议

万用表指针偏转到不同位置，分别说明什么问题？

（1）指针先有一定的偏转，然后又快速地回到表盘最左端——说明电容器性能正常。

（2）指针偏转一定角度后停于表盘中间某一位置——说明电容器漏电，绝缘性能差（所指示电阻为漏电电阻）。

（3）指针偏转到零欧姆处（表盘最右端）——说明电容器内部短路。

下列关于电容器的说法正确的有（　　）。

1. 电容器两端电压越高，电容量越大。
2. 电容器极板上存储的电荷越多，电容量越大。
3. 电容量与电容器存储的电荷多少无关。
4. 对于同一电容，电容器两端电压越高，其存储的电荷就越多。
5. 电容器的电容量与电容器本身的几何尺寸、介质等因素有关。
6. 对于小容量电容器，难以用万用表判别其好坏，因为其充电电流很小不足以驱动指针偏转。

2.2.2 认识电感器

观察常见电感元件外形图，如图2.20所示。

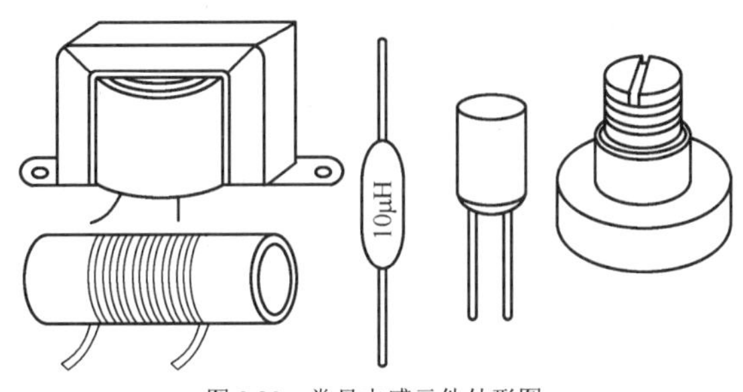

图 2.20　常见电感元件外形图

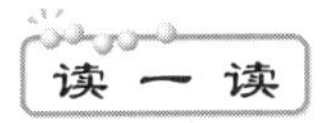

电感器是一种储存磁场能的元件。它的主要形式是线圈，分为空心线圈（线圈中无铁心）和铁心线圈（线圈中有铁心）两类，其线圈符号如图 2.21 所示。

图 2.21　线圈符号

电感元件的电路符号为 L。电感元件的主要参数：电感量（简称电感）L，单位为 H（亨利简称亨）。

做 一 做　**验证电感线圈的性质**

（1）按图 2.22 所示连接线路（器材：1.5V 电池 1 节，300Ω电阻器 1 只，24mH 电感器 1 只，85L17 0 ~ 50mA 的毫安表 1 块，万用表 1 块，1A 熔断器 1 台和低频信号发生器 1 台）。

（2）合上开关 S，观察电路情况。

可以看到，电流表指针迅速偏转，而又马上回零，熔断器马上熔断。——说明电路中电流很大，反映电感线圈对于直流的电阻很小（几乎为零）（通直流）。

（3）用低频信号发生器代替干电池接入电路（见图 2.23）。

（4）合上开关 S，调节低频信号发生器使之输出一个正弦交流信号（4.5V，300Hz），观察电路情况。

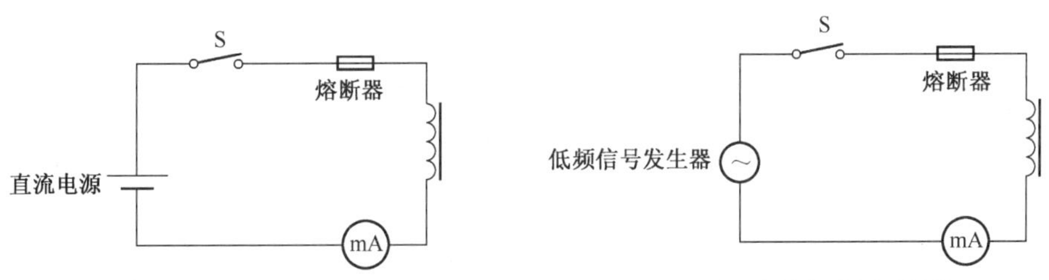

图 2.22　验证电感线圈的直流特性　　　图 2.23　验证电感线圈的交流特性

可以看到，电流表指针偏转到某一位置，熔断器未断——说明电感线圈对交流具有一定的阻碍作用（阻交流）。

（5）在保持低频信号发生器输出电压幅度不变的情况下，调节输出信号的频率，观察电流表指针变化情况。

可以看到，交流信号频率越高，电流越小——反映电感器对交流信号的阻碍作用越大；反之交流频率越小，电流越大，电感器的阻碍作用越小（通低频，阻高频）。

读一读 电感器的性质

（1）通直流，阻交流；通低频，阻高频。

（2）电感器对电流的阻碍作用：感抗 $X_L = \omega L = 2\pi fL$，单位为Ω。

做一做 用万用表检查电感线圈

将万用表转换开关置于R×10Ω挡，红、黑表笔分别搭接电感线圈的两端，观察万用表指针偏转情况。

议一议

万用表指针指向不同位置，分别说明什么问题？

（1）指针偏转至表盘最右端，阻值为零——说明电感线圈内部短路。

（2）指针未动，阻值为无穷大——说明电感线圈内部开路。

（3）指针偏转至中间某一位置，有一定电阻——说明电感线圈正常。

练一练

下列关于电感器的说法正确的有（　　）。

1. 交流信号频率越高，电感器对其阻碍作用越小。
2. 有铁心的电感线圈比没有铁心的电感线圈对交流信号的阻碍作用大。
3. 纯电感元件对于直流信号相当于一根导线。
4. 实际的电感元件相当于一个电感器与一个电阻器的串联。
5. 电感元件通过把电流能转变为磁场能起到储存电能的作用。

拓展与延伸

交流电路中将电阻、电感、电容元件对于电流的阻碍作用统称为阻抗，用符号 Z 表示，单位为Ω。感抗、容抗统称为电抗，用 X 表示，当电阻、电感、电容三者串联时，电阻 R、电抗 X、阻抗 Z 三者的关系为

$$Z = \sqrt{R^2 + X^2}$$

$$X = X_L - X_C$$

2.2.3 验证纯电阻、纯电容、纯电感电路的电流、电压相位关系

做一做

（1）按图2.24所示连接线路（器材：万用表1块，85L17（0～50mA）的毫安表1块，低频

信号发生器 1 台，1kΩ电阻器 1 只）。

（2）合上开关，调节正弦信号发生器，使输出信号幅度由小到大，再由大到小，观察电流表和电压表指针的变化情况。

可以看到，电流表和电压表指针同时由左向右偏转，再同时由右向左偏转。

（3）保持输出信号幅度不变，改变信号发生器的输出信号频率，观察电流表和电压表指针的变化情况。

可以看到，电流表和电压表指针没有变化。

纯电阻电路中电流和电压变化步调一致，二者同相，且不受信号频率影响，如图 2.25 所示。

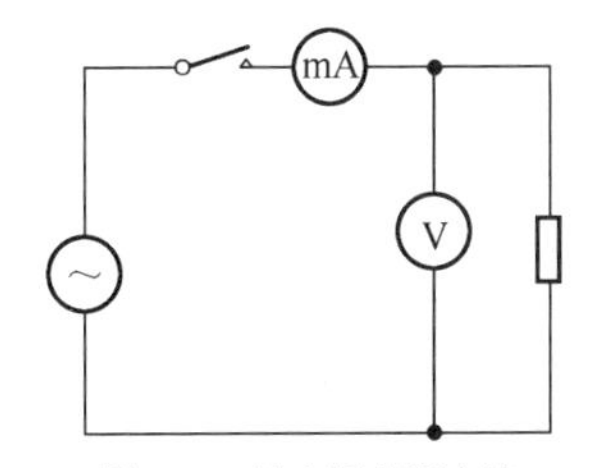

图 2.24　纯电阻交流电路

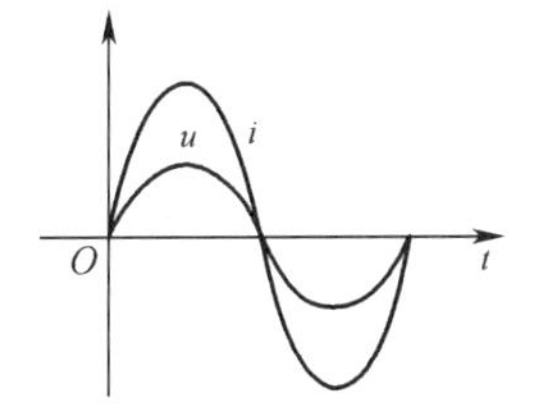

图 2.25　纯电阻电路电流、电压波形关系

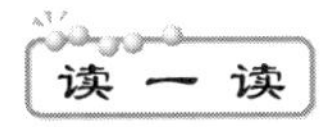

（1）按图 2.26 所示连接电路。

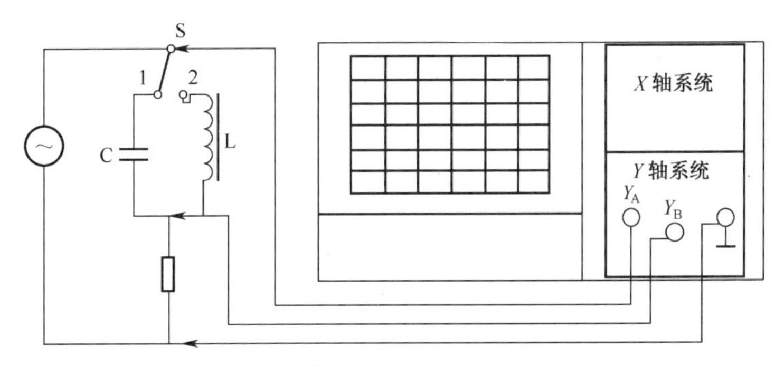

图 2.26　观察纯电感、纯电容电流、电压的相位关系原理图

（2）先将开关 S 打向“1”，调节“V/div”旋钮，使显示屏显示一定幅度的波形。

Y_A、Y_B 分别代表什么信号？

此时，Y_A 显示的是 $u_C+u_R\approx u_C$ 信号（电阻 R 很小），Y_B 显示的是 u_R 信号。由于 $i_R=i_C$（二者串联），u_R 与 i_R 波形一致（同相），因此 Y_B 显示的是图中 i_C 的波形，记下 u_C、i_C 的波形并作比较。

u_C、i_C 的相位关系如何？

读一读

在纯电容电路中，电流超前电压90°，如图2.27所示。

做一做

将开关S打向“2”，调节“V/div”开关，使屏幕显示2个稳定的正弦波形。

议一议

此时Y_A、Y_B分别代表什么信号？

读一读

（1）Y_A代表u_L信号。

（2）Y_B代表i_L信号。

做一做

记下u_L、i_L信号波形并作比较。

议一议

u_L、i_L信号相位关系如何?

读一读

在纯电感电路中，电压超前电流90°，如图2.28所示。

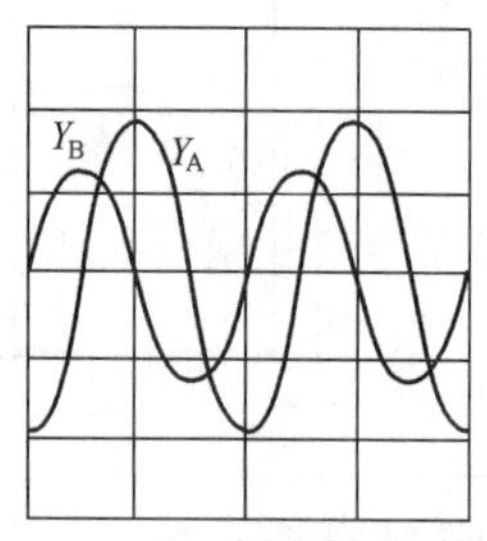

图2.27　电流超前电压90°波形

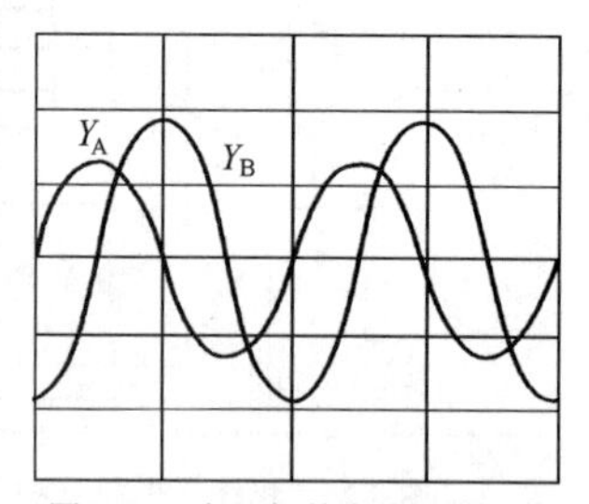

图2.28　电压超前电流90°波形

已知某正弦交流电流 $i = I_m \sin \omega t$，分别通过纯电阻 R、纯电容 C、纯电感 L，试分别写出3个元件两端电压的表达式。

拓展与延伸一　电容器的串并联

实际应用中常将电容器串并联使用，其目的主要有两个，一是增大或减小电容量，二是提高电容的耐压。

（1）电容器串联后的总电容。电容器串联相当于增大了电容极板间距，使总电容减小，同时使总的耐压增大，所以当单个电容耐压小于外电压时，可以通过多个电容器的串联获得较大耐压（见图 2.29）。

$$\frac{1}{C_1}+\frac{1}{C_2}=\frac{1}{C}$$

（2）电容器并联后的总电容。电容器并联相当于增大了电容极板的面积，所以增大了总电容（见图 2.30）。

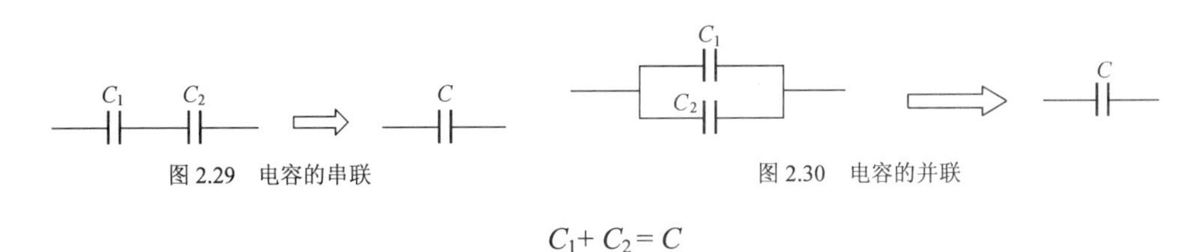

图 2.29　电容的串联　　图 2.30　电容的并联

$$C_1+C_2=C$$

2 只“50pF，耐压 50V”的电容器，分别作串联和并联，试分别计算两种情况下的总电容和总耐压。

拓展与延伸二　交流电路中的功率

1. 纯电容的功率

（1）瞬时功率为

$$\begin{aligned}p_C=u_C\times i_C&=U_m\sin\omega t\times I_m\sin(\omega t+90°)\\&=U_mI_m\sin\omega t\times\cos\omega t\\&=\sqrt{2}\,U_C\times\sqrt{2}\,I\sin\omega t\times\cos\omega t\\&=U_CI\sin2\omega t\end{aligned}$$

其中 p_C 是一个正弦波信号（见图 2.31）。

（2）平均功率 $p_C=0$。

（3）纯电容不消耗电能，只是将电流能与电场能进行相互转换。

2. 纯电感的功率

（1）瞬时功率为

$$\begin{aligned}p_L=u_L\times i_L&=U_m\sin(\omega t+90°)\times I_m\sin\omega t\\&=U_mI_m\sin\omega t\times\cos\omega t\\&=\sqrt{2}\,U_L\times\sqrt{2}\,I\sin\omega t\times\cos\omega t\\&=U_LI\sin2\omega t\end{aligned}$$

其中 p_L 是一个正弦波信号（见图 2.32）。

（2）平均功率 $p_L=0$。

（3）纯电感不消耗电能，只是将电流能与磁场能进行相互转换。

3. 交流电路的 3 种功率

（1）有功功率 P——电路元件在一个交流周期内瞬时功率的平均值，单位为 W（瓦特）。

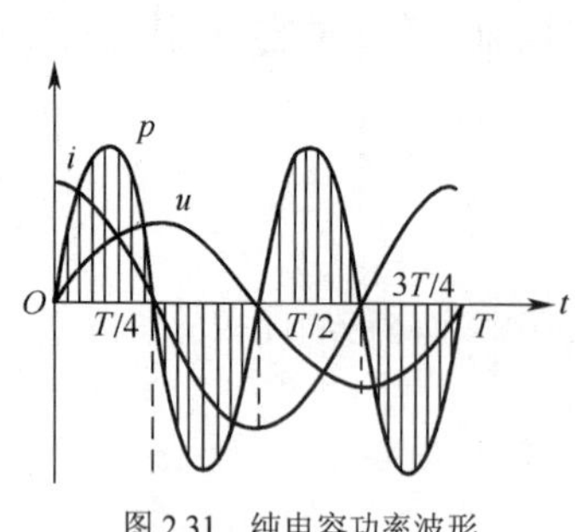

图 2.31　纯电容功率波形

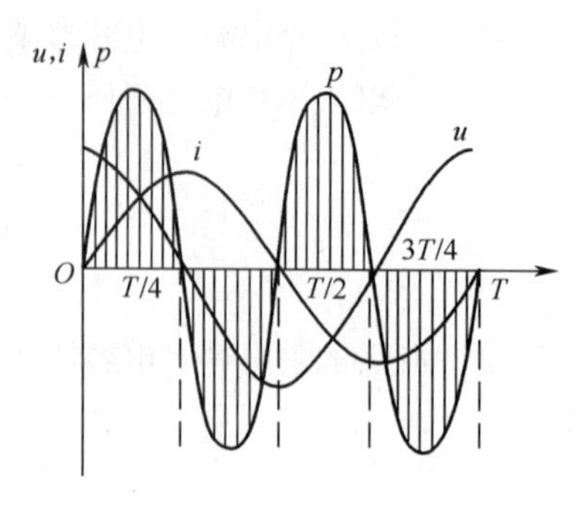

图 2.32　纯电感功率波形

电阻元件——$P>0$，说明电阻元件消耗电能、做功。

电容、电感元件——$P=0$，说明电容、电感元件未消耗电能，前半周期和后半周期分别做正功及负功，总的平均值即有功功率 $P=0$。

（2）无功功率 Q——电容、电感元件瞬时功率的最大值，反映电容（电感）与电源之间能量交换速率的最大值，即

$$Q_C=UI_C$$

$$Q_L=UI_L$$

（3）视在功率 S——电源可能提供的功率，即电源容量，单位为 VA（伏安）：

$$S=UI$$

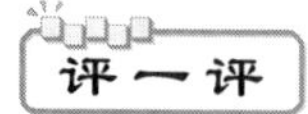

根据本节任务完成情况进行评价，并将结果填入下列表格。

项目 评价人	任务完成情况评价	等　　级	评定签名
自己评			
同学评			
老师评			
综合评定			

知识能力训练

1. 图 2.33 所示为用示波器观察到的电阻、电感、电容 3 种元件上电流、电压的波形对比情况，试判别 3 种情况分别属于哪种元件？

2. 两只电容 $C_1=0.5\mu F$，$C_2=0.2\mu F$，试计算二者串联及并联后总电容分别为多少？

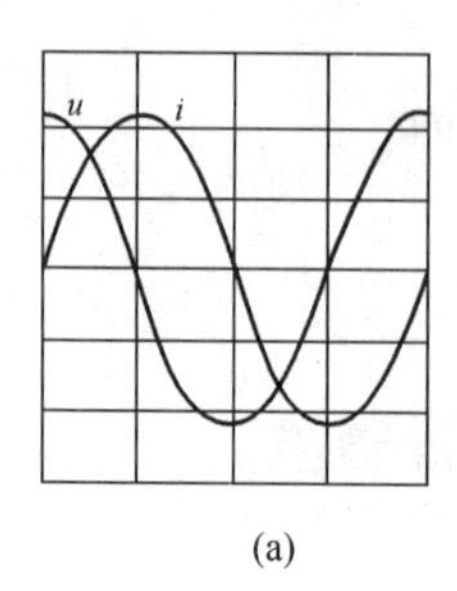

(a)

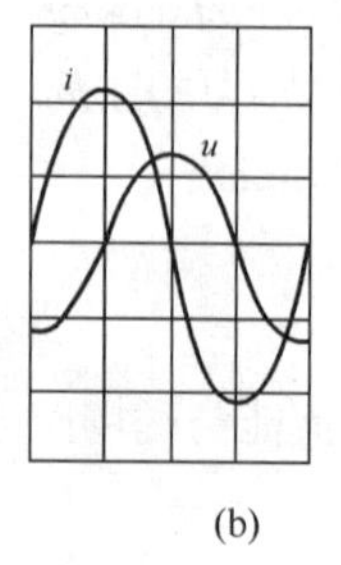

(b)

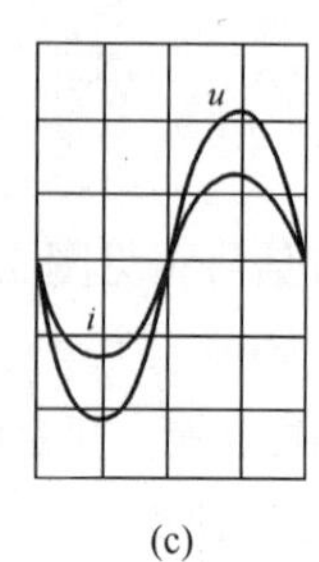

(c)

图 2.33　3 种元件的电流、电压波形

2.3 认识 RL 串联电路的规律

实际的电感元件、电容元件均含有一定的电阻值，所以在分析时，必须考虑电阻因素，而将它们等效为电阻与电感、电容的串联或并联。

日光灯电路所使用的镇流器就是一种实际的电感元件，本节将从常用的日光灯电路的安装、测量分析入手来认识 RL 串联电路的规律，并由此了解其他类似电路的分析方法。

2.3.1 安装日光灯电路

断开电源，按图 2.34 所示安装日光灯电路。日光灯电路主要包括灯管、启辉器、镇流器、灯架等。

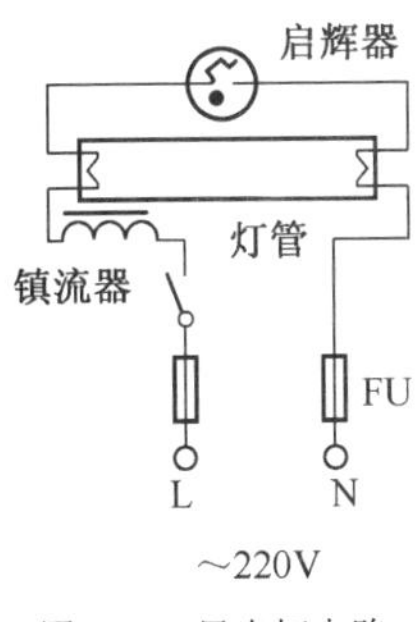

图 2.34 日光灯电路

按电路图正确接线，经检查无误后，再接到交流电源上。

日光灯的工作原理

1. 各元件的作用

（1）日光灯管由玻璃管、灯丝、灯丝引脚等组成，管内抽真空后充入少量惰性气体，管内壁涂有荧光粉。

（2）镇流器是含有铁心的电感线圈。

（3）启辉器主要由氖泡和与之并联的电容器构成。氖泡内包含一只双金属动触片和一个静触片，同时氖泡内充有氖气。在正常情况下，双金属动触片与静触片不接触，当两个触片之间有一定电压时，氖气会产生辉光放电，从而使双金属动触片受热膨胀变形而与静触片接触。

2. 主要工作过程

当日光灯接通电源时，电源电压全部加在启辉器两端，启辉器两电极间产生辉光放电，使双金属动触片受热膨胀而与静触片接触。电源经镇流器、灯丝、启辉器等构成通路，使灯丝加热，1～2s 后，由于启辉器的两个电极接触使启辉器辉光放电停止，双金属动触片冷却恢复原状使两个触片分离。在启辉器两个电极断开的瞬间，电流被突然切断，由于电磁感应作用，在镇流器两端会产生一个自感电动势，其方向与电源电压方向相同。由于启辉器两电极的突然分开，感应电动势数值很大，当它与电源电压叠加后就形成一个很高的瞬时电压，这个高电压加在了预热后的日光灯两端的灯丝之间，灯丝发射的大量电子在高电压作用下使管内惰性气体电离而放电，产生大量的紫外线激发管壁上的荧光粉使之发出近似日光的光束，故称日光灯。日光灯点亮后灯管相当于一个纯电阻负载，镇流器相当于一个电感，可以限制电路中的电流。其等效电路如图2.35所示。

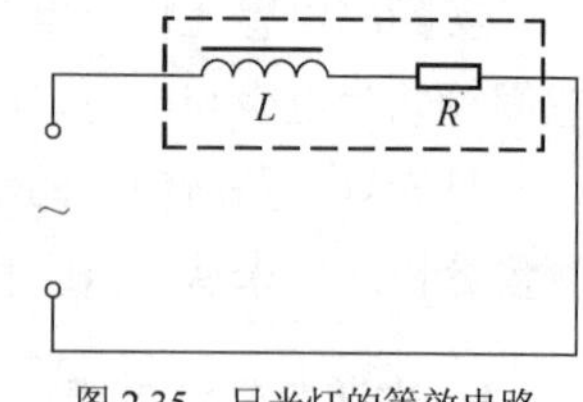

图2.35　日光灯的等效电路

图中：L——镇流器的电感；

R——日光灯灯管等效电阻+镇流器线圈电阻。

这是R与L串联的电路，习惯上称为RL串联电路。

做一做

合上开关，接通电源，仔细观察日光灯的启动情况。

日常生活中常遇到日光灯不能启动或不能发光的情况，请分析产生这种情况的可能的原因。

按图2.36所示安装双联控制的照明电路，并分析其工作原理。

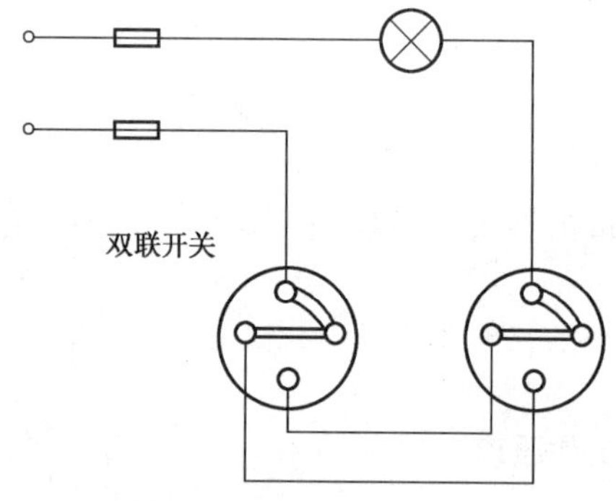

图2.36　双联控制的照明电路

阅读材料　日光灯电路常见故障分析

日光灯电路常见故障分析如表2.1所示。

表2.1　日光灯电路常见故障分析

故障现象	产生原因
日光灯管不能发光	1. 灯座或启辉器底座接触不良 2. 灯管漏气或灯丝断 3. 镇流器线圈断路 4. 电源电压过低 5. 日光灯接线错误

续表

故 障 现 象	产 生 原 因
日光灯抖动	1. 接线错误或接触不良 2. 启辉器内氖泡中的动、静触片不能分离或电容器击穿 3. 镇流器接头松动 4. 电源电压过低 5. 管内气压过低
灯管两端发黑	1. 灯管陈旧 2. 启辉器损坏 3. 灯管内水银凝结 4. 电源电压太高或镇流器选用不当
灯光闪烁或光在管内滚动	1. 新灯管暂时现象 2. 灯管质量不好 3. 镇流器选用规格不当或接触不良 4. 启辉器损坏或接触不良
镇流器有杂音或电磁声	1. 镇流器质量差 2. 镇流器过载或内部短路 3. 工作时间过长，镇流器过热 4. 电源电压过高

2.3.2 测算日光灯电路的功率

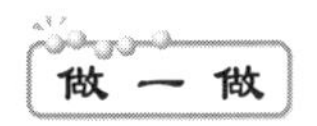

（1）按图 2.37 所示将有关测量仪表接入日光灯电路。

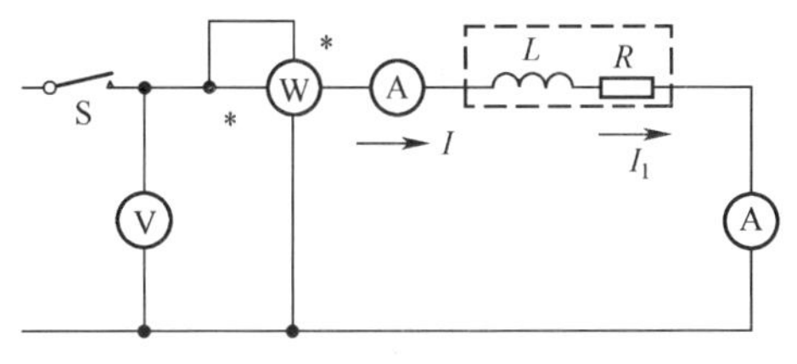

图 2.37 测量日光灯电路功率原理图

（2）电路检查无误后，合上开关 S，接通电源，用电压表分别测量镇流器和灯管两端电压 U_L、U_R，记录电流表及功率表读数并填入表 2.2 中。

表 2.2 电流表及功率表读数记录表

U/V	U_L/V	U_R/V	I/A	I_1/A	P/W

灯管 R 与镇流器 L 组成的是一个串联电路，试通过计算分析在交流电路中串联电路的规律 $U=U_L+U_R$、$P=U\times I$、$I=I_1$ 是否成立？为什么？

（1）在交流电路中，由于电阻元件和电感元件起着不同的作用，前者是耗能元件（将电能转换为热能，消耗能量，单向转换），后者是储能元件（可以将电能转换为磁场能，又可以将所储存

的磁场能释放出来转换为电能，不消耗能量，双向转换），所以直流电路中适用的电流、电压、电功率等规律在交流电路中不一定适用。

（2）RL 串联电路的电压关系（见图 2.38）。

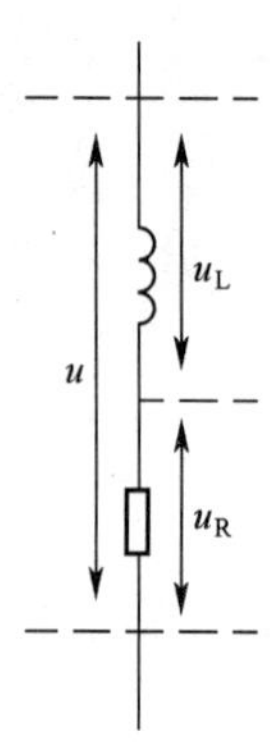

图 2.38　RL 串联电路

设 $i = I_m \sin \omega t$，则

$u_R = i \times R$（电阻上电压、电流同相）

$= I_m \sin \omega t \times R$

$= U_m \sin \omega t$

$u_L = I_m \times X_L \sin(\omega t + \pi/2)$（电感上电压位相比电流超前π/2）

$= U_{Lm} \sin(\omega t + \pi/2)$

瞬时值 $u = u_R + u_L$

有效值 $U \neq U_R + U_L$，而是符合所谓的电压三角形关系（见图 2.39（a）)，即

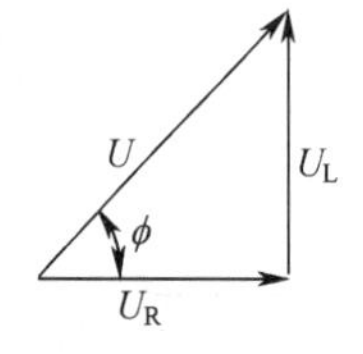

（a）电压三角形

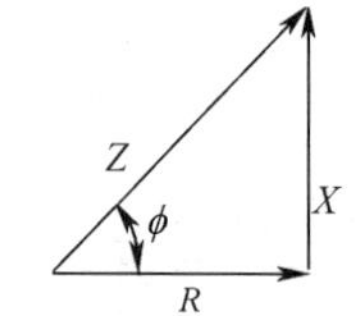

（b）阻抗三角形

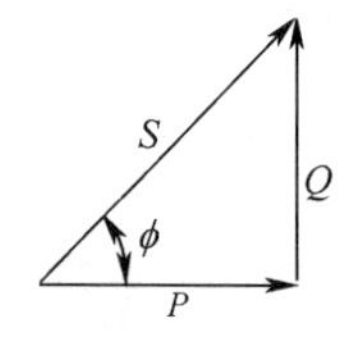

（c）功率三角形

图 2.39　RL 串联电路规律

$$U = \sqrt{U_R^2 + U_L^2}$$

图中φ表示 RL 串联电路总电压比电流超前的角度。

（3）RL 串联电路中的阻抗关系——符合所谓的阻抗三角形关系（见图 2.39（b）)，即

$$Z = \sqrt{R^2 + X_L^2}$$

其中 Z 为 RL 串联电路的总阻抗。

（4）RL 串联电路中的功率关系——符合所谓的功率三角形关系（见图 2.39（c）)，即

$P = U_R I$——表示电路的有功功率（消耗）

$Q = U_L I$——表示电路的无功功率（储存，转换）

$S = UI$——表示电路的视在功率（代表电源的容量）

$$S = \sqrt{P^2 + Q^2}$$

（5）RL 串联电路中的电流关系——符合串联电路电流处处相等（有效值）的规律。

所有电流表、电压表、功率表所测量得到的电流、电压和电功率均是有效值（有功功率）。

验算上面的测量结果是否符合上述交流电路规律。

议 一 议

串联电路中电流处处相等的规律在 RL 串联电路中为何还成立（用基尔霍夫定律分析）？

【例 2.1】 某电感线圈，内阻为 50Ω，电感为 0.1H，接于 50Hz、220V 的交流电源上，求流过线圈的电流、线圈消耗的功率、电源输出的功率。

【解】 该电感线圈就是一个 RL 串联电路，其等效电路如图 2.38 所示。

$$X_L = 2\pi fL = 2 \times 3.14 \times 50 \times 0.1 = 31.4\ (\Omega)$$

$$Z = \sqrt{R^2 + X_L^2} = \sqrt{50^2 + 31.4^2} \approx 59.04\ (\Omega)$$

$$I = \frac{U}{Z} = \frac{220}{59} \approx 3.7\ (\text{A})$$

线圈消耗的功率即为有功功率，即

$$P = I^2R = 3.7^2 \times 50 = 684.5\ (\text{W})$$

电源输出功率即为视在功率，即

$$S = U \times I = 220 \times 3.7 = 814\ (\text{VA})$$

已知日光灯电路中，若忽略线路及镇流器线圈电阻，现将其接入 220V、50Hz 的交流电路中，用电流表测得电流为 2A，有功功率为 80W，求镇流器电感 L 及灯管电阻 R。

议 一 议

上述交流电路电源输出功率的利用率如何计算？

2.3.3 测算功率因数，提高电源利用率

做 一 做

计算第 2.3.2 小节例 2.1 中电源输出功率的利用率，即

$$\text{电源输出功率的利用率} = \frac{\text{电路消耗（使用）的功率（有功功率）}}{\text{电源提供的功率（视在功率）}}$$

通过计算可以发现，交流电路中电源输出功率（供电设备容量）的利用率低于 100%。

议 一 议

为什么电源输出的功率未被充分利用？原因何在？

读 一 读 **功率因数**

（1）衡量交流电源在电路中利用率的参数为功率因数λ，即

$$\lambda = \cos\varphi = \frac{P}{S}$$

（2）交流电路中由于存在电感、电容等储能元件，所以电源提供的能量部分被电阻等耗能元件利用，部分则被电感、电容等储能元件在前半周期转换为磁场能或电场能储存起来，后半周期

又将其转换为电流能，因此部分电能始终在电源与储能元件之间来回转换而未被利用。

（3）实际电路中由于传输线路导线均有一定电阻，所以当电能在电源与储能元件之间来回转换时，就增加了线路损耗，因此实际电路要求提高功率因数以减少这种情况的出现。（供电部门规定用电单位的功率因数不得低于 0.9）

（4）提高功率因数的意义，主要在于提高供电设备的容量利用率，减小输电线路的损耗。

（5）如何提高功率因数？由于大部分用电器均为电感性负载，提高功率因数的办法是在电感性负载两端并联适当容量的电容器。

做一做　提高日光灯电路的功率因数

（1）在图 2.37 的电路中并入一只 3.75μF 的电容器（见图 2.40），重新测量有关数据并填入表 2.3 中。

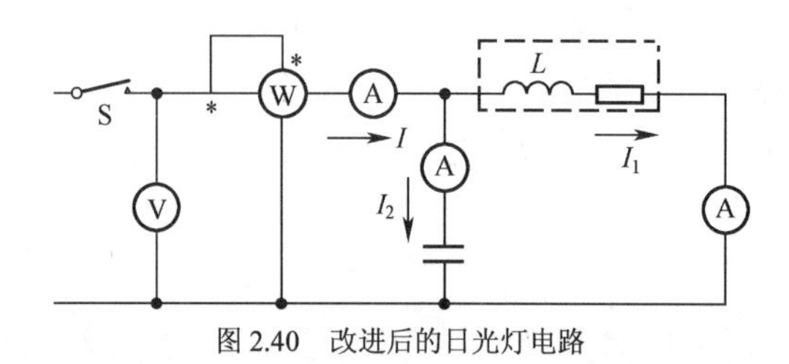

图 2.40　改进后的日光灯电路

（2）计算电路的视在功率 $S=UI=$________，功率因数 $\lambda=\cos\varphi=\dfrac{P}{S}=$________。

比较并联电容器前后功率因数的变化情况，验证上述提高功率因数的方法。

表 2.3　测量数据

U/V	U_L/V	U_R/V	I/A	I_1/A	I_2/A	P/W

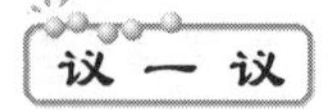

为什么在电感性负载两端并联电容器后可以提高功率因数？

读一读

由于电感性负载中电压比电流相位超前 90°，使得 RL 电路总的电压电流的相位差 $\Delta\varphi>0°$，造成功率因数 $\lambda=\cos\varphi<1$，所以提高功率因数的关键在于减小电路中总电压与电流的相位差。因为电容性负载中，电流电压的相位关系与电感性负载中电流电压的相位关系正好相反（电流超前电压 90°），所以并联适当的容量电容的可以使日光灯电路（电感性负载电路）的功率因数提高。

电感性负载电路中是否并联的电容容量越大，功率因数提高得越多？

【例 2.2】 某小型水电站的额定电压为 220V，发电机组的容量为 1 000kVA。

（1）该发电机组向额定电压为 220V、额定功率为 3kW、功率因数为 0.5 的用户供电，问能供给多少个用户？

（2）若用户的功率因数提高到 0.8，又能供给多少个用户？

【解】 发电机组的额定电流为

$$I_E = \frac{S}{U} = \frac{1\,000\times10^3}{220} \approx 4.5\times10^3 \text{（A）}$$

（1）当功率因数为 0.5 时，每个用户的电流为

$$I = \frac{P}{U\cos\varphi} = \frac{3\times10^3}{220\times0.5} \approx 27.3 \text{（A）}$$

可供使用的用户数 $= \frac{I_E}{I} = \frac{4.5\times10^3}{27.3} \approx 165$（户）

（2）当功率因数为 0.8 时，每个用户的电流为

$$I = \frac{P}{U\cos\varphi} = \frac{3\times10^3}{220\times0.8} \approx 17 \text{（A）}$$

可供使用的用户数 $= \frac{I_E}{I} = \frac{4.5\times10^3}{17} \approx 265$（户）

【例 2.3】 某变电站以 110kV 的电压向所在区域供电，已知该区域负载总的额定功率为 22 万 kW，功率因数为 0.5，若输电线路的总电阻为 10Ω。（1）试估算输电线路损失的功率为多少？（2）若改用 220kV 的电压输电，损失的线路功率为多少？（3）若功率因数提高到 1.0，两次的线路损耗功率各为多少？

【解】（1）由题意可知，输电线路中的电流为

$$I = \frac{P}{U\cos\varphi} = \frac{220\,000\times10^3}{110\times10^3\times0.5} = 4\times10^3 \text{（A）}$$

线路损耗的功率为 $P_{损} = I^2\times R = (4\times10^3)^2\times10 = 16\times10^4$（kW）

（2） $$I' = \frac{P}{U\cos\varphi} = \frac{220\,000\times10^3}{220\times10^3\times0.5} = 2\times10^3 \text{（A）}$$

$$P_{损} = I^2\times R = (2\times10^3)^2\times10 = 4\times10^4 \text{（kW）}$$

（3） $$I = \frac{220\,000\times10^3}{110\times10^3\times1} = 2\times10^3 \text{（A）},\quad P_{损} = (2\times10^3)^2\times10 = 4\times10^4 \text{（kW）}$$

$$I' = \frac{220\,000\times10^3}{220\times10^3\times1} = 1\times10^3 \text{（A）},\quad P_{损} = (1\times10^3)^2\times10 = 1\times10^4 \text{（kW）}$$

议 一 议

根据上述例题的计算，如果要减少输电线路的电能损耗，可以采取哪些措施？

练 一 练

某输变电站以 220kV 的电压向用户供电，已知用户总功率为 10^4kW，功率因数为 0.8，输电线路总电阻为 20Ω，问输电线路一天损失多少电能？若功率因数下降为 0.5，那么每天损失多少电能？

拓展与延伸　RL串联谐振与选频原理

（1）按图2.41所示连接电路。

（2）保持信号源输出信号电压 u 幅度不变，将其频率由小到大逐步调节，观察灯泡亮度的变化情况。

可以发现，随着信号频率由低到高，灯泡的变化为暗—亮—最亮—亮—暗。

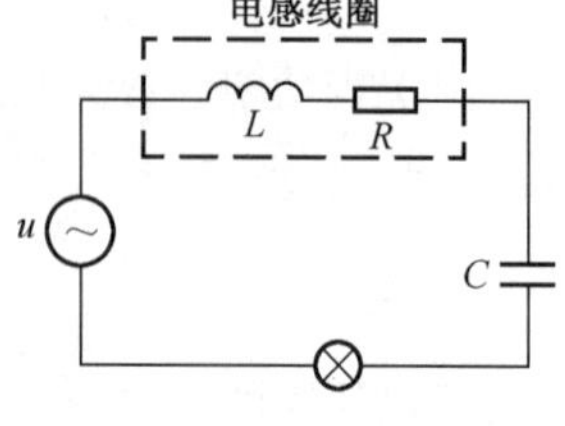

图2.41　RL串联谐振电路

议 一 议

为什么会出现上述现象呢?

（1）RL串联电路总的阻抗为

$$Z=\sqrt{R^2+(X_L-X_C)^2}=\sqrt{R^2+(WL-\frac{1}{WC})^2}\quad I=\frac{U}{Z}$$

可见随着信号频率的变化，Z 变化，I 也随着变化（见图2.42），灯泡亮度也随着改变：f 较小时，X_C 大而 X_L 小，$(X_L-X_C)^2$ 较大，Z 较大，I 较小，灯泡较暗；f 较大时，X_C 小而 X_L 大，$(X_L-X_C)^2$ 较大，Z 较大，I 较小，灯泡较暗；在两者之间，X_C 与 X_L 相近，Z 较小，I 较大，灯泡较亮，其中某一频率时，X_C 与 X_L 相等，$(X_L-X_C)^2=0$，Z 最小，I 最大，灯最亮，此称为谐振现象。

（2）串联谐振条件：$X_C=X_L$，即 $W_0L=\frac{1}{W_0C}$，谐振频率 $f_0=\frac{1}{2\pi\sqrt{LC}}$，当信号频率 $f=f_0$ 时，出现谐振。

（3）串联谐振的特点如下。

① 串联谐振时，阻抗最小，$Z=R$，电路呈现纯电阻性。

② 串联谐振时，电流最大，$I_0=\frac{U}{R}$。

（4）串联谐振的应用——选频（见图2.43）。

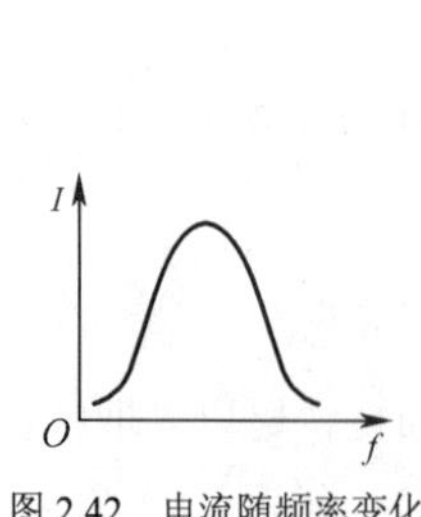

图2.42　电流随频率变化

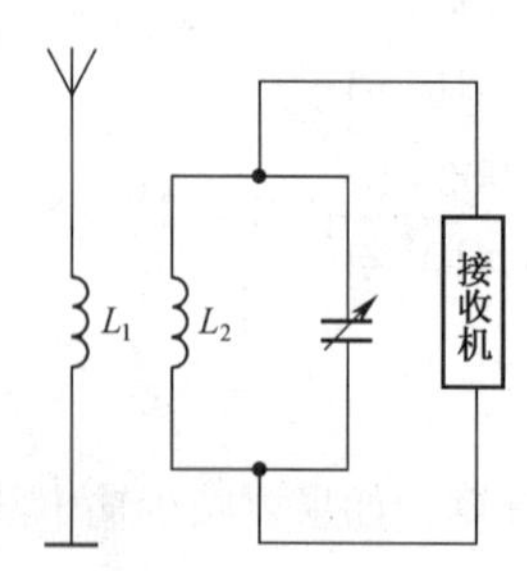

图2.43　选频电路

各种频率的无线电信号在天线 L_1 上产生不同频率的感应电流，经 L_1、L_2 耦合进入 L_2C 串联电路，其中频率 $f=f_0=\frac{1}{2\pi\sqrt{L_2C}}$ 的信号在 L_2C 回路中产生的电流最大（出现谐振），从而使得 C 两端出现最高电压而能被接收机选中，其余频率的信号因感应的电流太小而被抑制掉，所以通过

调节 C 以调节 f_0，可以选取不同频率的信号，从而达到调频的目的。

评一评 根据本节任务完成情况进行评价，并将结果填入下列表格。

项目 评价人	任务完成情况评价	等 级	评 定 签 名
自己评			
同学评			
老师评			
综合评定			

知识能力训练

1. 在 RL 串联电路中，R=100Ω，L=5mH，接在 220V、50Hz 电源上，试求线圈中流过的电流为多大？线圈的发热功率为多大？电源的视在功率为多大？

2. 某发电厂输出电压为 33kV，线路电阻为 10Ω，用户的额定功率为 1 万 kW，功率因数为 0.5，试求线路每天损失多少度电？

2.4 认识三相交流电路的规律

2.4.1 认识三相交流电源

带领学生参观学校或周围的变电站或配电房，指导学生注意观察变电或配电的进线和出线。

读一读

（1）在实际生产实践中，无论是水力发电、火力发电还是其他形式的发电基本都是采用三相制交流电，一般的输电、配电也是采用三相制，日常照明及生活所用的交流电是单相交流电，也是取自三相交流电的一相。

（2）何谓三相交流电——3 个频率相同、幅值相等、相位互差 120° 的正弦交流电按一定方式组合在一起而形成的电源。利用三相交流电源工作的电路称为三相交流电路。

（3）三相交流电的优点：一是三相交流发电机输出功率大，二是三相制输电节约、方便。

议一议

为什么家庭照明等生活办公用供电线路一般是 2 根线供电，而在配电站（配电变压器）出来到用户之间的却是 4 根线输电，而配电站到上一级变电站或发电厂之间的线路却基本是 3 根线输电？

做一做

观察交流发电机模型或实物（见图 2.44），了解其内部结构，搞清三相四线制输电的原因。

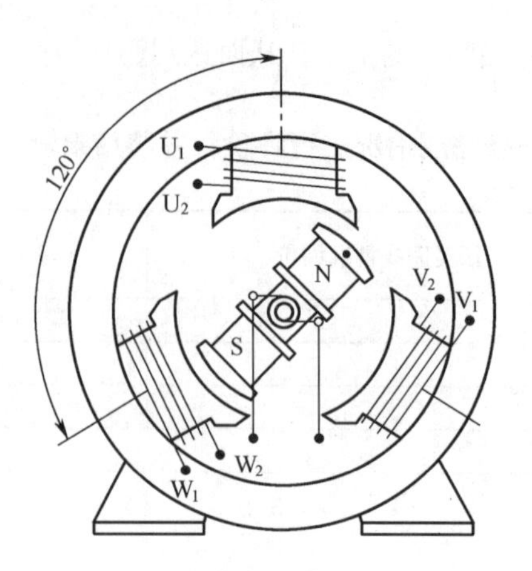

图 2.44　三相交流发电机结构示意图

交流电是依据电磁感应原理由线圈在磁场中作切割磁力线的运动而产生的，所以交流电源习惯以线圈（电工学上习惯称绕组）表示，三相交流电也不例外。三相电源由 3 个绕组构成，它们在空间排列互成 120°，通常按星形方式连接（见图 2.45），电源对外有 4 个输出端，连着 4 根传输线，其中 3 根绕组的公共端的引出线 N 线，称为中性线，又称零线或地线，其余 3 根线称为相线或端线，俗称火线，这种输电方式称为三相四线制，这也就是通常见到的 4 根线输电。

（1）三相交流电的表达式为

$$e_1 = E_m \sin \omega t$$
$$e_2 = E_m \sin(\omega t - 120°)$$
$$e_3 = E_m \sin(\omega t + 120°)$$

三者的波形如图 2.46 所示。

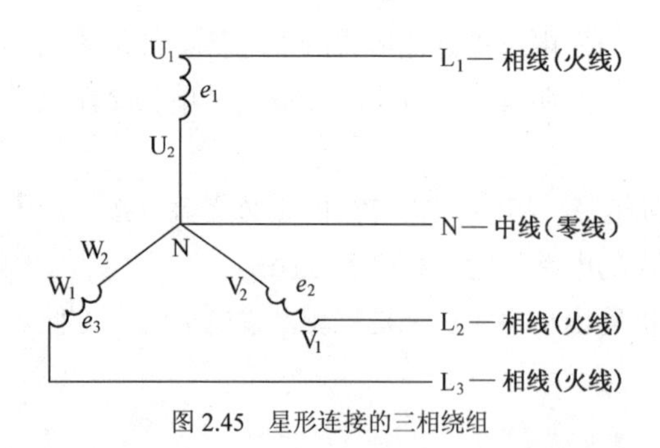

图 2.45　星形连接的三相绕组

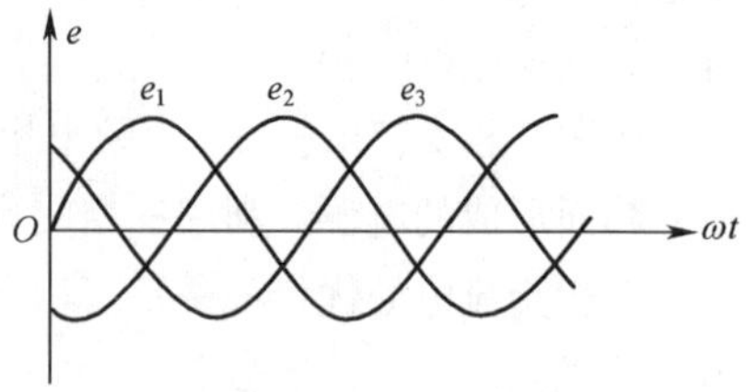

图 2.46　三相交流波形

（2）相电压——相线与中线之间的电压，用 U_P 表示。

（3）线电压——任意两根相线之间的电压，用 U_L 表示。

（4）我国规定，供电系统供电电压（低压）的标准线电压 $U_L = 380V$，相电压 $U_P = 220V$，交流频率 f=50Hz，这一交流电称为市电。

（5）实际测量和理论计算均证明，当三相绕组对称时，$U_A=U_B=U_C=U_P$，$U_L=\sqrt{3}\,U_P$（见图 2.47）。

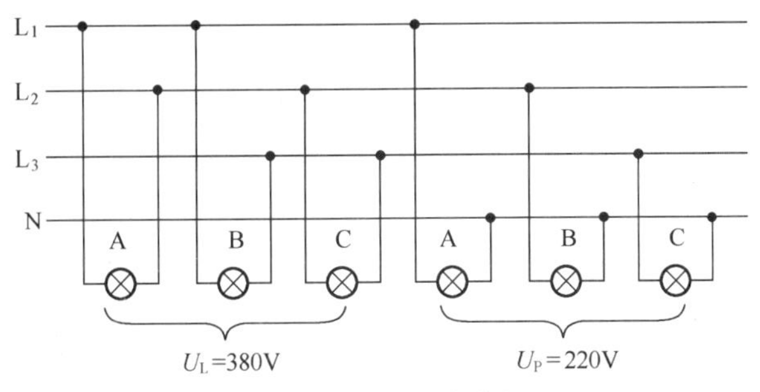

图 2.47　对称的三相绕组

测一测或算一算线电压及相电压。

某国市电照明电压为 110V，问该国动力用电压为多少伏？

不同国家和地区所规定使用的市电标准电压不完全相同，通常有“220V，50Hz”及“110V，50Hz”两种，在使用电器设备尤其是进口设备时必须注意该电器的额定电压与本地市电标准电压是否一致（一般宾馆均提供两种不同标准的电压插座）。

相序——在三相交流电源中，各相电压依次到达正的或负的最大值，其先后次序称为三相交流电的相序。

正相序与负相序——以 U 相电压作参考，V 相电压比 U 相电压滞后 120°，W 相电压又滞后 V 相电压 120°，3 个电动势按顺时针方向的次序到达最大值，它们的相序为 U—V—W—U，称为正相序或顺序；反之，3 个电动势按逆时针方向的次序到达最大值，它们的相序为 U—W—V—U，称为为负相序或逆序。

相序的意义——实际工作中相序具有重要意义，同一电力系统中的发电机、变压器、发电厂的汇流排、输送电能的高压线路和变电站（所）都必须统一相序；三相异步电动机的旋转方向是由三相电源的相序决定的，改变三相电源的相序可以改变三相异步电动机的旋转方向，据此可以实现三相异步电动机的正反转控制。

国家技术标准规定采用不同的颜色来区别 U（黄色）、V（绿色）、W（红色）三相，相序可以用相序器来测量。

2.4.2 三相负载的星形连接

（1）三相电路中的负载由3个部分组成，其中每一部分称为一相负载。三相负载可以组成一个整体（如三相电动机），也可以是彼此独立的3个单相负载（如日常照明系统）。

（2）各相阻抗相同的三相负载——对称三相负载；各相阻抗不同的三相负载——不对称三相负载。

（3）三相负载的连接方式——星形连接（Y形）和三角形连接（△形）。

按图2.48所示将负载接成Y形。电路检查无误后，闭合开关S_1、S_2，每相灯开2盏，测量线电流、线电压、相电压和中线电流，并填入表2.4中。

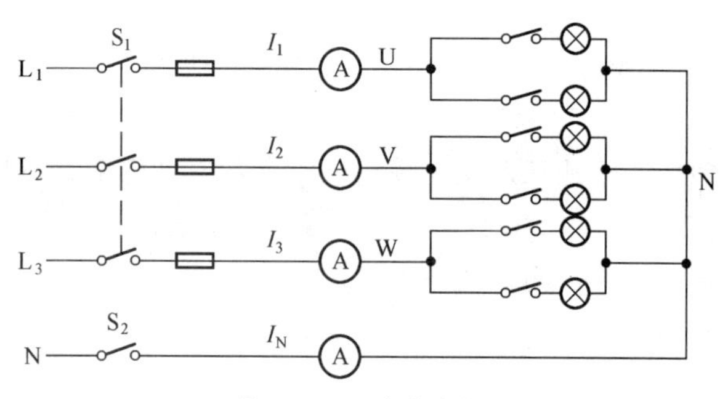

图2.48 Y形负载线路

表2.4 对称三相负载数据记录

	线电压			相电压			线电流			中线电流
	U_{UV}	U_{VW}	U_{WU}	U_{UN}	U_{VN}	U_{WN}	I_1	I_2	I_3	I_N
有中线										
无中线										

线电流I_L——3根相线上的电流。

相电流I_P——各相负载上的电流。

议一议

Y形连接中，I_L、I_P有何关系？为什么？

断开中线开关S_2，每相开2盏灯，观察各盏灯的亮度变化情况，测量各线电压、相电压、线电流、相电流，并填入表2.4中。

根据测量数据，分析验证在三相负载对称的情况下，Y 形连接的三相负载的线电压、相电压之间有何关系？

三相对称负载作 Y 形连接时，各电流电压存在下列关系：

（1）各线电流相等，且各线电流等于各相电流（串联电路），即

$$I_{YL}=I_{YP}$$

（2）中线电流 $I_N=0$。

议 一 议

三相对称负载作 Y 形连接时，中线断开，会不会影响电路工作？

读 一 读 **高压输电采用三相三线制的原因**

（1）由上述实验分析可知，对于对称三相负载，作 Y 形连接时，中线上电流为零，省去中线不影响电路工作，所以对于对称的三相电路可以采用 3 根线传输，称为三相三线制。

（2）由前面的学习可知，电路电压越高，线路损耗越小。对于供电系统而言，为减少线路损耗，从发电厂到用户之间通常要经过变电站升压——高压输电——变压器降压——低压配电的过程（见图 2.49）。对于升压变压器而言，其负载是降压变电站的三相变压器，三相变压器的三相负载是对称的，所以为节省线材，降低成本，高压输电一般均采用三相三线制。

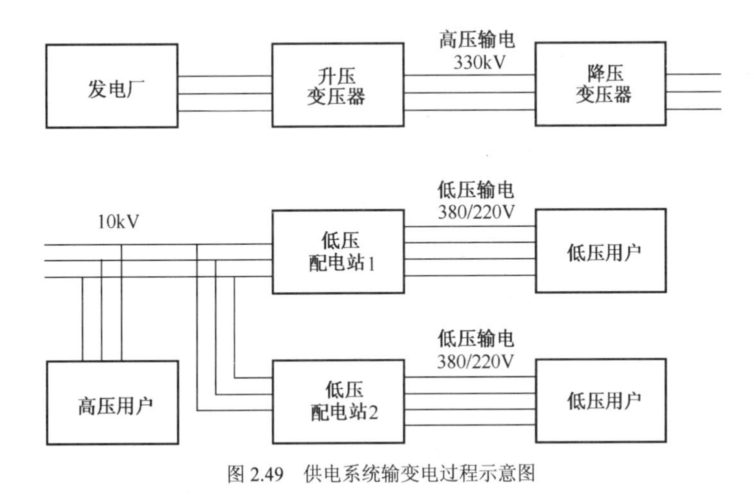

图 2.49 供电系统输变电过程示意图

做 一 做

（1）改变各相负载，使三相不对称，如 L_1 为 2 盏灯，L_2 为 2 盏灯，L_3 为 1 盏灯，合上开关 S_1、S_2，观察灯的亮度变化，测量各相电流、相电压、线电压和中线电流，并填入表 2.5 中。

（2）断开 S_2，重新观测，并填入表 2.5 中。

表 2.5　　不对称三相负载数据记录

	线电压			相电压			线电流			中线电流
	U_{UV}	U_{VW}	U_{WU}	U_{UN}	U_{VN}	U_{WN}	I_1	I_2	I_3	I_N
有中线										
无中线										

分析三相负载不对称时，各线电压、相电压有何关系？中线对于各电流、电压有何影响？

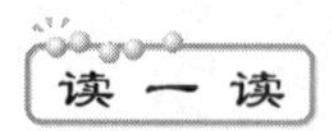

在三相四线制中，中线存在的意义——为什么熔断器必须装在火线上而不许装在零线上？

（1）当Y形连接的三相负载不对称时，各线（相）电流大小不相等，相位也不一定是120°，中线电流不为零。

（2）当中线存在时，各相负载相电压均相等，均等于电源相电压，各相负载均能正常工作。

（3）当中线不存在时，各相负载相电压不相等，阻抗小的负载相电压减小（可能低于额定电压），阻抗大的负载相电压变大（可能高于其额定电压），使负载不能正常工作，甚至发生事故。

（4）由于低压配电站连接的用户是若干小区或若干企业用户，数量相对较少，很难保证三相负载的平衡，所以低压输电一般采用三相四线制。

（5）在三相四线制电路中，中线不能断开，所以规定中线上不准装熔断器和开关，同时中线要用机械强度较大的导线以防止意外断开。此外，在三相负载分配方面应尽量使其平衡，以减小中线电流，降低损耗，同时确保安全。

【例 2.4】 三相对称负载接于220V/380V三相交流电源上（见图2.50），已知每相负载阻抗均为20Ω，功率因数为0.5，求：

（1）每相负载上通过的电流和两端的电压；

（2）火线和零线上的电流；

（3）若第一相短路，其余两相负载的相电压和相电流；

（4）若第一相断开，其余两相负载的相电压和相电流；

（5）正常情况下的三相功率。

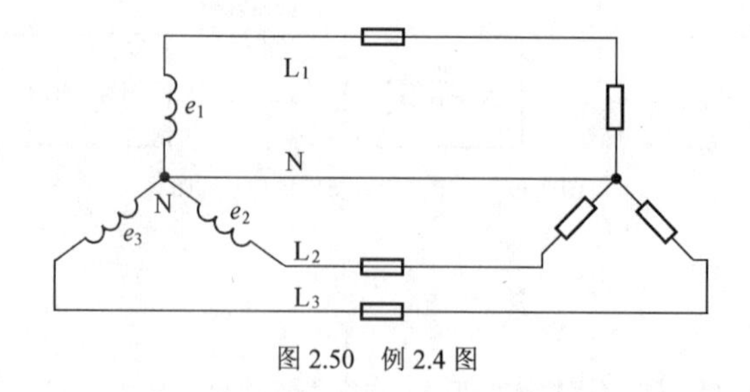

图 2.50　例 2.4 图

【解】

（1）每相负载上的电压（相电压）U_P=电源相电压=220（V）

每相负载上的电流（相电流）$I_{YP}=\dfrac{U_P}{Z}=\dfrac{220}{20}=11$（A）

（2）火线电流 $I_{火}$ =负载相电流 $I_{YP}=11$（A）

零线电流 I_N =三相负载电流的叠加 = 0

（3）第一相短路，若无熔断器保护，将导致第一相与电源第一绕组出现短路，产生很大的短路电流烧毁第一绕组、L_1 及中线，此时，Z_2、Z_3 串联于剩下的两个绕组 L_2、L_3 之间（见图 2.51）。

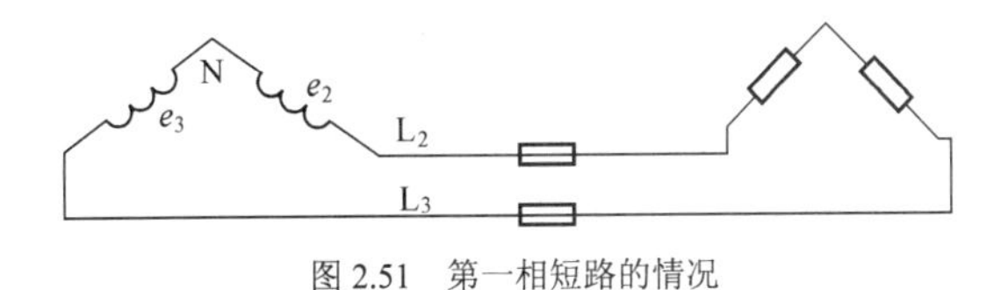

图 2.51　第一相短路的情况

此时，线电流 I_L=相电流 $I_P=\dfrac{电源线电压U_L}{Z_2+Z_3}=\dfrac{380}{20+20}=9.5$（A）

每相电压 $U_P=\dfrac{1}{2}\times U_L=\dfrac{380}{2}=190$（V）

若有熔断器保护，则 L_1 将断开，其余二相正常工作不受影响，U_P=220V，I_P=11A。

（4）L_1 断开，其余二相正常工作（见图 2.52），U_P=220V，I_P=11A。

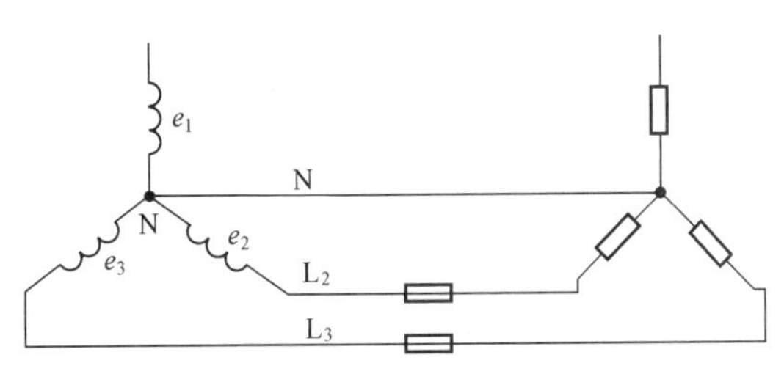

图 2.52　第一相断路的情况

（5）三相总功率等于三相功率之和，因负载对称，所以 $P=3P_P=3U_PI_P\cos\varphi$。

因为 $U_P=\dfrac{U_L}{\sqrt{3}}$，$I_P=I_L$，所以 $P=3\times\dfrac{U_L}{\sqrt{3}}\times I_L\times\cos\varphi=\sqrt{3}\times380\times11\times0.5=3\,680$（W）。

读 一 读

从能量守恒定律可知，三相负载的总功率 P=三相功率之和=$P_1+P_2+P_3$。当负载对称时，$P=3P_P=3U_PI_P\cos\varphi$，其中 $\cos\varphi$ 为每相负载的功率因数。

对于 Y 形连接的对称负载，$U_P=\dfrac{U_L}{\sqrt{3}}$，$I_P=I_L$，所以 $P=\sqrt{3}\,U_L\times I_L\times\cos\varphi$。

练 一 练

（1）三相对称负载接于线电压为 380V 的三相电源上，每相负载的阻抗为 10Ω，求当负载作 Y 形连接时的相电流、线电流、中线电流、每相负载两端的电压及三相总功率 P。

（2）画出上题的接线图（含开关及熔断器），并说明所选熔断器的额定值。

2.4.3 三相负载的三角形连接

按图2.53所示将负载作△形连接。电路检查无误后，闭合开关S_1～S_4，每相负载开2盏灯，测线电压、相电压、线电流、相电流，填入表2.6中，观察各灯的发光情况。

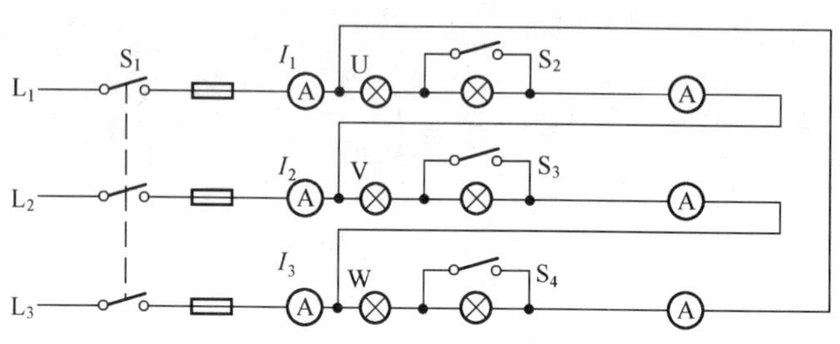

图2.53 三相负载的三角形连接

表2.6 图2.53相关数据记录表

	线电压			相电压			线电流			相电流		
	U_{UV}	U_{VW}	U_{WU}	U_1	U_2	U_3	I_1	I_2	I_3	I_{UV}	I_{VW}	I_{WU}
负载对称												
负载不对称												

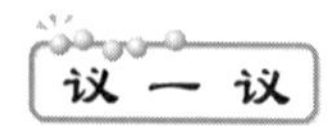

分析负载对称情况下，△形连接的三相负载的线电压、相电压、线电流、相电流有何关系？

读 一 读 **三相对称负载作△形连接时的规律**

（1）三相负载相电压均等于电源线电压，即$U_{\Delta P}=U_L$

（2）3根火线上的线电流$I_{\Delta L}$相等，相位互差120°，三相负载上的相电流$I_{\Delta P}$相等，相位互差也是120°，且$I_{\Delta L}=\sqrt{3}\ I_{\Delta P}$。

将三相负载改为不对称（闭合S_2），重复上述操作。

议 一 议

不对称负载作△形连接时，各相电流、线电流，相电压、线电压有何关系？

读 一 读 **不对称负载作△形连接的规律**

（1）各相电压相等，且$U_{\Delta P}=U_L$。

（2）各相电流不再相等，$I_{\Delta P}=\dfrac{U_P}{Z_P}$，3个相电流相位差也不一定是120°。

（3）各线电流不再相等，$I_{\Delta L}\neq\sqrt{3}\ I_{\Delta P}$。

（4）三相总功率等于三相功率之和，即 $P=P_1+P_2+P_3$。

当△形连接的三相负载对称时，$P=3P_{\Delta P}=3U_{\Delta p}I_{\Delta p}\cos\varphi=3U_L\dfrac{I_L}{\sqrt{3}}\cos\varphi=\sqrt{3}U_LI_L\cos\varphi$。

议 一 议

比较Y形、△形两种接法下，对称三相负载的公式有什么关系？为什么计算三相功率时尽量用线电流和线电压，而不采用相电流和相电压？

【例 2.5】 三相对称负载接在220V/380V电源上，每相负载电阻 $R=6\Omega$，电抗 $X=8\Omega$，当负载作Δ形连接时，求各相电流、相电压、线电流以及三相功率，并画出电路连接图。

【解】

$$Z=\sqrt{R^2+X^2}=\sqrt{6^2+8^2}=10\ (\Omega)$$

$$U_{\Delta P}=U_L=380\ (\text{V})$$

$$I_{\Delta P}=\frac{U_P}{Z}=\frac{380}{10}=38\ (\text{A})$$

$$I_L=\sqrt{3}\,I_{\Delta P}=38\sqrt{3}\ (\text{A})$$

$$\cos\varphi=\frac{R}{\sqrt{R^2+X^2}}=\frac{6}{10}=0.6$$

$$P=\sqrt{3}\times380\times38\sqrt{3}\times0.6=25\,992\ (\text{W})$$

电路连接如图2.54所示。

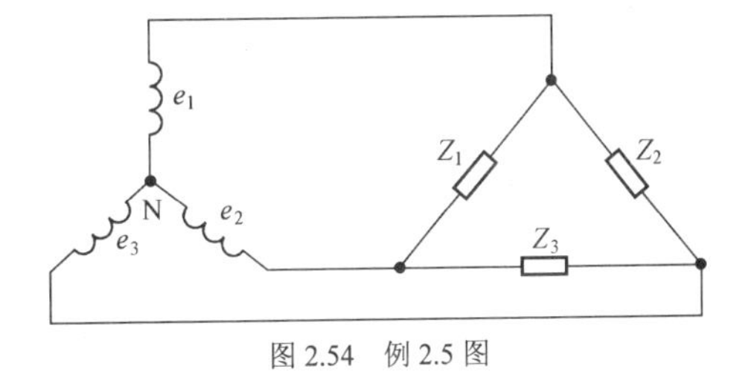

图2.54 例2.5图

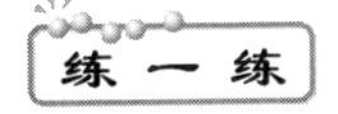

一台三相电动机作△形连接后接于220V/380V的电源上，电动机每相绕组的阻抗为30Ω，$\cos\varphi=0.8$，求线电流、相电流及总功率 P。

拓展与延伸 安全用电、科学用电、节约用电

电，已成为人们日常生产和生活所必需，电能作为一种能源是有限而宝贵的，但电在造福人类的同时，对人类也有潜在的危险性，使用不当也会对人的生命财产带来不可估量的损失。所以作为每一位公民，都应当掌握电的基本使用知识，科学用电，安全用电，节约用电。

1. 电能的生产

电能是由煤炭、石油、水力、太阳能、风能、核能等其他形式的能源经过转换装置而获得的，目前主要的发电形式有火力发电、水力发电、核能发电、太阳能发电、风力发电、地热发电等。

2. 电能输送与分配

通常发电厂均建在能源产地或交通运输比较方便而远离城市的地方，发电厂生产的电能必须通过一定的线路输送到用户场所。

在输送电功率一定的情况下，输电电压越高，则输电电流越小，不仅可以降低输电线路的电能损耗，而且可以采用横截面较小的导线，节约线材，降低成本，所以电能在传输时，都采用高压输电方式。目前，我国高压输电的电压等级有110kV、220kV、330kV、500kV等。鉴于高压输电的负载是基本对称的三相负载，所以为节约成本，高压输电都是采用三相三线制（取代三相四线制，节约一根传输线）。

高压电能输送到用电区域后，要经过多级降压，将电压降至合适的数值后才能供用户使用。对于低压配电站（所）而言，低压用户分散且数量有限，难以保证三相负载的平衡，为确保安全和各用户的正常使用，低压配电一般都是采用三相四线制。

普通用户和照明线路通常只是三相负载中的一相负载，所以普通用户只需两线输电即可。

3. **电能的正确使用**

（1）使用电气设备前要注意查看其额定电压与所用电源电压是否相符。

（2）正确实施保护接地和保护接零。

保护接地——在中性点不接地的低压系统中，把电气设备的金属外壳用导线与埋在地下的接地装置连接起来，防止由于金属外壳绝缘不好带电而引起的触电事故。

保护接零——在中性点接地的三相四线制供电系统中，把电气设备的金属外壳与中性点连接起来。一旦设备外壳带电，依靠中性线的短路作用，使电路熔断器熔丝熔断，及时切断电路起到保护作用。

对于单相用户而言，保护接地和保护接零的具体做法是：使用3孔插座和3脚插头。其中3脚插头的中间脚应与用电设备外壳可靠连接，而3孔插座的中间孔（见图2.55）应与保护接地线或保护接零线相连。

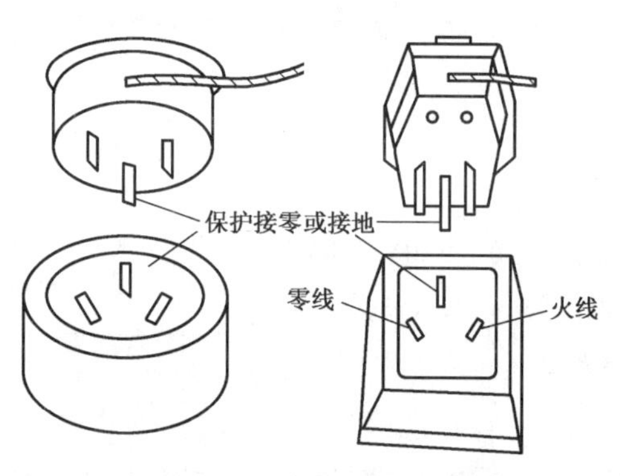

图2.55　保护接地与保护接零

（3）合理选择熔丝，正确安装熔断器和开关。各类开关和熔断器必须安装在火线上而严禁安装于零线上，要根据额定电流选择适当容量的熔断器，严禁以铜丝代替熔断器。

（4）了解触电知识，掌握正确的触电急救办法。所谓触电是指人体因触及高压的带电体而承受过大的电流，引起身体局部烧伤或死亡的现象。

影响触电对身体的伤害程度的因素有：电流的大小、频率、通电时间长短、流过身体的途径及触电者本人的身体状况等，其中最主要的因素是电流。

遇有触电情况，首先应使触电者脱离电源，可以拉下电源开关或用干燥的竹杆、木棒等工具挑开电线，或用绝缘手钳等工具切断电线，严禁用手直接触拉触电者；其次，要防止触电者脱离电源后的摔伤或跌倒受伤；最后，根据触电者的状况，迅速实施人工呼吸、胸外心脏按压等抢救措施。

（5）科学用电，节约用电。根据实际需要，科学选用适当功率、容量的用电设备，对于电动机、变压器等设备，要尽量避免出现空载、轻载等情况，要尽量选用功率因数高的用电设备，尽量安装分时电表，采取错峰用电。空调、电视机等用电器在不用时要将电源切断，楼道、卫生间等公共场所要尽量采用声控或红外控制的开关，养成节约用电的良好习惯。

评一评 根据本节任务完成情况进行评价，并将结果填入下列表格。

项目 / 评价人	任务完成情况评价	等　级	评定签名
自己评			
同学评			
老师评			
综合评定			

知识能力训练

1. 三相对称负载，每相负载阻抗为 10Ω，功率因数为 0.6，将负载接成 Y 形后接于 380V/220V 的三相电源上，试求相电压、相电流、线电流和三相负载消耗的有功功率。

2. 上题中负载如接成△形，试求相电流、线电流、相电压和三相负载消耗的有功功率。

3. 作 Y 形连接的三相对称负载，每相电阻为 3Ω，感抗为 4Ω，接于 380V/220V 交流电源上，求：

（1）每相负载上通过的电流；

（2）每根相线上通过的电流；

（3）中线上通过的电流；

（4）三相负载的有功功率、无功功率、视在功率及功率因数；

（5）如其中一相断开，求其余两相的相电压和相电流；

（6）如其中一相短路，求其余两相的相电压和相电流。

本章小结

1. 交流电的三要素为振幅、频率和初相位；交流电的常用表示方法有表达式、波形图两种。

三要素 {振幅、频率、初相位} ⟺ {表达式、波形图} 表示法

2. 电容器、电感器和电阻器的交流特性、表示方法及能量转换关系。

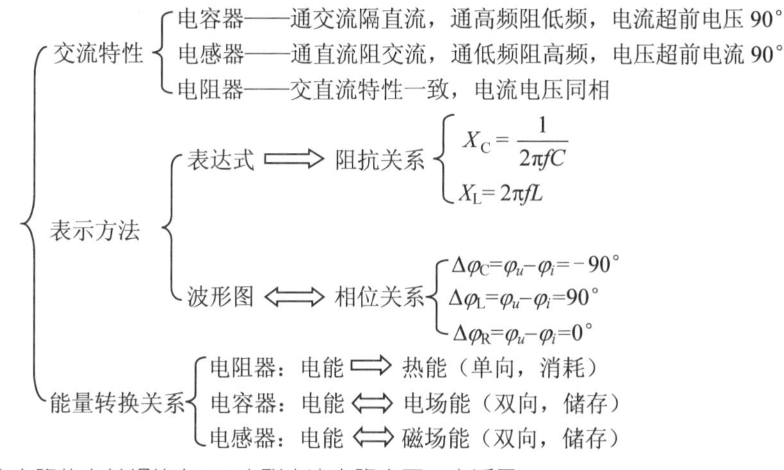

3. 直流电路的有关规律在 RL 串联交流电路中不一定适用。

（1）“串联电路总电压等于各段电压之和”只适用于瞬时值，不适用于有效值，有效值符合电压三角形关系：$U^2=U_R^2+U_L^2$。

（2）“串联电路总阻抗不一定等于各段阻抗之和”而是符合阻抗三角形关系：$Z^2=R^2+X_L^2$。

（3）“电路总功率等于各段电路（元件）功率之和”只适用于电阻元件和有功功率，不适用于电抗元件和无功功率及视在功率，符合功率三角形关系：$S^2=P^2+Q^2$。

（4）“串联电路电流处处相等”的规律在交流电路中仍然成立，如表2.7所示。

表2.7　RR串联电路与RL串联电路对照关系表

RR串联电路	RL串联电路
$i_1=i_2$	$i_R=i_L$
$U=U_1+U_2$	$u=u_R+u_L$ $U^2=U_R^2+U_L^2$
$R_总=R_1+R_2$	$Z^2=R^2+X_L^2$
$R_总=P_1+P_2$	$S^2=P^2+Q^2$

4．功率因数反映了电源的利用率（单向传输转换）。

（1）纯电阻电路——λ=1，电源利用率=100%。

（2）含有电抗的电路——λ＜1，电源利用率＜100%。

提高日光灯电路功率因数的办法：利用容性负载和感性负载相反的交流特性，在其两端并联一只适当容量的电容器。

5．三相交流电的产生及传输。

（1）三相四线制——适用于低压、不对称三相负载电路以确保各相负载均能正常工作。

（2）三相三线制——适用于高压、对称三相负载电路以节约线材，降低线路损耗。

6．三相对称负载Y形、△形连接的电路计算方法如表2.8所示。

表2.8　三相对称负载Y形、△形连接的电路计算方法

对称负载Y形连接	对称负载△形连接
$I_{YL}=I_{YP}$	$U_L=U_{\triangle P}$
$U_{YL}=\sqrt{3}\ U_{YP}$	$I_{\triangle L}=\sqrt{3}\ I_{\triangle P}$
$P=\sqrt{3}\ U_L I_L\cos\varphi$	$P=\sqrt{3}\ U_L I_L\cos\varphi$
$I_N=0$	

7．示波器不仅可以用来观察交直流波形，而且可以测量信号幅值、频率，还可以比较两个正弦交流电的初相。

思考与练习

一、判断题

1．示波器可以用来观测交流信号，而不可以观测直流信号。（　　）

2．将交流电流表串接于电路中，可以随时监测电路中交流电流的瞬时变化。（　　）

3．电气设备的铭牌数据均是指其有效值。（　　）

4. 电压相位超前电流相位的交流电路必定是电感性电路。（ ）
5. 所谓无功功率就是无用功率。（ ）
6. 交流负载的功率因数与信号频率无关，而是由负载决定。（ ）
7. 两只“220V，100W”的灯泡串接于220V的交流电源上，其总功率为200W。（ ）
8. 无论对称与否，只要三相负载作Y形连接，中线电流一定为零。（ ）
9. 三相负载作三角形连接时，线电流为相电流的$\sqrt{3}$倍。（ ）
10. 用万用表的R×100Ω挡或R × 1kΩ挡来判别电容器的好坏，若万用表的指针不偏转，说明电容器一定出现断路。（ ）

二、选择题

1. 与图2.56所示波形对应的正弦交流电解析式为（ ）。

A. $u=220\sqrt{2}\sin\left(250\pi t-\frac{\pi}{4}\right)$V　　B. $u=311\sin\left(250\pi t+\frac{\pi}{4}\right)$V

C. $u=311\sin\left(500\pi t+\frac{3}{4}\pi\right)$V　　D. $u=220\sqrt{2}\sin\left(500\pi t-\frac{3}{4}\pi\right)$V

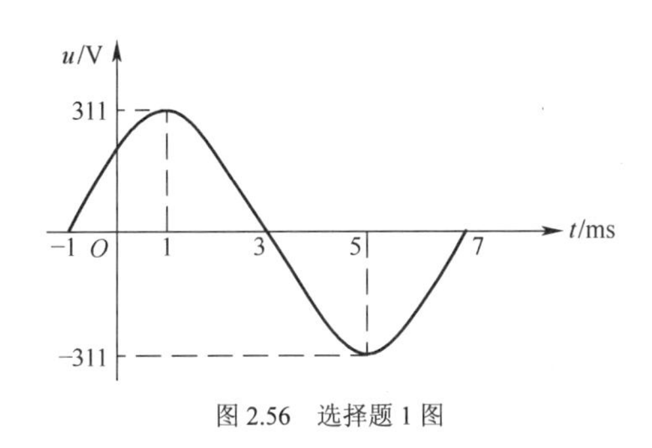

图2.56 选择题1图

2. 已知某交流电压$t=0$时刻，$u=110$V，$\phi=45°$，则该交流电压的有效值为（ ）。

A. $220\sqrt{2}$ V　　B. 110V　　C. $110\sqrt{2}$ V　　D. 220V

3. 表示正弦交流电变化步调和变化快慢的物理量分别是（ ）。

A. 频率和周期　　B. 频率和初相　　C. 初相和周期　　D. 频率和相位

4. 已知某负载两端电压$u=220\sqrt{2}\sin(628t-45°)$ V，通过它的电流$i=22\sqrt{2}\sin(628t-60°)$ A，则该负载应为（ ）。

A. 感性负载，$|Z|$=10Ω　　B. 容性负载，$|Z|$=10Ω

C. 纯电感性负载，$|Z|$=20Ω　　D. 纯电容性负载，$|Z|$=20Ω

5. 已知两交流电的瞬时值表达式为$i_1=4\sin\left(314t+\frac{\pi}{4}\right)$A，$i_2=5\sin\left(314t+\frac{\pi}{6}\right)$A，让它们分别通过2Ω的电阻，则消耗的功率为（ ）。

A. 16W，20W　　B. 8W，25W　　C. 16W，25W　　D. 8W，20W

6. 下列说法正确的是（ ）。

A. 电感线圈的阻抗与频率无关　　B. 电容器的阻抗与频率无关

C. 电阻的阻抗与频率无关　　D. 以上均不正确

7. 在图2.57所示电路中，各交流电源电压有效值均等于直流电源电压，交流电源频率相同，$R=X_L=X_C$，各灯规格一样，则最亮的为（　　）。

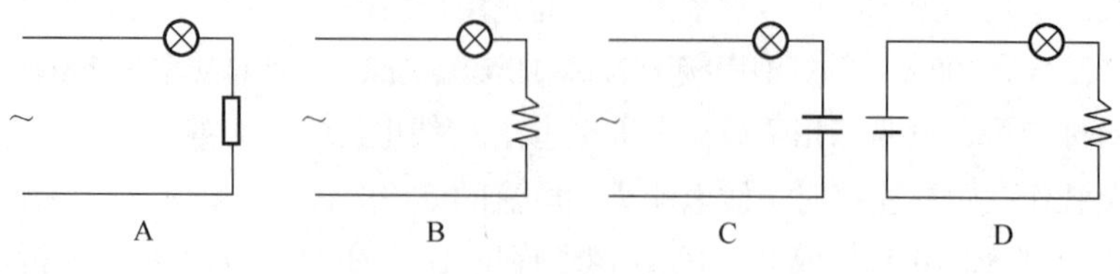

图2.57　选择题7图

8. 关于电容电路，下列选项中错误的是（　　）。

A. $I=U/X_C$　　B. $X_C=\omega C$　　C. 电压滞后电流$\frac{\pi}{2}$　　D. $I_m=U_m/X_C$

9. 关于三相四线制供电系统，下列说法正确的是（　　）。

A. 线电流为相电流的$\sqrt{3}$倍

B. 只有当三相负载对称时，线电压才等于相电压的$\sqrt{3}$倍

C. 无论三相负载对称与否，中线电流总为零

D. 以上说法均不正确

10. 3个相同的灯泡，按图2.58所示接入三相电源电路，若a处断开，则（　　）。

A. 3个灯均变暗

B. 3个灯均正常发光

C. L_1、L_2熄灭，L_3正常发光

D. L_1、L_2正常发光，L_3熄灭

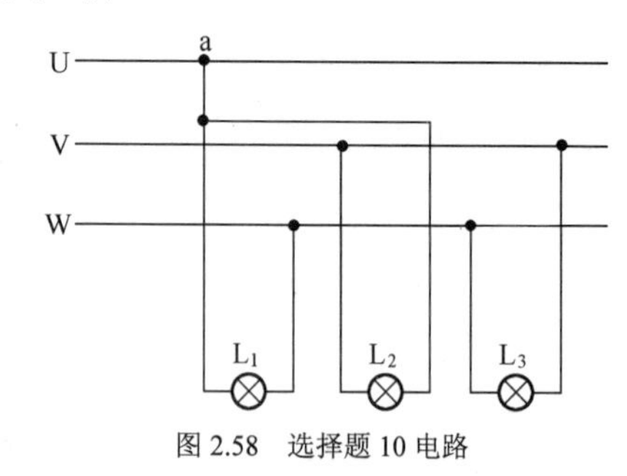

图2.58　选择题10电路

三、填空题

1. 正弦交流电的三要素是________、________和________。

2. 正弦交流电$i=282\sin(628t+90°)$mA，在阻值为1kΩ的电阻器上产生的电热功率$P=$________W。

3. 已知一个正弦电压的频率为100Hz，有效值为$10\sqrt{2}$V。当$t=0$时，瞬时值为10V，则此电压的解析式可写成________________________。

4. 我国规定工频交流电的频率为________，周期为________，额定值为________。

5. 用示波器观测到两个交流电压u_1、u_2的波形如图2.59所示，示波器的选择开关分别置于0.2ms/div和5V/div，则由图可知：

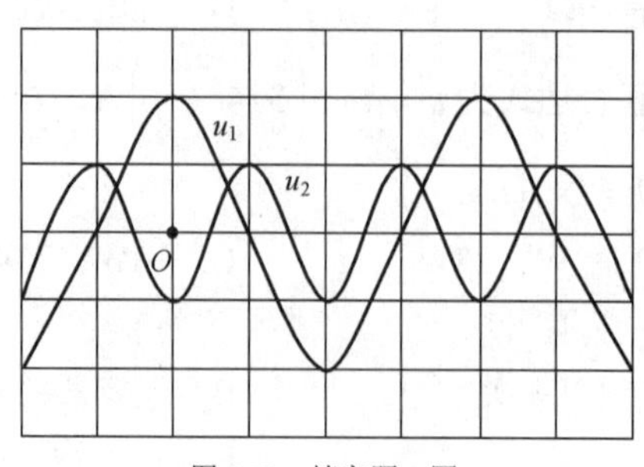

图2.59　填空题5图

（1）u_1的 T=________，f=________，ω=________；

（2）以 O 点为计时起点，则 u_2的初相为________，最大值为________，有效值为________，u_1初相为________；

（3）二者的解析式可以写成 u_1=________________；u_2=________________。

6. 电容器的电学特性是通________、隔________（填“直流”、“交流”），通________、阻________（填“高频”、“低频”）。

7. 功率因数越大，则电源利用率越________。

8. 当$\cos\varphi=1$时，电路的有功功率 P________（填“>”、“=”、“<”）视在功率 S；当$\cos\varphi\neq1$时，P________（填“>”、“=”、“<”）视在功率 S；当$\cos\varphi=0$时，电路的有功功率 P=________。

9. 三相对称负载作△形连接时，I_L= ________I_P，U_L=________$U_{\triangle P}$。

10. 为防止发生触电事故，电气设备常采用金属外壳________、________等防护措施。

四、计算题

1. 已知 3 个电流 i_1、i_2、i_3的表达式如下：

$$i_1 = 20\sqrt{2}\sin(\omega t + 90°)\text{A}$$

$$i_2 = 10\sqrt{2}\sin(\omega t - 30°)\text{A}$$

$$i_3 = 5\sqrt{2}\sin(\omega t + 60°)\text{A}$$

在保持三者相位差不变的情况下，将 i_1的初相位变为+45°，重新写出它们的瞬时值表达式。

2. 把一个 R=30Ω，L=160mH 的线圈接到有效值为 220V、角频率ω = 628rad/s 的正弦交流电源上。

（1）电压的有功分量 U_R和无功分量 U_L分别为多少?

（2）阻抗角ϕ为多少？画出电压三角形。

（3）该线圈的有功功率 P、无功功率 Q 及视在功率 S 分别为多少?

（4）功率因数 $\cos\varphi$为多大？画出功率三角形。

3. 三相四线制电路电源线电压为 380V，3 个电阻性负载联成 Y 形，每相负载电阻为 11Ω，求:

（1）各负载中流过的电流；

（2）中线电流；

（3）若其中一相开路，求其余二相电压和电流；

（4）若其中一相短路，求其余二相电压和电流。

4. 某三相对称负载，每相阻抗为 20Ω，功率因数为 0.8，接到线电压为 380V 的三相交流电源上，试分别计算负载作△形和 Y 形连接时，三相负载消耗的总功率和每相负载中通过的电流。

第 3 章

交流电动机

电动机是一种能将电能转化为机械能的设备。按其工作时使用的电流的不同分为交流电动机和直流电动机；按工作原理又可分为同步电动机和异步电动机两大类，其中异步电动机由于其构造简单、价格低廉、工作可靠以及容易控制和维护而得到普遍运用。本章主要学习交流异步电动机的相关知识。

知识目标

- 了解三相异步电动机的结构和工作原理。
- 了解三相异步电动机的特性与参数。
- 了解单相异步电动机的结构和工作原理。
- 掌握三相异步电动机、单相异步电动机的使用接线方法及维护方法。

技能目标

- 学会电动机的简单检测及维修。
- 学会电动机的基本连接方式。

3.1 认识三相异步电动机

三相异步电动机主要由固定不动的定子和旋转的转子两个基本部分组成。

3.1.1 观察三相异步电动机的结构

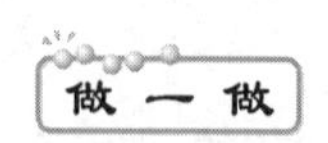

拆开一台三相异步电动机，了解电动机的内部结构及各构件的名称、作用，其外形和结构如图 3.1 所示。

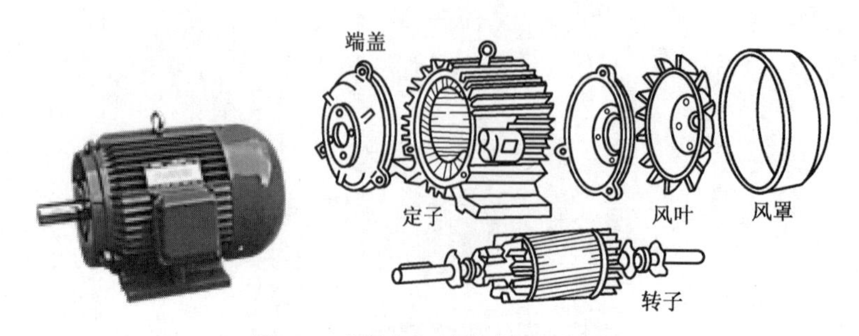

图 3.1 三相异步电动机的外形和结构图

三相异步电动机各组成部分的作用如表 3.1 所示。

表 3.1　　三相异步电动机各组成部分的作用

名　称		作　用	备　注
定子（固定部分）	机座	电动机的外壳，起支撑作用	
	定子铁心	安装在机座内，由 0.5mm 厚的硅钢片叠成，用来固定定子绕组	
	定子绕组	嵌在定子铁心内部，在绕组内通以电流会产生工作用的磁场	是三相对称绕组
转子（转动部分）	转子铁心	用来绕制转子绕组	转子有绕线型和鼠笼型两种
	转子绕组	转子绕组切割磁力线时在绕组内产生的感应电流会在磁场力的作用下产生转动力矩	
其他部件	接线盒	完成定子绕组的不同接法和与工作电源的连接	
	风叶	用于电动机的散热	
	端盖、风罩	起固定转轴和外部保护作用	

为什么电动机的定子铁心要用硅钢片叠成?

3.1.2　了解三相异步电动机的转动原理和换向方法

电动机的定子绕组可以接成星形或三角形，改变接线盒中接线柱的连接方式就可以实现，如图 3.2 所示。

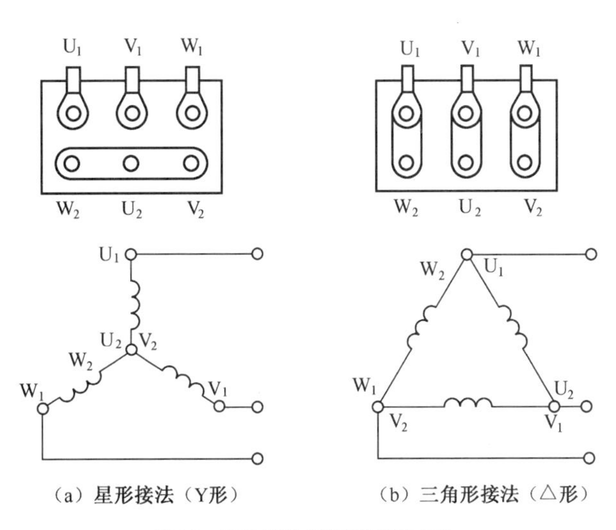

(a) 星形接法（Y形）　　(b) 三角形接法（△形）

图 3.2　电动机定子绕组的接线方式

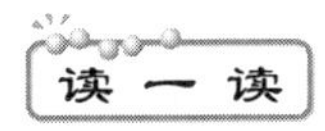

电动机定子绕组两种连接方法的适用范围如表 3.2 所示。

表 3.2　电动机定子绕组两种连接方法的适用范围

名　称	适 用 范 围
星形接法	功率在 4kW 以下的电动机
三角形接法	功率在 4kW 以上的电动机

将一台三相异步电动机按要求连接好并通入三相交流电源，观察电动机的转向；然后改变接入电动机的三相电源中的任意两相相序，再次观察电动机的转向。

电动机为什么能转动？其转动方向如何改变？

（1）三相异步电动机的转动原理。当电动机定子三相绕组按要求连接好后，接入三相对称电源，三相绕组内通入三相对称电流，这时在电动机定子中产生旋转磁场。转子绕组将切割磁力线产生感应电动势，并在闭合的转子绕组内出现感应电流，旋转磁场与感应电流相互作用产生电磁转矩使电动机运转起来。

（2）旋转磁场产生的原理。图 3.1 所示为三相异步电动机，定子绕组是由空间相隔 120° 的 3 个线圈 U_1U_2、V_1V_2、W_1W_2 组成的，将这 3 个线圈按要求连接后接入三相电源，如图 3.3（a）所示，绕组内通入三相电流（以 Y 形接法为例），电流的参考方向如图中箭头所示，电流的波形如图 3.3（b）所示。

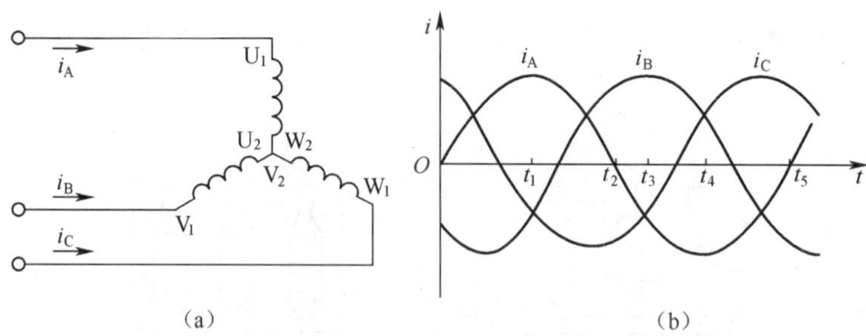

图 3.3　电动机定子绕组与电源的连接图及电流的波形图

其中：

$$i_A = I_m \sin \omega t \qquad \text{通入线圈 } U_1\text{–}U_2$$

$$i_B = I_m \sin\left(\omega t + \frac{2}{3}\pi\right) \qquad \text{通入线圈 } V_1 - V_2$$

$$i_C = I_m \sin \omega\left(\omega t - \frac{2}{3}\pi\right) \qquad \text{通入线圈 } W_1 - W_2$$

三相绕组通入三相电流后所产生的旋转磁场可以通过图 3.4 来说明。

当三相电流变化一个周期时，三相电流所合成的磁场在电动机里也正好转了一圈。因此，电流不断地变化，电动机里的 N、S 的位置就不断旋转，即产生了旋转磁场。

改变电动机转向的原理——改变电源相序以改变旋转磁场的旋转方向。由图 3.4 可知，当定子绕组中电流的相序是 U—V—W 时，旋转磁场按逆时针方向旋转。如果将电动机接至电源的 3 根导线中的任意两根对调，此时三相绕组中的旋转磁场将按顺时针方向旋转，即改变了电动机的转向。

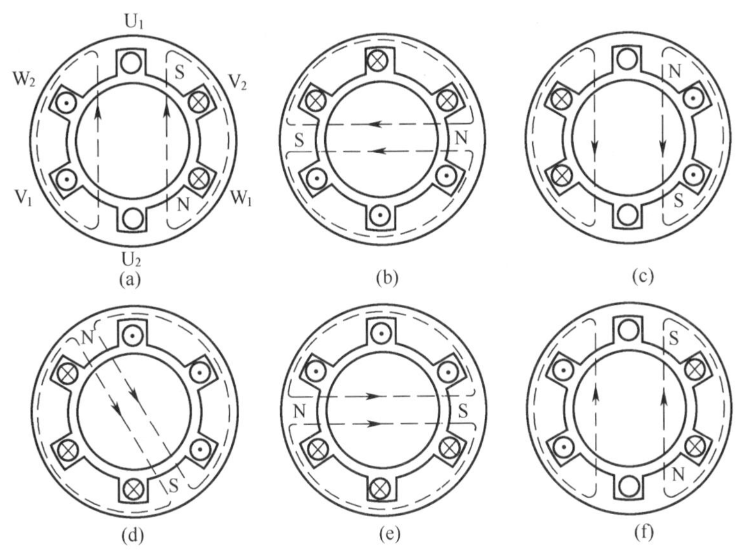

图 3.4　三相电流产生的旋转磁场（一对磁极）

练一练

重新改变三相电源的相序，观察电动机转动方向的变化情况，验证上述原理。

3.1.3　了解三相异步电动机的调速方法

议一议

电动机的转速由什么决定？如何调速？

读一读　**了解几个基本概念**

（1）电动机的转速——指电动机转子的旋转速度，用 n 表示。

（2）同步转速——即旋转磁场的转速，用 n_1 表示。

（3）转差——即电动机的同步转速与转子的转速之差。

（4）转差率——即转差与同步转速的比值，用 S 表示，即

$$S = \frac{n_1 - n}{n_1} \times 100\%$$

（S 的取值：$0 < S < 1$）

议一议

为什么这种电动机被称为异步电动机？

读一读

异步电动机在工作时，n 一定比 n_1 慢，即转子与旋转磁场不同步，故称为异步电动机。

利用变频器改变接入电动机的电源的频率，即改变电动机中旋转磁场的转速，观察电动机的转速是否会发生改变。

读一读

三相异步电动机旋转磁场的转速 n_1 取决于两个因素，即三相交流电源的频率 f 和电动机内部旋转磁场磁极对数 p（由定子绕组的放置方法决定），用公式可表示为

$$n_1 = \frac{60f}{p}\,(\text{r/min})$$

由此可得

$$n = (1-s)\frac{60f}{p}\,(\text{r/min})$$

如何调节电动机的转速？

读一读 **三相异步电动机的调速方法**

（1）变频调速——通过变频器改变交流电源频率 f 来调速。

（2）变极调速——通过改变定子绕组的接法以改变旋转磁场磁极对数 p 来调速（只适用于笼型异步电动机）。

（3）改变转差率调速——通过外电路（电抗器或晶闸管等）改变定子电压等方法进行调速。

3.1.4 识读三相异步电动机的铭牌数据

观察一台三相异步电动机的铭牌（见图 3.5），想一想铭牌上所标示的数据分别表示什么意思？

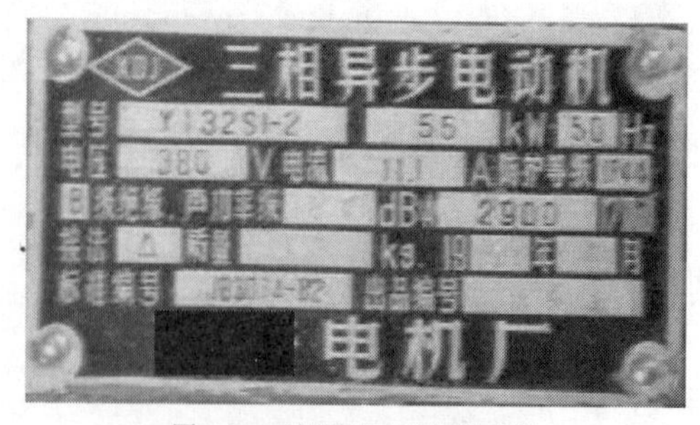

图 3.5　三相异步电动机的铭牌

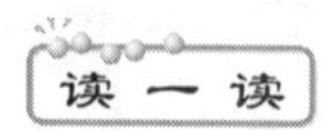

表 3.3 以 Y180M2-4 型电动机为例，说明铭牌上各数据的含义。

表 3.3　　　　异步电动机的铭牌

三相异步电动机					
型号	Y180M2-4	功率	18.5kW	电压	380V
电流	35.9A	频率	50Hz	转速	1 470r/min
接法	△	工作方式	连续	绝缘等级	E
产品编号	××××	重量	180kg	防护形式	IP44（封闭式）
×××电机厂			×年×月		

型号说明：

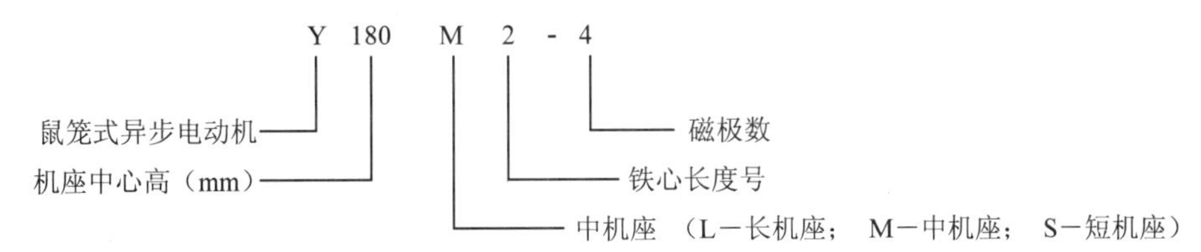

（1）额定频率 f_N——指电动机定子绕组所加交流电源的频率。我国工业用交流电标准频率为 50Hz。

（2）额定电压 U_N——指电动机在额定运行时加到定子绕组上的线电压值。Y 系列三相异步电动机的额定电压统一为 380V。

（3）额定功率 P_N——指在额定电压、额定频率、额定电流运行时电动机轴上输出的机械功率，也称容量。

（4）额定电流 I_N——电动机在额定运行时，定子绕组的线电流值称为额定电流。

（5）额定转速 n_N——指电动机在额定状态下运行的转速。

（6）接法——指电动机在额定电压下三相定子绕组的连接方式。

（7）绝缘等级——指电动机定子绕组所用的绝缘材料允许的最高温度的等级，有 A、E、B、F、H 共 5 级，目前一般电动机采用较多的是 E 级和 B 级绝缘。

拓展与延伸　三相异步电动机的机械特性

三相异步电动机的主要特性是它的机械特性，最重要的物理量之一是电磁转矩 T。

转矩特性：即当电源电压一定时，电磁转矩 T 与转差率 S 之间的关系特性。图 3.6 所示为三相异步电动机的转矩特性。

由图 3.6 分析可得表 3.4。

表 3.4　　　　电动机的转矩特性分析

	T	说　明	结　论
$S=0$	0	这是电动机理想空载运行	异步电动机稳定运行的条件是：$S<S_m$，即转差率应低于临界转差率
S 在 0～S_m 之间变化	随 S 的增大而增大	电动机处在稳定运转区域	
$S=S_m$	达到最大值 T_m	S_m 称为临界转差率，T_m 称为临界转矩，又称崩溃转矩	
S 由 S_m 开始逐渐增大	随着 S 的增大而减小	电动机工作在不稳定区	

机械特性：表示电动机转速 n 与电磁转矩 T 之间的关系，即 $n=f(T)$ 曲线，称为电动机的机械特性曲线，如图 3.7 所示。

从图 3.7 看出，三相异步电动机的转矩从零增大到最大转矩值时，电动机的转速下降不多，这种特性称为硬的机械特性，简称硬特性。

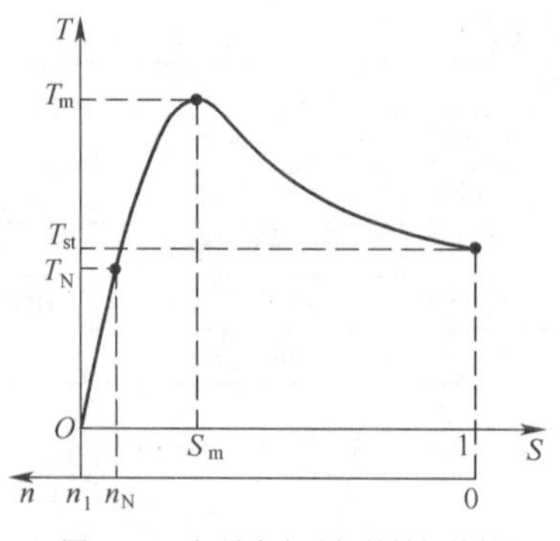

图 3.6　三相异步电动机的转矩特性图

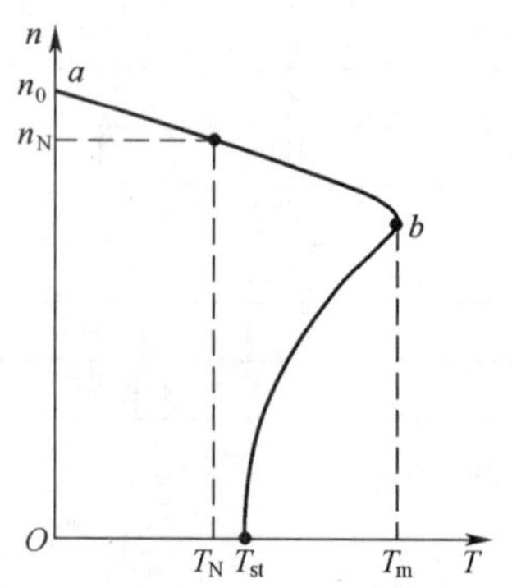

图 3.7　三相异步电动机的机械特性

在转矩特性曲线和机械特性曲线上都有值得注意的 3 个转矩值。

（1）启动转矩 T_{st}。在电动机刚接通电源，转子还未转动的瞬间，转速 $n=0$，转差率 $S=1$，对应的转矩 T_{st} 叫做启动转矩。

（2）额定转矩 T_N。指电动机在额定电压下带上额定负载，以额定转速运行，输出额定功率时的转矩称为额定转矩。

（3）最大转矩 T_m。表示电动机所能产生的最大电磁转矩值，即前面所说的临界转矩。

（4）过载系数 λ。电动机短时允许的过载能力，通常用最大转矩 T_m 与额定转矩 T_N 的比值来表示。一般三相异步电动机的过载系数为 1.8～2.2。

根据本节任务完成情况进行评价，并将结果填入下列表格。

项目 / 评价人	任务完成情况评价	等　级	评 定 签 名
自己评			
同学评			
老师评			
综合评定			

1. 若将一台定子绕组作三角形连接的电动机错接成了星形连接方式，则对电动机的正常运行会造成什么影响？

2. 电动机的转动方向由旋转磁场的旋转方向决定，那么电动机的旋转速度是由哪些因素决定的呢？

3.2　了解单相异步电动机

在单相交流电源或负载所需功率较小的场合，如电扇、电冰箱、洗衣机以及某些电动工具上，常采用单相异步电动机。

3.2.1　认识单相异步电动机的结构和性能特点

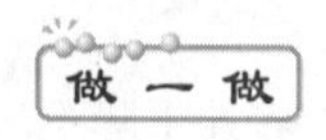

观察家用电器中所使用的电动机，比较它们与三相异步电动机的不同之处。

单相异步电动机的构造与三相鼠笼式异步电动机相似，它的转子也是鼠笼型，而定子绕组是单相的。图 3.8 所示为单相异步电动机的结构图。

单相异步电动机的优点是结构简单，成本低廉，噪声小。缺点是启动转矩为零，即单相异步电动机需有附加的启动设备，使电动机获得启动转矩；与同容量的三相异步电动机相比较，单相异步电动机的体积较大，运行性能较差。

常用的启动措施有分相法和罩极法两种。

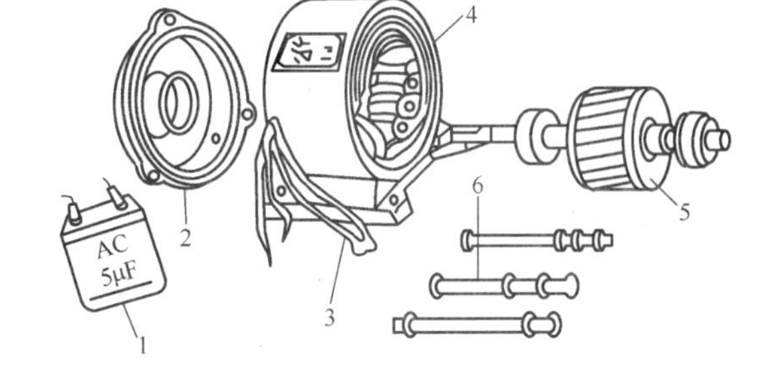

1—电容器　2—端盖　3—电源接线　4—定子
5—转子　6—紧固螺钉
图 3.8　单相异步电动机的结构图

拆开一台分相启动式单相异步电动机，观察其内部结构，想一想各组成部分的作用分别是什么？

读 一 读　分相启动式单相异步电动机的工作原理

从前述可知，在多相绕组中通入多相电流时，就能产生一个旋转磁场，如两个在空间相隔 90° 的绕组，分别通入有 90° 相位差的两相交流电，就能产生一个旋转磁场。根据此原理，可以组成不同类型的分相启动式单相异步电动机。

在图 3.9（a）所示的分相启动式单相异步电动机的启动电路中，定子绕组附加有启动绕组（要求启动绕组本身的电阻比工作绕组大得多），其空间位置与工作绕组相差 90°。因为这两个绕组中的电阻和电抗不同，所以给这两个绕组施加电压后，在两个绕组中的电流之间会产生一个相位差 θ，相位图如图 3.9（b）所示，这两个绕组就会在气隙中形成一个椭圆形的旋转磁场，这样转子就开始旋转。

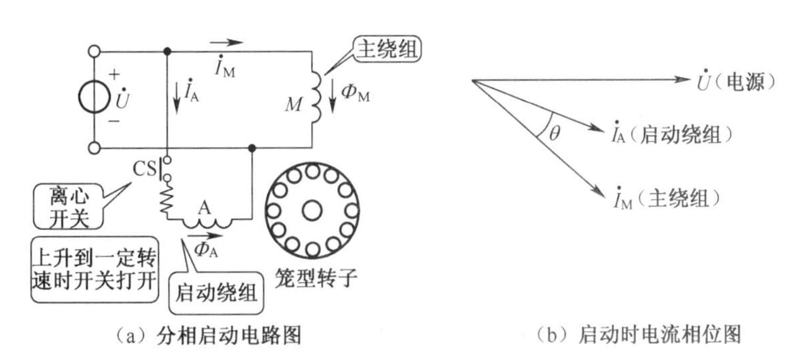

（a）分相启动电路图　　（b）启动时电流相位图

图 3.9　单相异步电动机原理及相位图

当转速接近额定转速时，离心开关 CS 动作，启动绕组自动从电源断开，以减小损耗。

改变一台分相启动式单相异步电动机中的主绕组和启动绕组之间的空间位置，观察电动机是否能正常启动。若去掉启动绕组，电动机是否还能启动。

议 一 议

根据上述现象分析原因。

3.2.2 认识电容启动单相异步电动机

在图 3.9（a）所示的启动绕组回路中串入一个电容器 C_S，就构成了分相启动的另一种形式——电容分相式，如图 3.10 所示。图中的电容只要选择适当，就可以使通过它的电流在相位上超前于主绕组中的电流接近 90°，在气隙中将形成一个接近圆形的旋转磁场。在该旋转磁场的作用下，转子就会顺着同一方向转动起来，当转速接近额定转速时，离心开关动作，CS 断开，切断启动绕组，电动机成为单相运行。

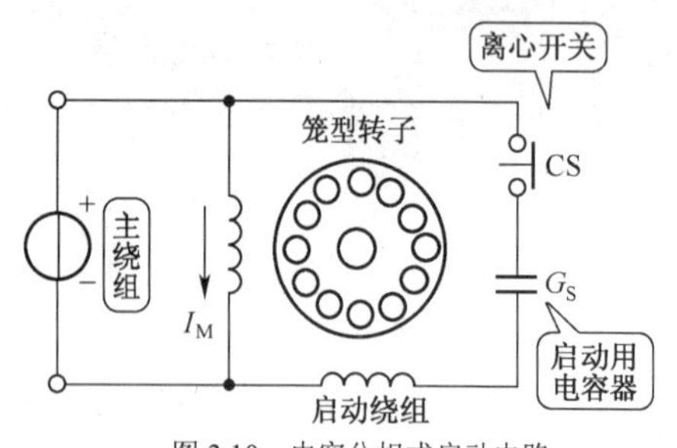

图 3.10 电容分相式启动电路

图 3.10 中的启动绕组只在电动机启动时起作用，电动机启动完毕后启动绕组会自动切除，这种形式的单相电动机称为电容启动式单相异步电动机。

议 一 议

如何改变电容启动式单相异步电动机的转向？

读 一 读

还有一种叫做电容运转式异步电动机，其启动绕组不仅在启动时发挥作用，而且在电动机运行时长期处于工作状态，如图 3.11 所示。它在运行时可产生较强的旋转磁场，运行性能好。它的功率因数、效率、过载能力都比电容启动式电动机要好。家用电器中的电风扇、洗衣机的电动机都是这种类型。

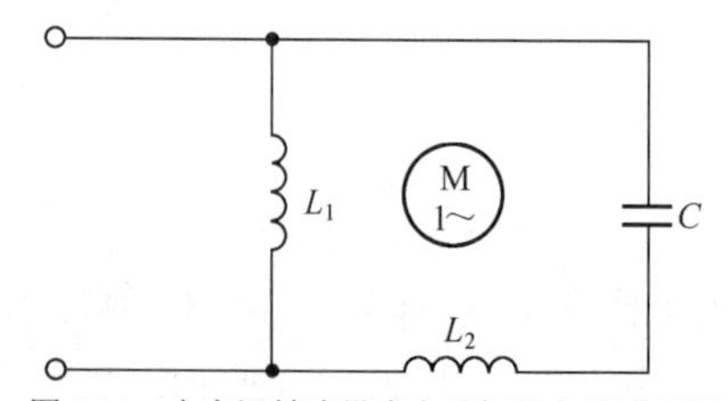

图 3.11 电容运转式异步电动机的启动原理图

做 一 做

拆开一台电容式单相异步电动机，看一看它是属于电容启动式电动机还是电容运转式电动机，并熟悉其内部结构，了解各组成部分的作用。

议 一 议

单相异步电动机不能自行启动，为什么？怎样才能使它启动？

3.2.3 电动机的简单检测

电动机的检测主要包括绕组好坏的判别和绝缘性能的检测。

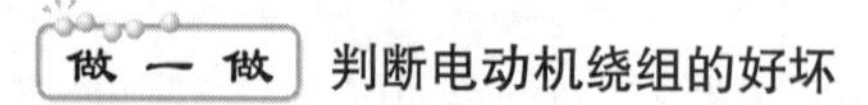

（1）将万用表拨至 R × 100Ω挡或 R × 10Ω挡，并进行欧姆调零。

（2）打开电动机的接线盒，拆下接线盒内的 3 片短接板，将红、黑表笔分别搭接电动机某一绕组的两接线端，如 U_1、U_2，若电阻较小，说明两接线端内的绕组是导通的；若该阻值比正常值小，说明内部绕组受潮或局部短路；若阻值为零，说明该绕组短路；若阻值为无穷大，说明内部绕组开路。

（3）依次测量其他绕组电阻。

说明电动机绕组好坏的判断原理。

做一做 检测电动机的绝缘性能

（1）使用万用表检测——打开电动机的接线盒，拆下接线盒内的 3 片短接板。将万用表拨至 R × 10kΩ挡并进行欧姆调零，将万用表的任一表笔接触在电动机裸露的金属外壳上（不能接在外壳的绝缘漆上），另一表笔分别接触电动机的各接线端，若接至某个接线端时阻值为无穷大，说明该接线端内的绕组与外壳绝缘良好；若有一定的阻值，说明二者之间有漏电；若阻值很小近似为零，说明该绕阻与外壳之间短路。

（2）使用摇表（兆欧表）检测——将摇表接地端（E）接在电动机裸露的金属外壳上，将其线路端（L）分别接触电动机的各接线端，测量绝缘电阻值，判别绝缘性。

分别用万用表和摇表简单检测待测电动机。

拓展与延伸 洗衣机电动机正反转控制原理图

洗衣机电动机正反转控制原理图如图 3.12 所示。洗衣时要求能实现正反转，而且两个转向的性能要一致，为了简化电路，可以认为工作绕组和启动绕组是完全相同的，即当定时器开关 S 转换时，两个绕组可以互换。

当 S 置“1”时，则 A 为工作绕组，电容 C 与启动绕组 B 串联，电动机正转；

当 S 置“2”时，则 B 为工作绕组，电容 C 与启动绕组 A 串联，电动机反转。

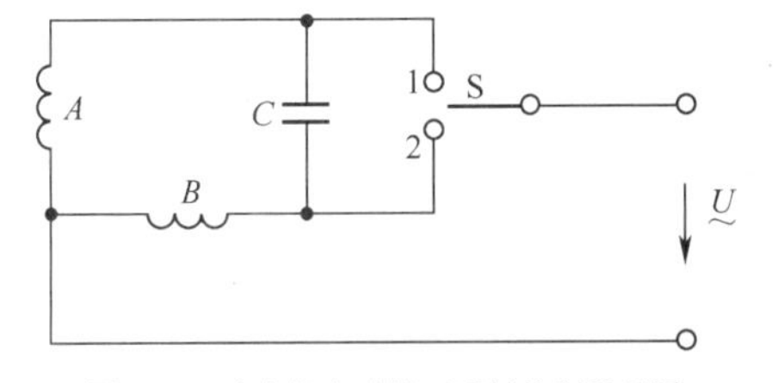

图 3.12 洗衣机电动机正反转控制原理图

评一评 根据本节任务完成情况进行评价，并将结果填入下列表格。

项目 评价人	任务完成情况评价	等 级	评 定 签 名
自己评			
同学评			
老师评			
综合评定			

知识能力训练

1. 请列举生活中单相异步电动机的运用实例。
2. 电容启动式单相异步电动机的结构中，如果去掉电容器会出现什么现象？

阅读材料　同步电动机

如果将交流发电机的电枢不用原动机去带动，而是将交流电通入它的电枢绕组，就可作为电动机使用，这种电动机就是同步电动机。

同步电动机由两部分构成：一部分是固定电枢，也叫定子，与异步电动机的定子完全一样，其绕组也可接成Y形或△形；另一部分是可以旋转的磁极，称为转子，它的磁极对数必须同定子的一致。磁极上装有直流励磁绕组，其两根引出线接到固定在转轴上相互绝缘的两个滑环上，借滑环与电刷的滑动接触而与外加直流电源接通，所以，同步电动机的转子就是一组直流电磁铁。

1. 分类

按磁极结构的不同，同步电动机的转子可分为凸极式和隐极式两种，图3.13所示为凸极式同步电动机结构简图，图3.14所示是它的转子。

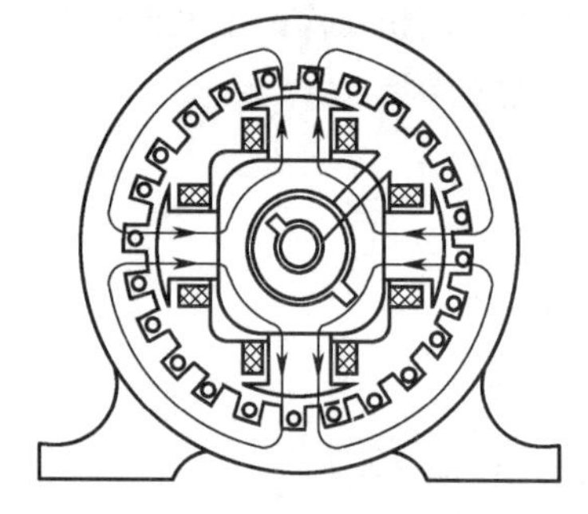

图3.13　凸极式同步电动机结构简图

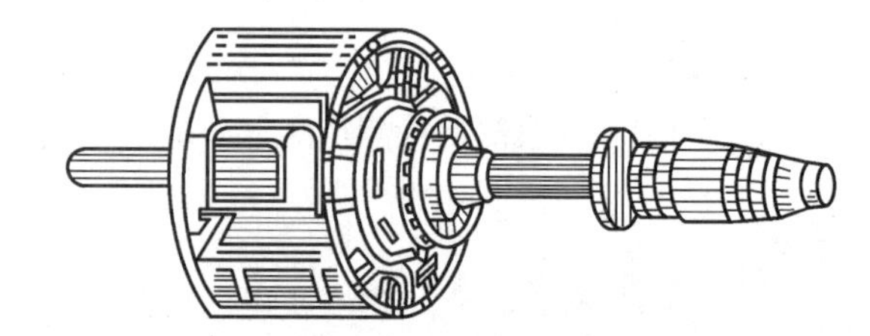

图3.14　同步电动机的转子

2. 特点

（1）同步电动机的转速 n_2 只决定于定子的同步转速，即只决定于电源的频率和电动机的磁极对数，而与负载无关。同步电动机的转速不因负载大小而改变，这是它的一个重要特性——恒速性。

（2）同步电动机还有一个重要特性——功率因数可调性。同步电动机的功率因数可以用控制励磁电流大小的办法来调节。

（3）同步电动机的最大缺点是它没有启动转矩。为使同步电动机获得启动转矩，广泛采用异步启动法，就是在转子磁极表面装有启动绕组，以获得启动转矩。

（4）由于同步电动机具有恒速特性，常用来拖动不需调速或要求保持恒速的生产机械。

（5）同步电动机大多用于低转速、大功率的电力拖动中。因为在低转速和大功率时，与异步电动机比较，同步电动机的优越性才更为显著（低速异步电动机的功率因数很低）。

本章小结

1. 了解以下知识

（1）三相异步电动机的结构与单相异步电动机的结构的相同和不同之处。

（2）三相异步电动机的工作原理，包括转动原理、调速原理、换向原理。

（3）单向异步电动机的启动原理。

（4）三相异步电动机的机械特性和额定参数。

2. 掌握下列操作方法

（1）三相异步电动机定子的两种接线方式：星形、三角形。

（2）识读电动机的铭牌数据。

（3）检测电动机绕组的好坏。

（4）检测电动机的绝缘性能。

思考与练习 

一、判断题

1. 电动机的定子铁心要用硅钢片叠成的目的是为了减少涡流和磁滞损耗。（　　）

2. 转矩特性是指当电源电压一定时，电磁转矩 T 与转差之间的关系特性。（　　）

3. 电动机在额定电压下工作，流过额定电流时，电动机消耗的功率是额定功率。（　　）

4. 单相异步电动机本身不能自行启动。（　　）

5. 只要改变接入电动机定子绕组的电源的相序就能改变电动机的转向。（　　）

6. 启动绕组只在电动机启动时起作用，电动机启动完毕后启动绕组会自动切除，这种形式的单相电动机称为电容运转式单相异步电动机。（　　）

二、填空题

1. 三相异步电动机定子绕组的连接方式有________和________两种。

2. 三相异步电动机的结构主要包括：________、________、外壳等。

3. 要改变三相异步电动机的转向，只要改变接入电动机的电源的________就可以了。

4. 同步转速：即________，用________表示；转差：即电动机的________与转子的转速之差；转差率：即________________，用________表示。

5. 单相异步电动机常用的启动措施有________和________两种。

6. 电容启动式单相异步电动机的两种方式有：________和________。

三、问答题

1. 简述三相异步电动机的工作原理。

2. 简述电容启动单相异步电动机的启动原理。

3. 解释：电动机铭牌上额定电压、额定电流、额定功率和功率因数所代表的意义。

4. 电容启动式单相异步电动机和电容运转式单相异步电动机有哪些相同点和不同点？

5. 简述如何检测电动机的绝缘性能。

6. 简述如何判别电动机绕组的好坏。

第4章

低压电器与控制电路

现代工农业生产中所使用的生产机械大多是由电动机来带动的。因此，电力拖动装置是现代生产机械中的一个重要组成部分，它由电动机、传动机构、控制电动机的电气设备等环节组成。为了使电动机能按照生产机械所需的要求进行工作，通常可以采用继电器、接触器、按钮等控制电器来实现生产过程的自动控制。这种控制系统结构简单，维修方便，所以得到广泛运用。但体积大，触点较多时易出故障，不适用于较复杂的自动控制系统。

本章以三相异步电动机为对象，主要介绍继电器控制系统中常用的低压电器及其基本控制电路。

知识目标

- 了解各种低压电器的结构、工作原理及用途。
- 了解三相异步电动机的启动和调速方法。
- 掌握三相异步电动机的正、反转控制原理。
- 学会识读各种电动机控制电路，会分析电路的工作原理。

技能目标

- 能识别常见低压电器及其符号。
- 学会选择和使用各种低压电器产品。
- 能根据电气原理图正确连接控制电路。
- 学会简单的电动机控制电路的设计。

4.1 认识常用低压电器

通常所说的电器是指能根据外界特定信号自动或手动地接通或断开电路，实现对电路或非电对象控制的电工设备。电器的种类有很多，其中工作在交流电压 1 200V 或直流电压 1 500V 及以下的电路中起通断、保护、控制或调节作用的电器产品叫做低压电器。

低压电器是电力拖动自动控制系统的基本组成元件，控制系统的可靠性、先进性、经济性都与其有着直接的关系。低压电器的分类如表 4.1 所示。

表 4.1　低压电器的分类

分 类 原 则	类型及作用	典 型 举 例
按用途分	控制电器：用于各种控制电路和控制系统的电器	接触器、控制器等
	主令电器：用于自动控制系统中发送控制指令的电器	按钮、主令开关、行程开关等
	保护电器：用于保护电路及用电设备的电器	熔断器、热继电器等
	配电电器：用于电能的传输和分配的电器	隔离开关、刀开关、断路器

续表

分类原则	类型及作用	典型举例
按工作原理分	电磁式电器：即利用电磁感应原理来工作的电器	交、直流接触器等
	非电量控制电器：即依靠外力或某种非电量的变化来工作的电器	按钮、主令开关、行程开关、压力继电器等
按执行机构分	有触点电器：利用触点的分断来控制电路的电器	刀开关、接触器、继电器等
	无触点电器：利用电路发出的检测信号来达到控制电路目的的电器	电感式开关、电子接近开关等

4.1.1 认识开关

回忆你生活中所见到的开关类型，它们分别用在什么场合，起什么作用？请总结出开关的定义。

开关是利用触点的闭合和断开在电路中起通断、控制作用的电器。常用的低压电器开关有刀开关、转换开关等。

拆开几个常见的开关电器，观察它们的结构组成。常见的几种刀开关如图 4.1 所示。

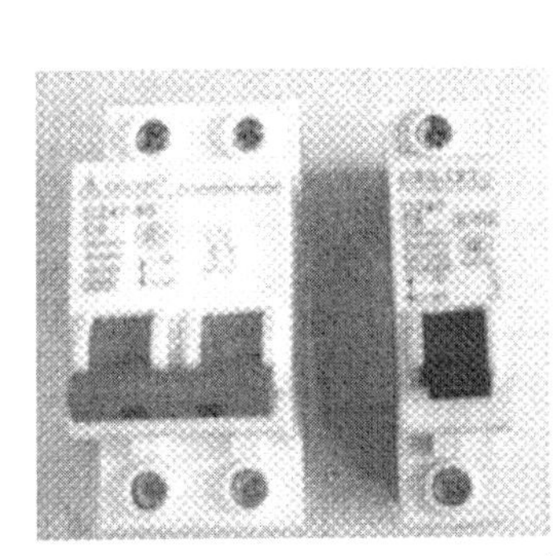

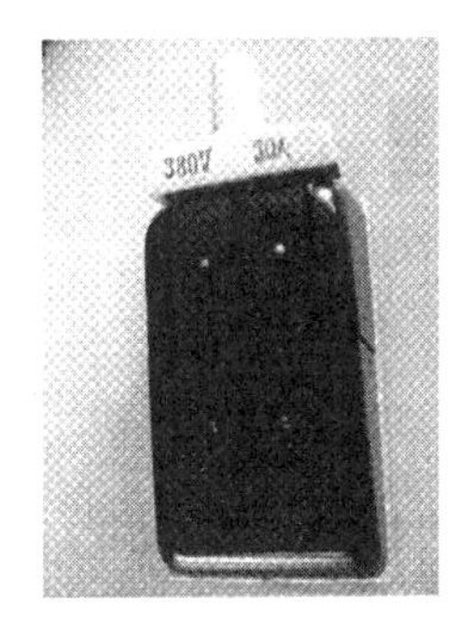

图 4.1　常见的几种刀开关

读一读

刀开关是结构最简单、运用最广泛的一种手动电器，按刀数可分为单极、双极和三极。刀开关符号如图 4.2 所示。

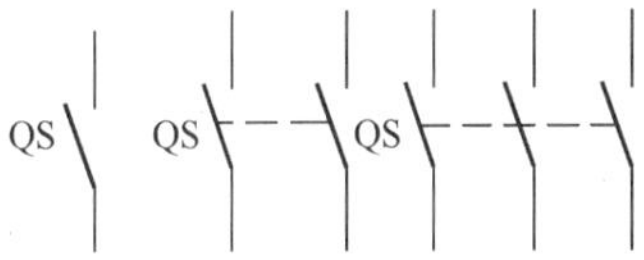

QS　QS　QS

(a) 单极　(b) 双极　(c) 三极

图 4.2　刀开关的符号

下面介绍几种常用的刀开关类型。

1. 闸刀开关

闸刀开关又叫做开启式负荷开关，其结构如图 4.3（a）所示。

（1）结构：闸刀开关由刀片（动触点）、刀座（静触点）、瓷底、手柄、熔丝、胶盖等构成。

（2）分类：按刀片数目可分为单极、双极、三极等；按投掷方向又可分为单掷开关和双掷开关。

（3）应用范围：常作为电源引入开关，也可用于控制 5.5kW 以下异步电动机的不频繁启动和停止。

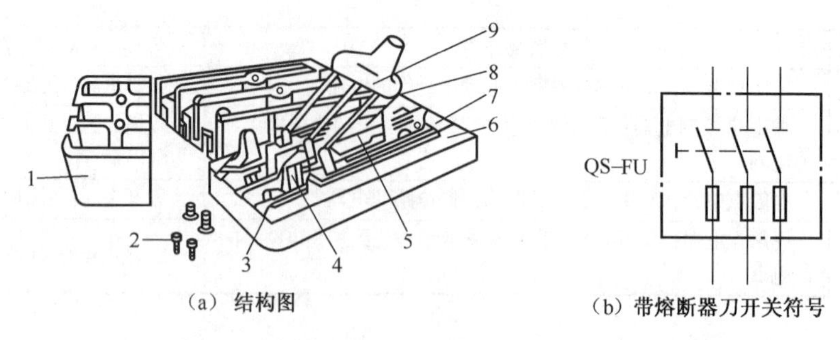

（a）结构图　　（b）带熔断器刀开关符号

1—胶盖　2—胶盖固定螺钉　3—进线座　4—静触点　5—熔丝
6—瓷底　7—出线座　8—动触点　9—手柄

图 4.3　HK 系列瓷底胶盖刀开关

（4）工作接线方式：电源进线应接在刀座上（上端），而负载则接在刀片下熔丝的另一端。

（5）安装方式：刀开关在合闸状态下手柄应该向上，不能倒装和平装，以防止闸刀松动时误合闸。

（6）型号意义：

HK □-□/□
开启式负荷开关
设计序号
额定电流
极数

（7）图形符号和文字符号，如图 4.3（b）所示。

（8）选择原则：可以根据表 4.2 中的技术数据来选择。

表 4.2　　HK1、HK2 闸刀开关技术数据

型　号	额定电流/A	极　数	额定电压/V	可控制电动机容量/kW	配用熔丝规格 熔丝线径/mm
HK1	15 30 60	2	220	1.5 3.0 4.5	1.45～1.59 2.30～2.52 3.36～4.00
	15 30 60	3	380	2.2 4.0 5.5	1.45～1.59 2.30～2.52 3.36～4.00
HK2	10 15 30	2	250	1.1 1.5 3.0	0.25 0.41 0.56
	10 15 30	3	380	2.2 4.0 5.5	0.45 0.71 1.12

2. 铁壳开关

铁壳开关又叫做封闭式负荷开关，常用的 HH 系列的结构和外形如图 4.4 所示。

（1）结构：铁壳开关由刀开关、熔断器、灭弧装置、操作机构和金属外壳构成。

（2）结构特点。

① 操作机构中装有机械联锁，使盖子打开时手柄不能合闸，手柄合闸时盖子不能打开，这样能保证操作安全。

② 操作机构中，在手柄转轴和底座之间装有速动弹簧，使刀开关的接通和断开的速度与手柄的操作速度无关，这样有利于迅速灭弧。

（3）应用范围：供手动不频繁地接通和分断负载电路，可控制交流异步电动机的不频繁直接

启动及停止，具有断路保护功能。

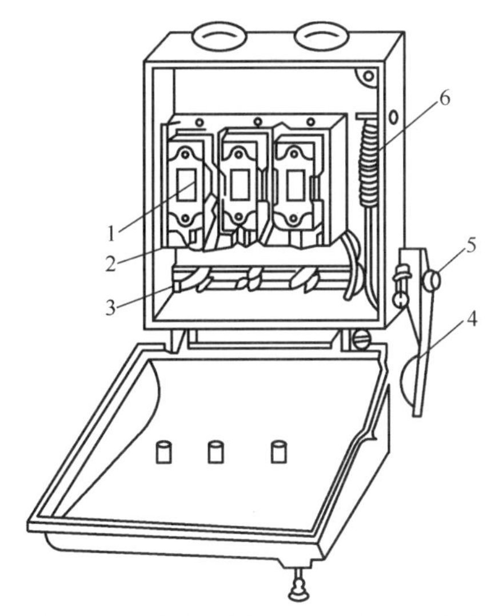

1—熔断器　2—夹座（静触点）　3—闸刀（动触点）
4—手柄　5—转轴　6—速动弹簧
图 4.4　HH 系列铁壳开关

（4）使用注意事项：使用时，外壳应可靠接地，防止意外漏电造成触电事故。

（5）图形符号、文字符号与闸刀开关相同。

（6）选择原则：可以根据表 4.3 中的技术数据来选择。

表 4.3　HH3、HH4 系列铁壳开关主要技术数据

型　号	额定电流/A	额定电压/V	极　　数	熔体主要参数		
				额定电流/A	线径/mm	材　　料
HH3	15	440	2、3	6	0.26	紫铜丝
				10	0.35	
				15	0.46	
	30			20	0.65	
				25	0.71	
				30	0.81	
	60			40	1.02	
				50	1.22	
				60	1.32	
HH4	15	380	2、3	6	1.08	软铅丝
				10	1.25	
				15	1.98	
	30			20	0.61	紫铜丝
				25	0.71	
				30	0.80	
	60			40	0.92	
				50	1.07	
				60	1.20	

3. 组合开关

组合开关又叫做转换开关，其外形如图 4.5 所示。

（1）结构：如图 4.6 所示，转换开关有 3 副静触片（每副触片上有一对触点），每个触片的一端固定在绝缘底板上，另一端伸出盒外，连在接线柱上。3 个动触片套在装有手柄的绝缘轴上，转动

手柄就可以使3个动触片同时接通或断开。

图4.5　HZ10-10/3型转换开关外形

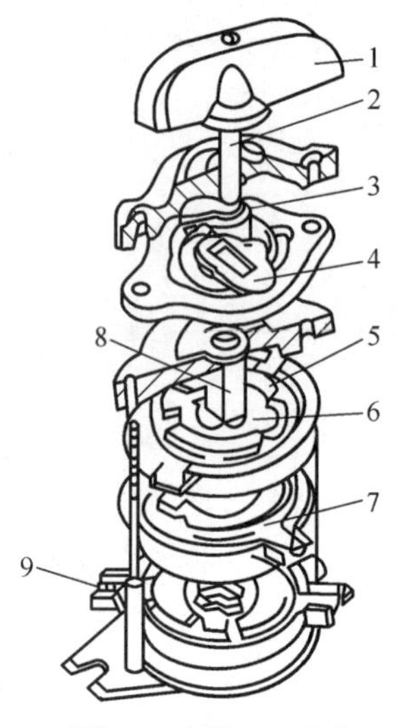

1—手柄　2—转轴　3—扭簧　4—凸轮　5—绝缘垫板
6—动触片　7—静触片　8—绝缘杆　9—接线柱

图4.6　HZ10-10/3型转换开关结构

（2）特点：在开关的转轴上装有扭簧储能机构，使开关能迅速闭合或分断，以便于灭弧。其触点的分合速度也与手柄的旋转速度无关。

（3）应用范围：常作为生产机械电源的引入开关，也可以用于小容量电动机的不频繁启动及控制局部照明电路等。

（4）型号意义：

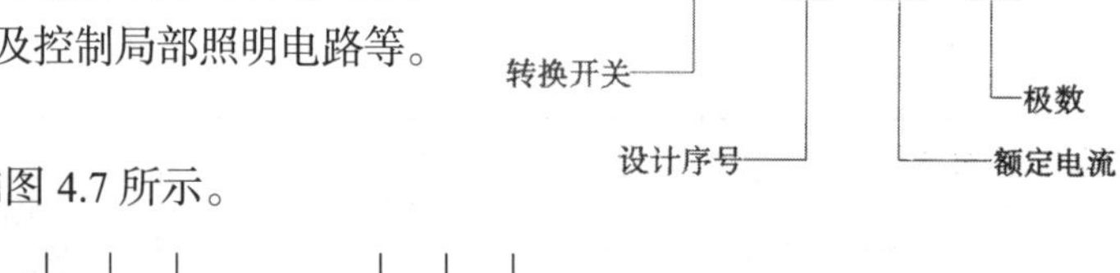

（5）图形符号和文字符号，如图4.7所示。

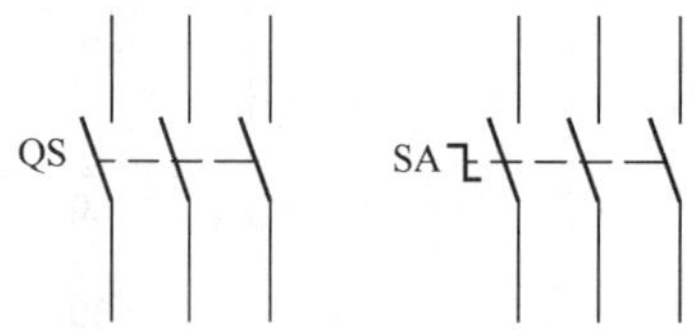

(a) 用作电源开关　(b) 用作控制开关

图4.7　转换开关的符号

（6）选择原则：可以根据表4.4中的技术数据来选择。

表4.4　HZ10系列转换开关的主要技术数据

型　号	额定电流/A	极　数	额定交流电压/V	额定直流电压/V
HZ10—10	10	2、3	380	220
HZ10—25	25	2、3	380	220
HZ10—60	60	2、3	380	220
HZ10—100	100	2、3	380	220

4. 自动开关

自动开关又叫做空气开关，是具有一种或多种保护功能的自动保护电器（可做短路、过载或失压保护），同时又具有开关的功能。因此，凡在输配电系统的重要环节，多选用这种开关。图4.8所示为常用的DZ系列的塑壳式自动开关。

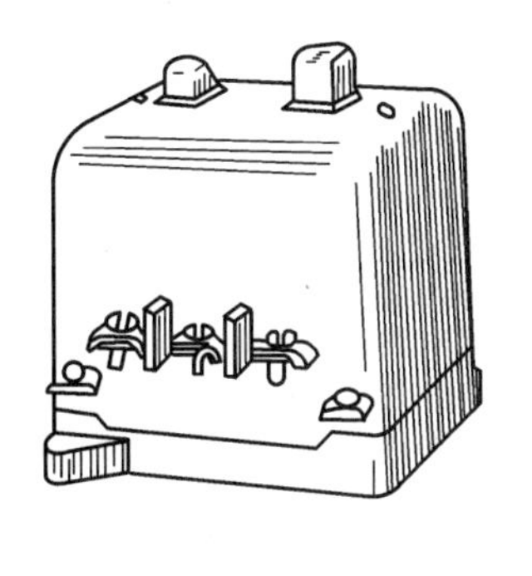

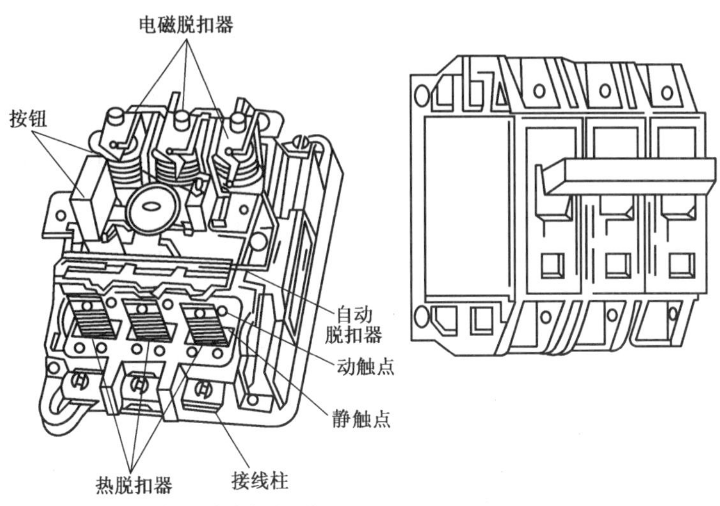

图 4.8　DZ 系列塑壳式自动开关

（1）结构：自动开关主要由触头系统、操作系统、各种脱扣器、灭弧装置等组成。

（2）工作原理：图 4.9 所示的电路为正常工作时的状态，当主电路发生故障时，就会引起锁链 2 和搭钩 3 脱离，在弹簧 7 的作用下切断主电路，起到保护作用。例如，当电路发生短路时，电磁脱扣器 5 中的线圈流过非常大的电流，产生的吸力增加，于是衔铁被吸合，它撞击滑竿 4，顶开搭钩 3，在弹簧作用下主触头分断，切断电源。

（3）型号意义：

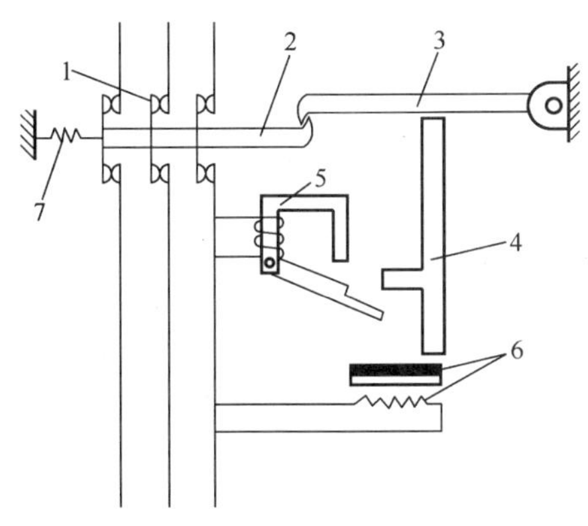

1—主触头　2—锁链　3—搭钩　4—滑杆
5—电磁脱扣器　6—热脱扣器　7—恢复弹簧

图 4.9　自动空气开关的工作原理图

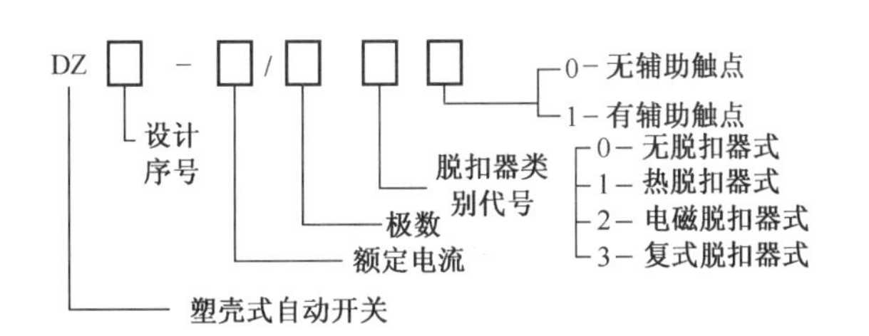

（4）特点：具有操作方便和工作可靠的优点。它能自动地同时切断三相主电路，可靠地避免电动机的缺相运行。

（5）图形符号和文字符号，如图 4.10 所示。

1. 写出下列开关的图形和文字符号：闸刀开关、铁壳开关、组合开关、自动开关。

2. 铁壳开关中的机械联锁和速动弹簧的作用是什么？

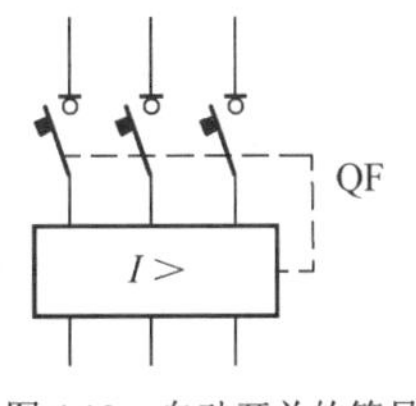

图 4.10　自动开关的符号

3. 下列型号意义中，表示转换开关的是（　　）。

A. HH　　B. HK　　C. HR　　D. HZ

4. 说明下列型号所代表的意义。

HZ10-25/3　　HK1-60/3　　HH4-30/2　　DZ5-20/310

4.1.2 认识熔断器

回想你所见到的熔断器类型，总结出熔断器的种类。

观察家里照明电路中熔断器的结构形状，想一想熔断器的作用是什么？

熔断器俗称保险丝，是一种简单而有效的保护电器，它串联在电路中主要起短路保护作用。熔断器的外形如图 4.11 所示。

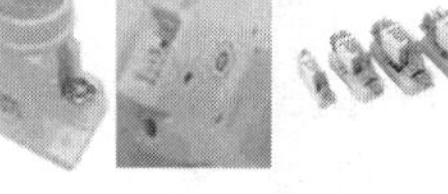

图 4.11　几种熔断器的外形图

（1）结构：熔断器的主要元件是熔体，一般用电阻率较高的易熔合金制成，熔体为丝状（又称熔丝）或片状，大多被装在各种样式的外壳里面，组成所谓的熔断器。

（2）常见类型：熔断器的类型有管式、插入式、螺旋式等几种，图 4.12 所示为几种常见熔断器类型。

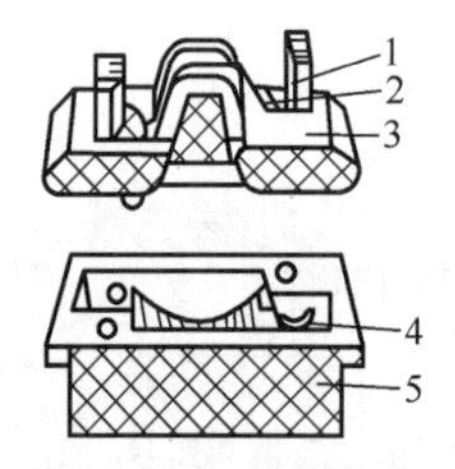

（a）插入式熔断器

1—动触点　2—熔体　3—瓷插件　4—静触点　5—瓷座

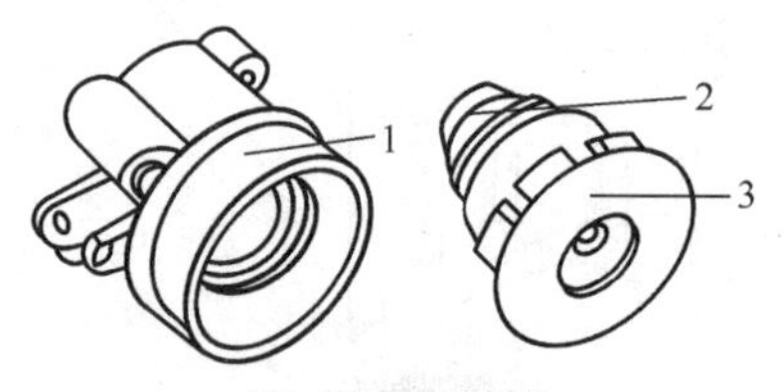

（b）螺旋式熔断器

1—底座　2—熔体　3—瓷帽

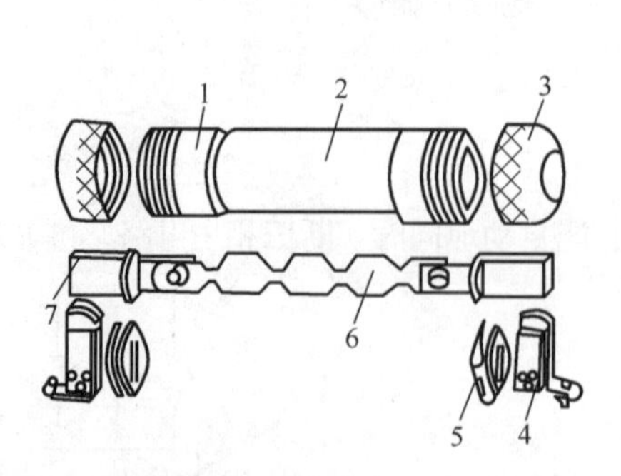

(c) 无填料密闭管式熔断器

1—铜圈　2—熔断器　3—管帽　4—插座　5—特殊垫圈　6—熔体　7—熔片

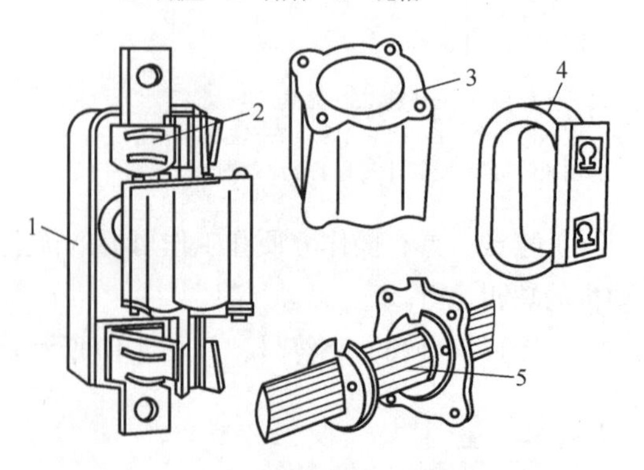

(d) 有填料封闭管式熔断器

1—瓷底座　2—弹簧片　3—管体　4—绝缘手柄　5—熔体

图 4.12　几种常见熔断器类型

（3）工作原理：线路正常工作时，流过熔体的电流小于或等于它的额定电流，熔断器的熔体不会熔断。一旦发生短路或严重过载时熔体因过热而熔断，自动切断电路。

（4）选用原则：选用熔断器主要是确定熔体的额定电流。其额定电流的选择如表 4.5 所示。

表 4.5　对不同负载做保护用的熔断器选用的一般原则

负　载	选 用 原 则	熔断器的作用
对工作稳定的照明、电热电路	熔体的额定电流应等于或稍大于负载的工作电流	做短路和长期过载保护
在单台电动机直接启动的电路中	熔体的额定电流应取大于或等于电动机额定电流的 1.5～2.5 倍	做短路保护
在多台电动机直接启动的电路中	熔体的额定电流应取大于或等于最大电动机额定电流的 1.5～2.5 倍与其他电动机额定电流之和	

（5）型号意义：

（6）图形符号和文字符号，如图 4.13 所示。

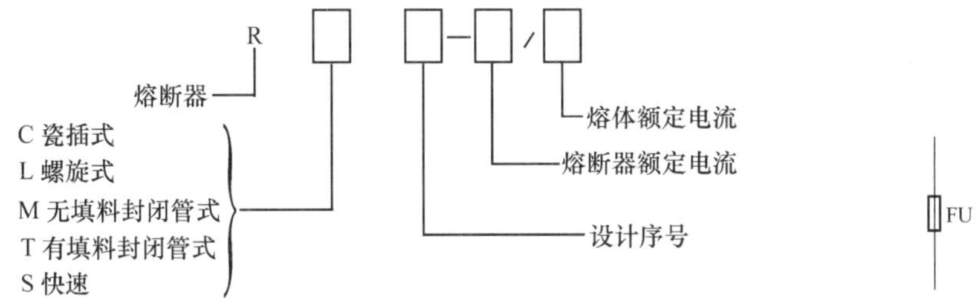

图 4.13　熔断器的符号

（7）技术参数：不同类型的熔断器的主要技术参数，分别如表 4.6、表 4.7 和表 4.8 所示。

表 4.6　RC1 系列瓷插式熔断器的主要技术参数

熔断器额定电流/A	熔体额定电流/A	熔 体 材 料	熔体直径或厚度/mm	极限分断能力/A
5	2 5	软铅丝	0.52 0.71	250
10	2 4 6 10	软铅丝	0.52 0.82 1.08 1.25	500
15	15	软铅丝	1.98	500
30	20 25 30	铜丝	0.61 0.71 0.80	1 500
60	40 50 60	铜丝	0.92 1.0 1.02	3 000
100	80 100	铜丝	1.55 1.80	3 000
200	120 150 200	变截面冲制铜片	0.2 0.4 0.6	3 000

表 4.7　RL1 系列螺旋式熔断器的主要技术参数

熔断器额定电流/A	熔体额定电流/A	极限分断能力/A
15	2,4,6,10,15	2 000
60	20,25,30,35,40,50,60	3 500
100	60,80,100	20 000
200	100,125,150,200	50 000

表 4.8　　RM7 系列无填料封闭管式熔断器的主要技术参数

熔管额定电流/A	熔体额定电流/A	极限分断能力/A
15	6,10,15	2 000
60	15,20,25,30,40,50,60	5 000
100	60,80,100	20 000
200	100,125,160,200	20 000
400	200,240,260,300,350,400	20 000
600	400,450,500,560,600	20 000

1. 常见的熔断器类型有哪些？
2. 指出下列熔断器的型号所代表的意义。

RC1-5/5　　RL1-15/10　　RM7-60/30　　RS1-15/10

3. 熔断器在单台电动机直接启动的电路中作为电动机的短路保护时，若电动机的额定电流为 10A，且电动机轻载工作，则熔断器熔丝的额定电流最合适的应选（　　）。

A. 10A　　B. 20A　　C. 30A　　D. 40A

4.1.3 认识交流接触器

接触器能依靠电磁力的作用使触点闭合或分离来接通和分断交直流主电路和大容量控制电路，并能实现远距离自动控制和频繁操作，具有欠（零）电压保护，是自动控制系统和电力拖动系统中应用广泛的一种低压电器。

接触器主要由电磁系统、触点系统和灭弧装置组成，可分为交流接触器和直流接触器两大类。

下面主要介绍交流接触器。

观察一个交流接触器（见图 4.14），想一想其各个组成部分的分布位置，并观察其触点系统中哪些是常开触点？哪些是常闭触点？

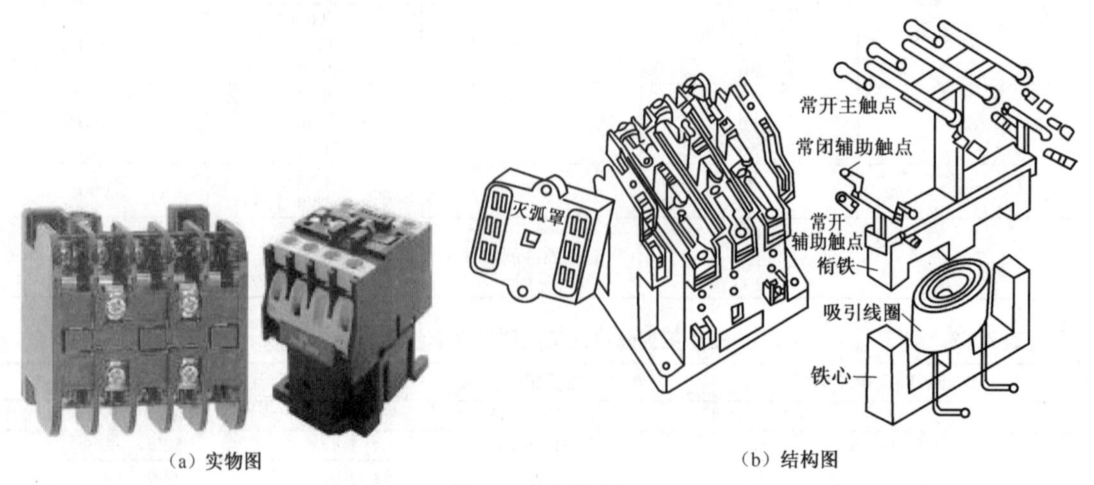

（a）实物图　　（b）结构图

图 4.14　交流接触器

交流接触器的主要结构

1. 电磁系统

电磁系统的作用：用来完成触点的闭合和分断。

电磁系统的结构：包括交流线圈、动铁心和静铁心。线圈由绝缘铜导线绕制而成，一般制成粗而短的圆筒形，铁心由硅钢片叠压而成，以减少铁心中的涡流损耗，避免铁心过热。在铁心上装有短路环，如图 4.15 所示。

2. 触点系统

接触器的触点按功能不同，分为主触点和辅助触点两种，用来直接接通和分断交流主电路和控制电路。

主触点的接触面积较大，允许通过的电流较大，通常有 3 对动合触点（即常开触点），用来通断电流较大的主电路。

辅助触点通过的电流较小，一般为 5A，常接在电动机的控制电路中，通常有两对动合触点（即常开触点），两对动断触点（即常闭触点）。

3. 灭弧装置

灭弧装置用来迅速熄灭主触点在分断时所产生的电弧，从而保护触点。

容量在 10A 以上的接触器都有灭弧装置，对于小容量的接触器，常采用双断口桥形触点（见图 4.16）以利于灭弧，其上有陶土灭弧罩。

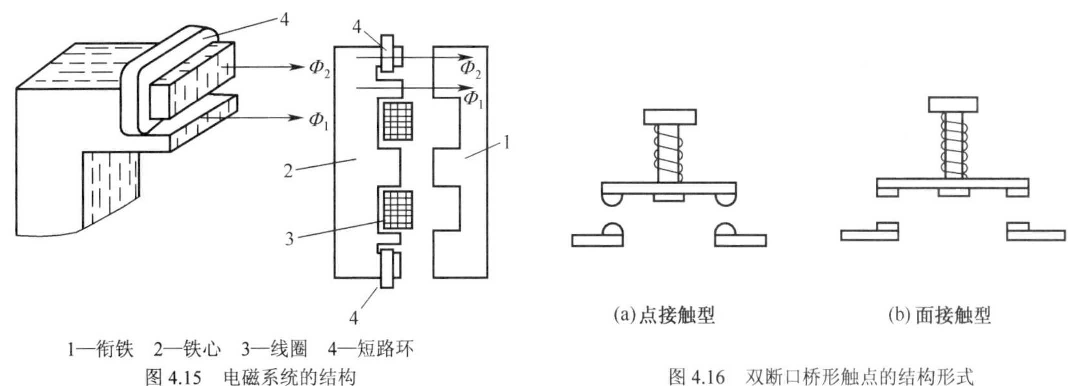

1—衔铁　2—铁心　3—线圈　4—短路环

图 4.15　电磁系统的结构

图 4.16　双断口桥形触点的结构形式

4. 其他部件

其他部件包括反作用弹簧、传动机构、接线柱等。

交流接触器的铁心上装有短路环，其作用是什么？

拆开一台交流接触器，观察其内部结构，再重新组装该接触器，并分析各组成部分的作用。

1. 拆卸

（1）卸下灭弧罩紧固螺钉，取下灭弧罩。

（2）拉紧主触点定位弹簧夹，取下主触点及主触点压力弹簧片。

（3）松开辅助常开静触点的线桩螺钉，取下常开静触点。

（4）松开接触器底部的盖板螺钉，取下盖板。

（5）取下静铁心缓冲绝缘纸片及静铁心。

（6）取下静铁心支架及缓冲弹簧。

（7）拔出线圈接线端的弹簧夹片，取下弹簧。

（8）取下反作用弹簧。

（9）取下衔铁和支架。

（10）从支架上取下动铁心定位销。

（11）取下动铁心及缓冲绝缘纸片。

2. 检修

（1）检查灭弧罩有无破裂和烧损，清除灭弧罩内的金属飞溅物和颗粒。

（2）检查触点的磨损程度，磨损严重时应更换触点。如不需要更换，则清除触点表面上烧毛的颗粒。

（3）清除铁心端面的油垢，检查铁心有无变形及端面接触是否平整。

（4）检查触点压力弹簧及反作用弹簧是否变形或弹力不足。如有，则需要更换弹簧。

（5）检查电磁线圈是否有短路、断路及发热变色现象。

3. 装配

按拆卸的逆顺序进行装配。

4. 检查

用万用表欧姆挡检查线圈及各触点是否良好；用兆欧表测量各触点间及主触点对地电阻是否符合要求；用手按动主触点检查运动部分是否灵活，以防产生接触不良、振动和噪声。

读一读 交流接触器的工作原理、型号、符号、选择原则及常见故障

（1）交流接触器的工作原理示意图如图 4.17 所示。当线圈通入电流后，在铁心中形成强磁场，动铁心受到电磁力的作用，便被吸向静铁心，当电磁力大于弹簧反作用力时，动铁心就能被静铁心吸住。动铁心吸住时，带动触点动作，从而使被控电路接通。当线圈失电后，动铁心在弹簧的反作用力下迅速离开铁心，从而使动、静触点也分离，断开被控电路。

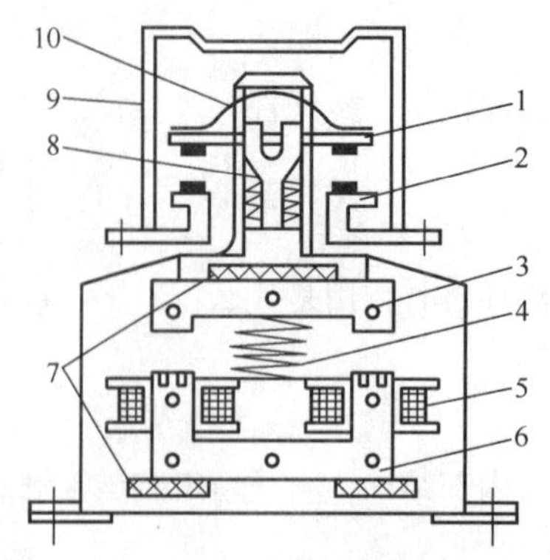

1—动触点　2—静触点　3—动铁心　4—缓冲弹簧　5—电磁线圈　6—静铁心
7—垫毡　8—接触弹簧　9—灭弧罩　10—触点压力簧片

图 4.17　CJ20-63 型交流接触器工作原理示意图

（2）型号意义：

（3）图形符号和文字符号，如图4.18所示。

图4.18 接触器的文字与图形符号

（4）选择原则：可以根据表4.9中的技术参数来选择合适的接触器。

表4.9 CJ20系列交流接触器的主要技术参数

型　号	额定电压/V	额定电流/A	可控制电动机最大功率/kW	操作频率，AC—3制/（次/h）	电寿命，AC—3制/万次	机械寿命，AC—3制/万次	吸引线圈额定电压/V	吸持功率/（V·A/W）	启动功率/（V·A/W）
CJ20—40	380 660	40 25	22 22	1 200 600	100	1 000	36,127, 220,380	19/5.7	17/82.3
CJ20—63	380 660	63 40	30 35	1 200 600	200	1 000	36,127, 220,380	57/16.5	480/153
CJ20—160 CJ20—160/11	380 660 1 140	160 100 80	85 85 85	1 200 600 300	200	1 000	36,127 220,380	85.5/34	855/325
CJ120—250	380 660	250 200	132 190	600 300	120	600	127,220 380	152/65	1 710/565
CJ20—630 CJ20—630/11	380 660 1 140	630 400 400	300 350 400	600 300 100	120	600	127,220 380	250/118	3 578/790

（5）交流接触器常见故障及处理如表4.10所示。

表4.10 交流接触器常见故障及处理

故障现象	可能原因	处理方法
吸不上或吸不足（即触点已闭合而铁心尚未完全闭合）	1. 电源电压过低或波动太大 2. 操作回路电源容量不足或发生断线，配线错误及控制触点接触不良 3. 线圈技术参数及使用技术条件不符 4. 产品本身受损，如线圈断线或烧毁，机械可动部分被卡住，转轴生锈或歪斜等 5. 触点弹簧压力与超程过大	1. 调高电源电压 2. 增大电源容量，更换线路，修理控制触点 3. 更换线圈 4. 更换线圈，排除卡住故障，修理受损零件 5. 按要求调整触点参数
不释放或释放缓慢	1. 触点弹簧压力过小 2. 触点熔焊 3. 机械可动部分被卡住，转轴生锈或歪斜 4. 反力弹簧损坏 5. 铁心极面有油污或尘埃粘着 6. E形铁心当寿命终了时，因去磁气隙消失，剩磁增大，使铁心不释放	1. 调整触点参数 2. 排除熔焊故障，修理或更换触点 3. 排除卡住现象，修理受损零件 4. 更换反力弹簧 5. 清理铁心极面 6. 更换铁心
电磁铁（交流）噪声大	1. 电源电压过低 2. 触点弹簧压力过大 3. 电磁系统歪斜或机械上卡住，使铁心不能吸平 4. 极面生锈或因异物侵入铁心极面 5. 短路环断裂或脱落 6. 铁心极面磨损过度而不平	1. 提高操作回路电压 2. 调整触点弹簧压力 3. 排除机械卡住现象 4. 清除铁心极面 5. 调换铁心或短路环 6. 更换铁心

续表

故障现象	可能原因	处理方法
线圈过热或烧损	1. 电源电压过高或过低 2. 线圈技术参数（如额定电压、频率、通电持续率及适用工作制等）与实际使用条件不符 3. 操作频率（交流）过高 4. 线圈制造不良或由于机械损伤、绝缘损坏等 5. 使用环境条件特殊，如空气潮湿，含有腐蚀性气体或环境温度过高 6. 运动部分卡住 7. 交流铁心极面不平 8. 交流接触器派生直流操作的双线圈，因常闭联锁触点熔焊不释放，而使线圈过热	1. 调整电源电压 2. 调换线圈或接触器 3. 选择其他合适的接触器 4. 更换线圈，排除引起线圈机械损伤的故障 5. 采用特殊设计的线圈 6. 排除卡住现象 7. 清除极面或调换铁心 8. 调整联锁触点参数及更换烧坏线圈
触点熔焊	1. 操作频率过高或产品过载使用 2. 负载侧短路 3. 触点弹簧压力过小 4. 触点表面有金属颗粒突起或异物 5. 操作回路电压过低或机械上卡住，致使吸合过程中有停滞现象，触点停顿在刚接触的位置上	1. 调换合适的接触器 2. 排除短路故障，更换触点 3. 调整触点弹簧压力 4. 清理触点表面 5. 提高操作电源电压，排除机械卡住故障，使接触器吸合可靠
相间短路	1. 可逆转换的接触器联锁不可靠，由于误动作，致使两台接触器同时投入运行而造成相间短路，或因接触器动作过快，转换时间短，在转换过程中发生电弧短路 2. 尘埃堆积或粘有水气、油垢，使绝缘变坏 3. 产品零部件损坏（如灭弧室碎裂）	1. 检查电气联锁与机械联锁，在控制线路上加中间环节或调换动作时间长的接触器，延长可逆转换时间 2. 经常清理，保持清洁 3. 更换损坏零部件

1. 什么是接触器？按其工作电流性质的不同可以分为哪几种？
2. 接触器主要由哪几部分构成，各部分的作用是什么？
3. 简述交流接触器的工作原理。
4. 试分析交流接触器铁心不能吸合的原因。
5. 交流接触器中，如果铁心吸合时有振动和噪声，则可能的原因是什么？

4.1.4 认识按钮开关

按钮开关简称按钮，通常被用来接通和断开控制电路，它是电力拖动中一种发出指令的电器。按照按钮的用途和触点的配置情况，可以分为常开的启动按钮、常闭的停止按钮和复式按钮3种。按钮在停按后，一般都能自动复位。

观察图4.19所示2种不同形式的按钮，了解其结构、触点的类型，并检测按钮是否能自动复位。

图4.19 按钮外形图

按钮

（1）结构：按钮一般由按钮帽、复位弹簧、桥式动触点、静触点、外壳等组成，通常做成复式触点，即具有动合触点和动断触点。图 4.20 所示为 LA19 系列控制按钮的外形及结构示意图。在实际运用中，为了避免误操作，常以红色表示停止按钮，绿色表示启动按钮。

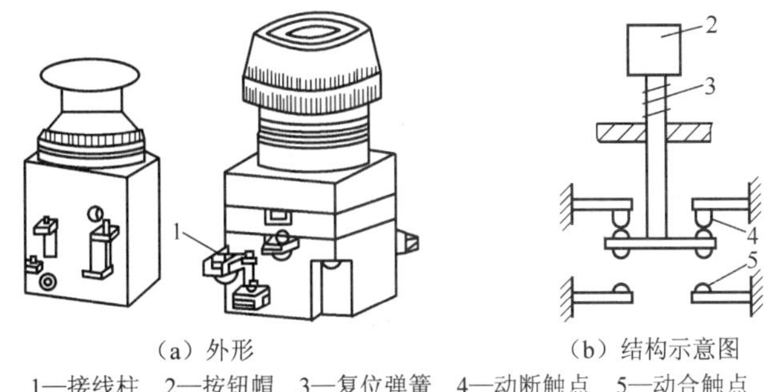

（a）外形　　（b）结构示意图

1—接线柱　2—按钮帽　3—复位弹簧　4—动断触点　5—动合触点

图 4.20　LAl9—11 型按钮

（2）型号意义：

（3）图形符号和文字符号，如图 4.21 所示。

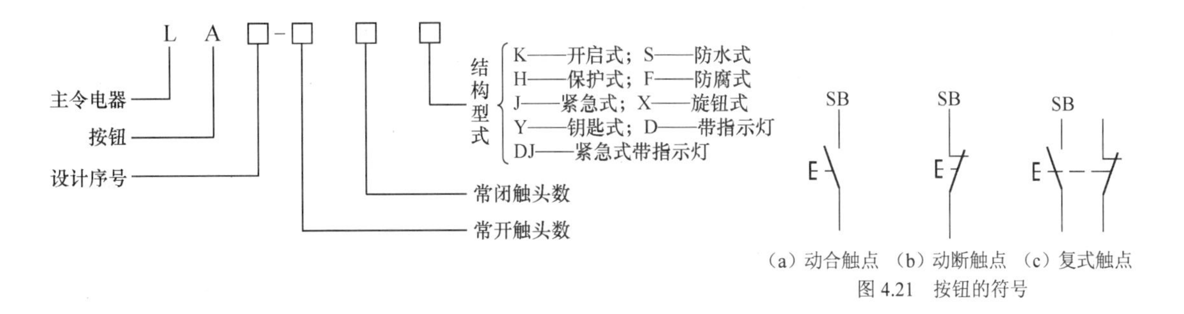

（a）动合触点　（b）动断触点　（c）复式触点

图 4.21　按钮的符号

（4）选择原则：可以根据表 4.11 中的技术数据来选合适的按钮。

表 4.11　　常用按钮的技术数据

型　号	额定电压/V	额定电流/A	结 构 型 式	常开触点数	常闭触点数	按钮数	颜　色
LA2	交流 500 直流 400	5	元件	1	1	1	黑，绿或红
LAl0—1			元件	1	1	1	黑，绿或红
LAl0—1K			开启式	1	1	1	黑，绿或红
LAl0—2K			开启式	2	2	2	黑，红或绿，红
LAl0—3K			开启式	3	3	3	黑，绿，红
LAl0—1H			保护式	1	1	1	黑，绿或红
LAl0—2H			保护式	2	2	2	黑，红或绿，红

1. 说明下列型号所代表的意义。

LA10-1K　　LA10-2H　　LA10-3D

2. 根据按钮的结构形式分析，如果复式按钮的按钮帽没有按到底，则按钮中各触点的动作情况怎样？

3. 写出按钮的图形符号和文字符号。

4.1.5 认识行程开关

行程开关也称为位置开关或限位开关。它是利用生产机械某些运动部件的碰撞使触点动作，从而发出控制指令的主令电器。

观察图4.22所示几种行程开关，了解其结构和动作过程，比较它与按钮的区别。

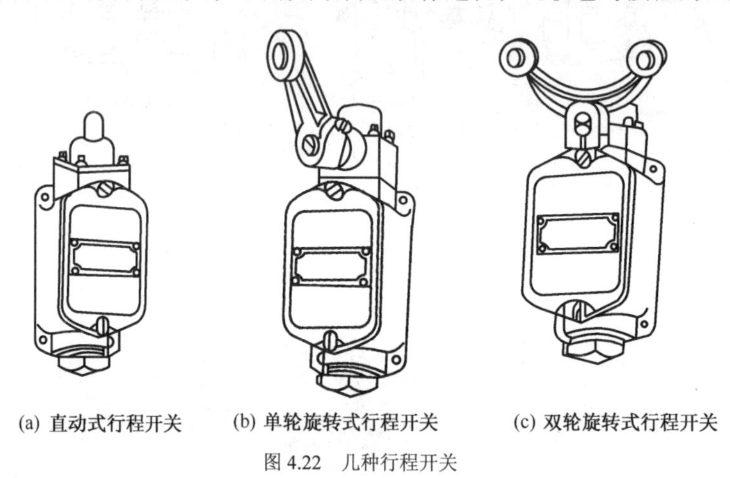

(a) 直动式行程开关　(b) 单轮旋转式行程开关　(c) 双轮旋转式行程开关

图4.22　几种行程开关

读一读　行程开关

（1）结构：行程开关主要由操作结构、触点系统和外壳构成。

（2）分类：按结构形式可分为直动式、转动式和微动式；按复位方式可分为自动复位式和非自动复位式；按触点性质可分为触点式和无触点式。

（3）应用：主要用于控制机械的运动方向、行程大小及位置保护。

（4）型号意义：

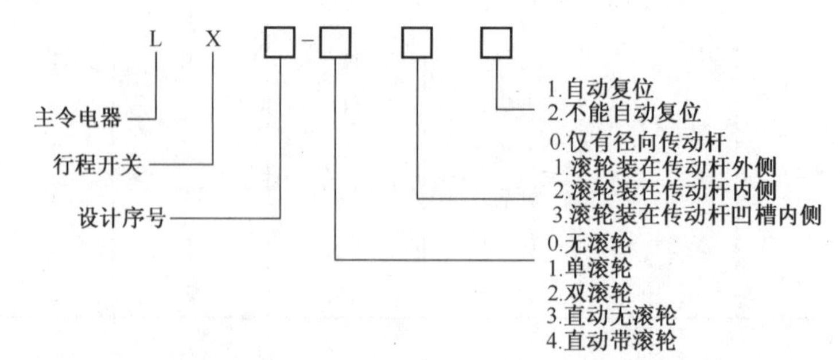

（5）图形符号和文字符号，如图4.23所示。

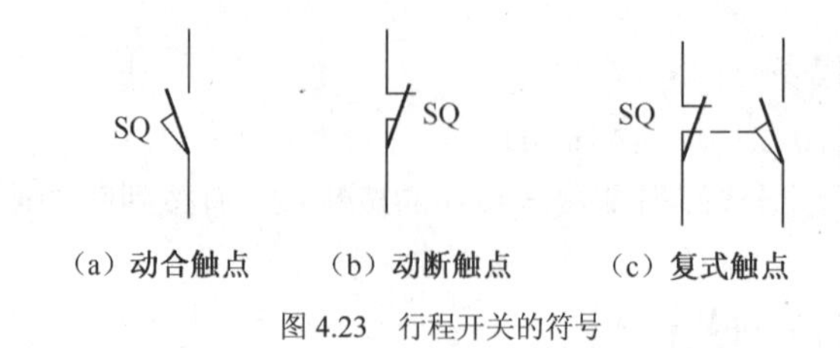

（a）动合触点　（b）动断触点　（c）复式触点

图4.23　行程开关的符号

（6）选择原则：可以根据表 4.12 中的技术数据来选择行程开关。

表 4.12　常用行程开关的技术数据

型　号	额定电压/V	额定电流/A	结构型式	常开触点数	常闭触点数
LX19K	380	5	直动式	1	1
LX19—001	380	5	直动式，自动复位	1	1
LX19—111	380	5	传动杆内侧装有单滚轮，自动复位	1	1
LX19—121	380	5	传动杆外侧装有单滚轮，自动复位	1	1
LX19—131	380	5	传动杆凹槽内装有单滚轮，自动复位	1	1
LX19—212	380	5	传动杆为 U 形，内侧装有双滚轮，非自动复位	1	1
LX19—222	380	5	传动杆为 U 形，外侧装有双滚轮，非自动复位	1	1
LX19—232	380	5	传动杆为 U 形，内侧装有双滚轮，非自动复位	1	1

练一练

1. 简述行程开关的种类和作用。
2. 下面行程开关不能自动复位的是（　　）。
   A. 直动式行程开关
   B. 单轮旋转式行程开关
   C. 双轮旋转式行程开关
3. 说明下列型号所代表的意义。
   LX19-222　　LX19-111　　LX19-121

4.1.6　认识继电器

继电器是一种传递信号的电器。继电器的输入信号可以是电压、电流等电量，也可以是热、速度、压力等非电量。通过这些信号的变化接通和断开电路，以完成控制和保护任务。继电器的种类很多，表 4.13 所示为继电器的分类情况。

表 4.13　继电器的分类

分类原则	类　型
按用途分	控制继电器、保护继电器
按动作原理分	电磁式继电器、感应式继电器、热继电器、机械式继电器、电动式继电器、电子式继电器等
按反应的参数分	电流继电器、电压继电器、时间继电器、速度继电器、压力继电器等
按动作时间分	瞬时继电器、延时继电器

下面介绍几种常用的继电器。

一、热继电器

热继电器是利用电流的热效应而使触点动作的电器。

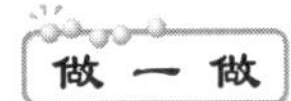

观察图 4.24 所示热继电器的外形和结构。

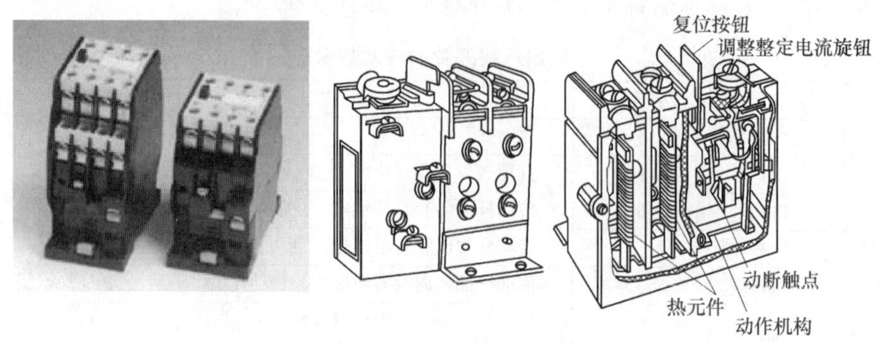

图 4.24　热继电器外形和结构

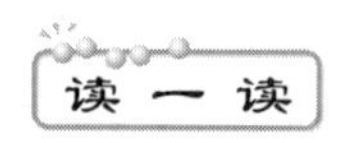

（1）结构：热继电器主要由热驱动元件（双金属片）、触点、传动机构、复位按钮及电流调整装置构成。

（2）用途：主要用于电动机电路中的过载保护。

（3）接线方式：应将热驱动元件的电阻丝串联在主电路中，将触点串联在具有接触器线圈的控制电路中。

（4）工作原理：热继电器的结构原理如图 4.25 所示。

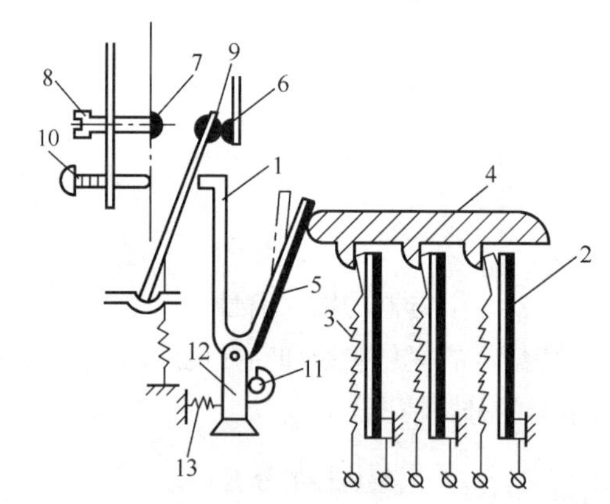

1—推杆　2—主双金属片　3—加热元件　4—导板　5—补偿双金属片
6—静触点　7—动合静触点　8—复位螺钉　9—动触点　10—按钮
11—调节旋钮　12—支撑件　13—压簧

图 4.25　热继电器的结构原理示意图

① 当电动机过载时，流过热继电器的热驱动元件的电流超过了热继电器所规定的额定值，使双金属片过热而弯曲，从而推动导板，使推杆顶向动触点。当双金属片弯曲后的推力大于弹簧的作用力时，触点动作（动断触点断开、动合触点闭合），从而切断了控制电路，使电动机失电停转，实现了过载保护。

② 电动机断电后，双金属片自然冷却，经过一段时间后，在弹簧的作用下动触点自动复位，动断触点闭合、动合触点断开。热继电器也可以采用手动进行复位。

（5）注意事项：只有在热继电器的触点复位后，才能重新启动电动机。

（6）型号意义：

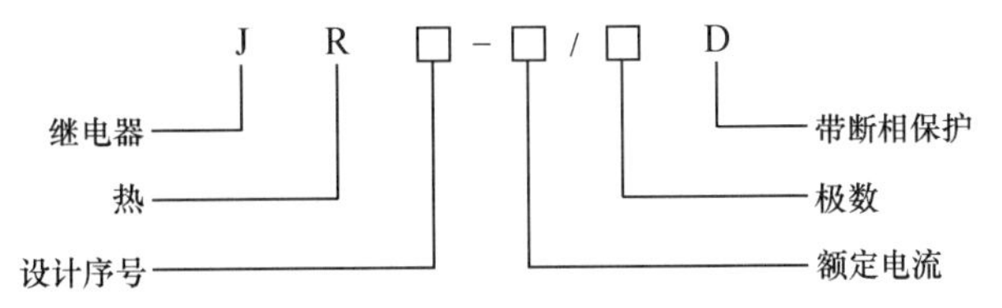

（7）图形符号和文字符号，如图 4.26 所示。

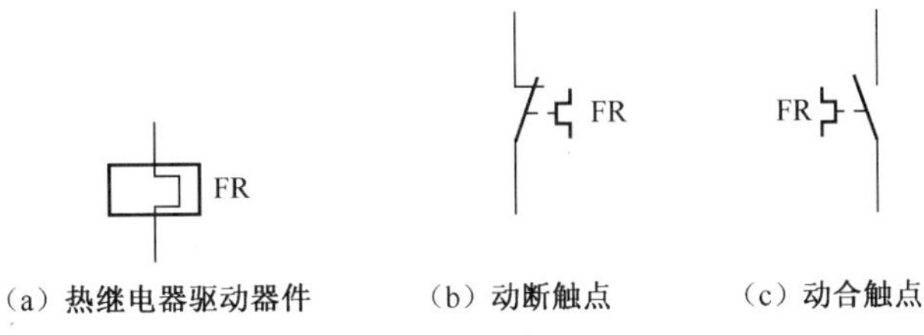

图 4.26 热继电器的符号

（8）选择原则。

① 根据负载的类型来选择热继电器的结构型式。例如，星形连接的电动机可选用两相或三相结构的热继电器；三角形连接的电动机可采用带断相保护的三相结构热继电器等。

② 选择具有相应可返回时间的热继电器。一般热继电器的可返回时间大约为电动机 6 倍额定电流下实际启动时间的 50%～70%。

③ 热元件额定电流一般按下式进行选取：

$$I_N = (0.95 \sim 1.05)\, I_S$$

式中，I_S 表示电动机的额定电流，I_N 表示热元件的额定电流。

（9）热继电器的技术数据如表 4.14 所示。

表 4.14　热继电器的技术数据

型　号	额定电流/A	热元件额定电流/A	整定电流调节范围
JRl6—20/3 JRl6—20/3D	20	0.35	0.25～0.3～0.35
		0.5	0.32～0.4～0.5
		0.72	0.45～0.6～0.72
		1.1	0.68～0.9～1.1
		1.6	1.0～1.3～1.6
		2.4	1.5～2.0～2.4
		3.5	2.2～2.8～3.5
		5.0	3.2～4.0～5.0
		7.2	4.5～6.0～7.2
		11	6.8～9.0～11.0
		16	10.0～13.0～16.0
		22	14.0～18.0～22.0
JRl6—40/3D	40	0.64	0.40～0.64
		1.0	0.64～1.0
		1.6	1.0～1.6
		2.5	1.6～2.5
		4.0	2.5～4.0
		6.4	4.0～6.4
		10	6.4～10
		16	10～16
		25	16～25
		40	25～40

1. 用热继电器作电动机的过载保护时，若电动机的额定电流为1A，应选用表4.14中的哪一种类型的热继电器？

2. 用热继电器作电动机的过载保护时，如果热继电器整定的电流值过大，则电路工作时会出现什么情况？

二、时间继电器

从得到输入信号（线圈通电或断电）开始，经过一定时间的延迟才会输出信号（触点闭合或断开）的继电器叫做时间继电器。

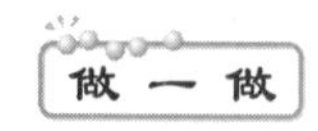

观察时间继电器的外形与结构（见图4.27）。

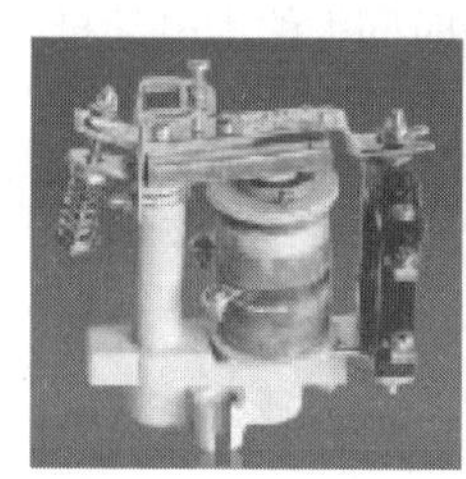
（a）电磁式

（b）空气阻尼式

（c）电动式

（d）电子式

图4.27　时间继电器的实物图

（1）分类：时间继电器按延时方式可分为通电延时型和断电延时型；按工作原理可分为直流电磁式、电动式、空气阻尼式、电子式等。

（2）特点及应用：电磁式时间继电器结构简单、价格低廉，但只能直流断电延时动作且延时较短，仅应用于直流电气控制电路中；空气阻尼式时间继电器利用空气阻尼作用而达到延时的目的，其结构简单、价格低廉、延时范围大，但延时误差较大，是传统控制中应用最广的一种时间继电器；电动式时间继电器主要由同步电动机、电磁离合器、减速齿轮、触点、延时调整机构等组成，延时精度高，延时可调范围大，但价格较贵；电子式时间继电器从用RC充电电路以及晶体管电路进行延时触发时间控制的时间继电器，发展到如今广泛使用CMOS集成电路以及专用延时集成芯片组成的多延时功能、多设定方式、多时基选择、多工作模式、LED显示的数字式时间继电器，具有延时精度高、延时范围广、在延时过程中延时显示直观等诸多优点，是传统时间继电器所不能比拟的，在现今自动控制领域里已基本取代传统的时间继电器，电子式时间继电器的主要型号有JSJ、JS20、JSS、JSB、JS14、JS15、JSZ3、JSZ7系列等。

（3）图形符号和文字符号，如图4.28所示。

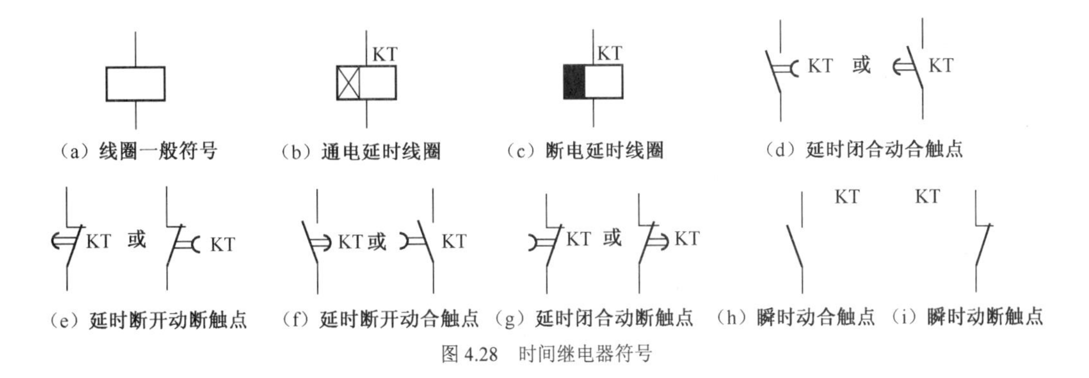

（a）线圈一般符号 （b）通电延时线圈 （c）断电延时线圈 （d）延时闭合动合触点

（e）延时断开动断触点 （f）延时断开动合触点 （g）延时闭合动断触点 （h）瞬时动合触点 （i）瞬时动断触点

图 4.28 时间继电器符号

（4）型号意义：

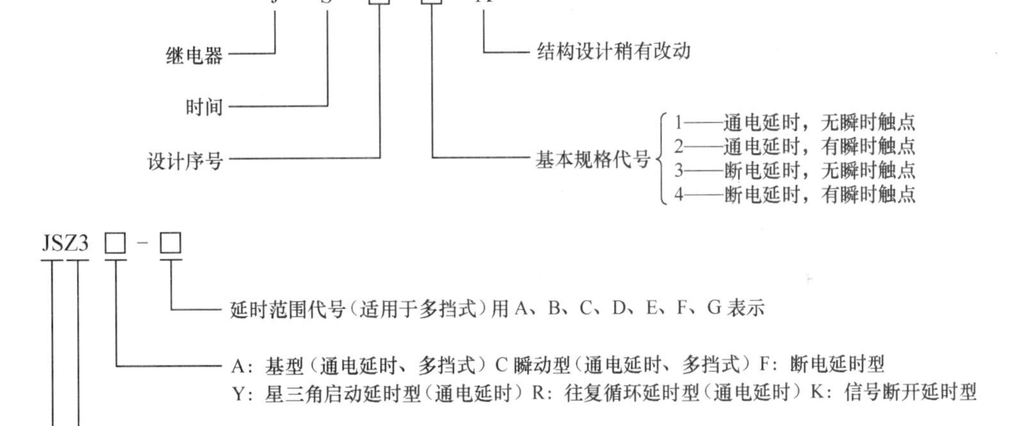

（5）选择：根据技术手册合理选择使用（见表 4.15）。

表 4.15 JS7-A 系列时间继电器的主要技术数据

型 号	触点额定电压/V	触点额定电流/A	延时类型	延时动断触点数	延时动合触点数	瞬时动断触点数	瞬时动合触点数	延时范围/s	额定操作频率/（次/h）
JS7—1A	380	5	通电延时	1	1			0.4～60 0.4～180	600
JS7—2A	380	5	通电延时	1	1	1	1	0.4～60 0.4～180	600
JS7—3A	380	5	断电延时	1	1	1	1	0.4～60 0.4～180	600
JS7—4A	380	5	断电延时	1	1	1	1	0.4～60 0.4～180	600

简述下列符号所代表的意义及动作原理。

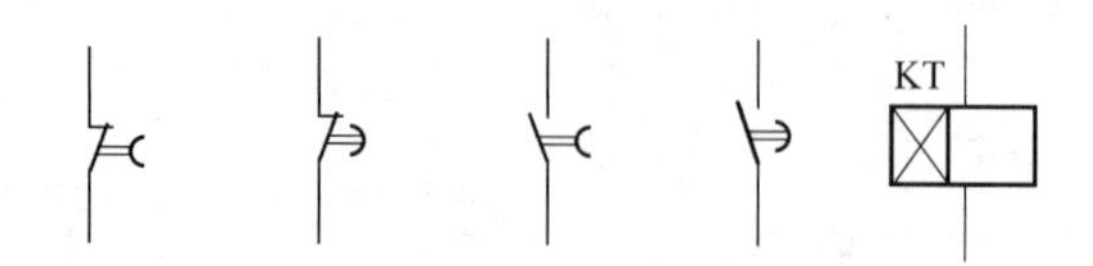

三、速度继电器

速度继电器是一种以速度的输入来控制触点动作的继电器。它主要用于三相笼型异步电动机的反接制动控制。

观察图4.29所示速度继电器的结构原理图。

读一读　速度继电器的结构、工作原理和符号

（1）速度继电器的结构——由定子、转子和触点3部分组成。

（2）工作原理——当电动机转动时，速度继电器的转子随之转动，根据电磁感应原理，会带动定子柄向轴的转动方向偏摆，拨动触点，使动断触点断开，动合触点闭合；当电动机转速下降接近零时，定子柄在弹簧的作用下复位，触点也复位。

（3）文字和图形符号如图4.30所示。

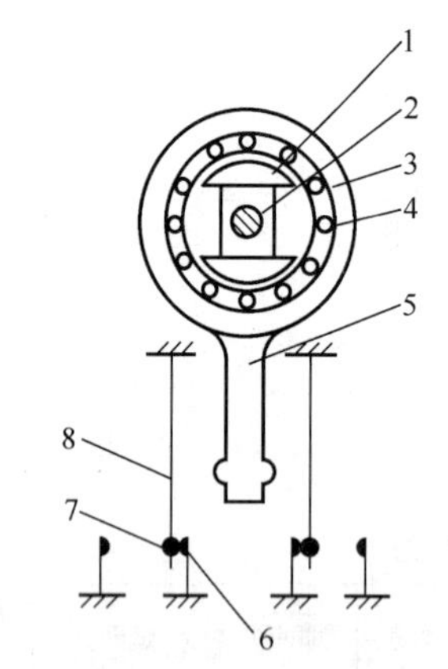

1—转子　2—电动机轴　3—定子　4—绕组
5—定子柄　6—静触点　7—动触点　8—簧片

图4.29　速度继电器的结构原理图

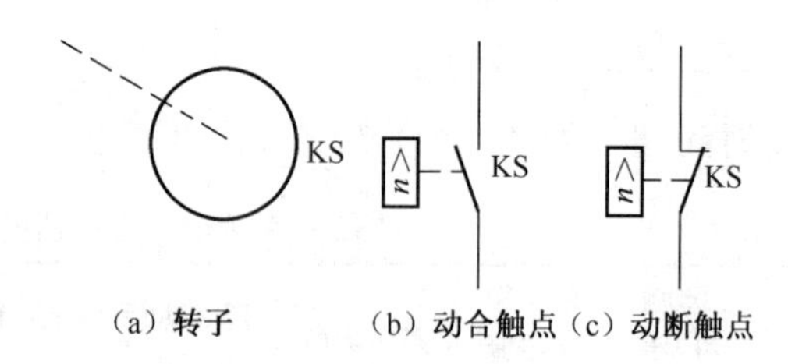

（a）转子　（b）动合触点（c）动断触点

图4.30　速度继电器的符号

评一评　根据本节任务完成情况进行评价，并将结果填入下列表格。

项目 评价人	任务完成情况评价	等级	评定签名
自己评			
同学评			
老师评			
综合评定			

知识能力训练

1. 为了便于区分不同按钮的功能，常以红色表示________，绿色表示________。

2. 时间继电器按其延迟方式分为________和________。按其动作原理分为________、________、________等。

3. 速度继电器由________、________和________构成。当电动机正常运转时，速度继电器的转子随之而转动，速度继电器的动断触点________，动合触点________。

4. 简述图 4.9 所示自动空气开关中电磁脱扣器的工作原理。

5. 简述行程开关与按钮在动作方式上的区别。

4.2 安装、调试电动机控制电路

电力拖动控制电路的基本环节，主要有各种电动机的启动、正反转、调速等控制电路，本节将介绍这些基本控制电路的构成、作用及工作原理，以及一些必要的故障分析方法。

4.2.1 正确绘制电气原理图

电气原理图也称为电路图，它表示电流从电源到负载的传送情况及电器元件的动作原理。其绘制原则如下。

（1）电路图中的各电气元器件，一律采用国家标准规定的图形和文字符号。

（2）所有按钮、触点均按没有动作时的原始状态画出。

（3）原理图一般分为主电路和控制电路两个部分：主电路包括从电源经电源开关、熔断器、接触器主触点、热继电器的驱动元件等到电动机的电路，是大电流通过的部分，用粗实线垂直地画在原理图的左边；控制电路是小电流通过的电路，用细实线画在原理图的右边，一般由按钮、电器元件的线圈、接触器的辅助触点、继电器的触点等组成的控制、照明、信号及保护等电路。控制电路垂直地画在两条水平电源线之间，耗电元件（如线圈、电磁铁、信号灯等）直接与下方水平线连接，控制触点连接在上方水平线与耗电元件之间。

（4）电器元件采用展开图的画法。同一电器元件的各部分可以不画在一起，但文字符号要相同。若有多个同一种类的电器元件，可以在文字符号后加上数字序号的下标，如 KM_1、KM_2 等。

（5）控制电路的分支电路，原则上按动作顺序和信号流自左至右、自上而下的原则绘制。

（6）电路中各元器件触点的符号，当图形垂直放置时以“左开右闭”绘制，即垂线左侧的触点为动合触点，垂线右侧的触点为动断触点；当图形为水平放置时以“上闭下开”绘制，即在水平线上方的触点为动断触点，在下方的触点为动合触点。

（7）电路的连接点用“实心圆”表示；需要测试和拆装外部引出线的端子，应用“空心圆”表示。

4.2.2 掌握三相异步电动机的启动控制

电动机接通电源开始由静止逐渐加速到稳定运行的过程叫做电动机的启动。

电动机启动有两种方式，即直接启动和减压启动。一般情况下，小容量电动机（功率在 10kW 及以下）可以直接启动，大容量电动机则采用减压启动的方式。

一、直接启动控制电路

以下主要分析单向点动控制电路和连续运转控制电路两种电路的启动控制。

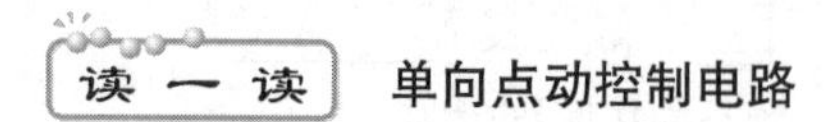

单向点动控制电路

图 4.31 所示为三相异步电动机单向点动控制电路电气原理图。

（1）主电路中包括：起电源隔离作用的刀开关 QS，对主电路起短路保护作用的熔断器 FU_1，控制电动机的启动、运行和停止的接触器主触点 KM。

（2）控制电路中包括：对控制电路起短路保护作用的熔断器 FU_2，用于控制接触器线圈通断的点动按钮 SB，以及接触器的线圈 KM。

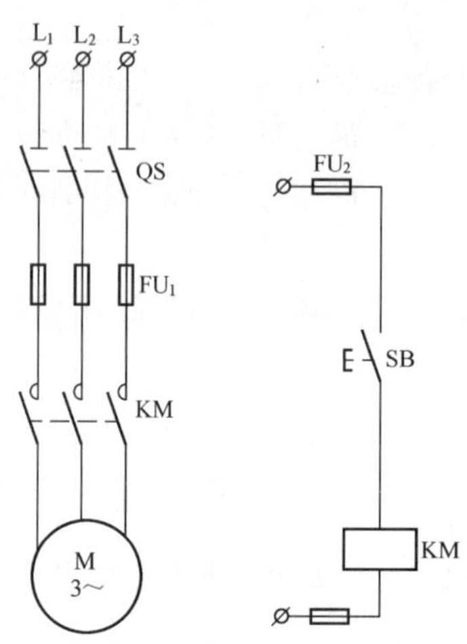

图 4.31　单向点动控制电路

根据图 4.31 所示的电气原理图连接好电路。

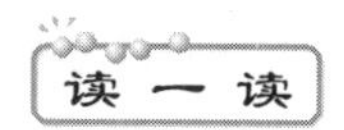

单向点动控制电路的工作过程：合上隔离开关 QS。

启动控制：按下按钮 SB（保持按钮处于按下状态）→KM 线圈得电→KM 主触点闭合→电动机 M 得电开始运转。

停止控制：松开按钮 SB→KM 线圈失电→KM 主触点复位断开→电动机失电停止运转。

按照上述的工作过程，验证电路是否能正常工作。

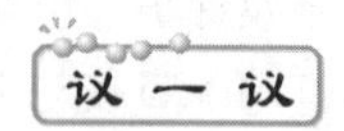

根据图 4.31 所示的电气原理图及前面所学的相关知识，请分析出现下列情况分别是由哪些原因引起的。

1. 按下点动按钮 SB 后电动机不能正常启动。
2. 松开点动按钮 SB 后电动机不能停止。

读 一 读　**连续运转启动控制电路**

图 4.32 所示为三相异步电动机连续运转启动控制电路的电气原理图。

（1）主电路中包括：起电源隔离作用的刀开关 QS，对主电路起短路保护作用的熔断器 FU_1，控制电动机的启动、运行和停止的接触器主触点 KM，对电动机起过载保护作用的热继电器驱动元件 FR。

（2）控制电路中包括：对控制电路起短路保护作用的熔断器 FU_2，用于控制接触器线圈通断的启动按钮 SB_2 和停止按钮 SB_1，与启动按钮 SB_2 并联起电路自锁作用的接触器辅助动合触点 KM，接触器的线圈 KM，热继电器的动断触点 FR。

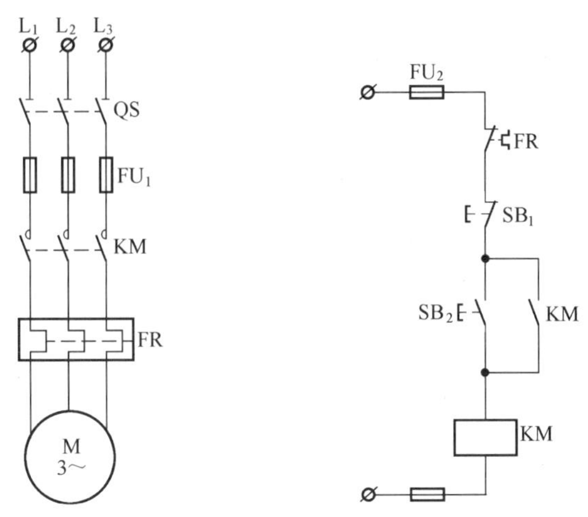

图 4.32 连续运转控制电路

根据图 4.32 所示的电气原理图连接好电路。

读 一 读

电动机连续运转启动控制线路的工作过程：合上电源隔离开关 QS。

（1）启动控制：

按一下启动按钮 SB_2→ KM 线圈得电 → { KM 主触点闭合→电动机 M 得电开始运转；KM 辅助动合触点闭合→自锁 }

（所谓自锁：即当启动按钮 SB_2 松开时，由于接触器辅助动合触点 KM 闭合，使接触器线圈仍然保持通电状态的功能。）

（2）停止控制：

按下停止按钮 SB_1→ KM 线圈失电 → { KM 主触点复位断开→电动机失电停止运转；KM 辅助动合触点复位断开，为下一次启动做准备 }

（3）电动机过载保护原理：当电动机发生过载时，热继电器的驱动元件过热动作，其动断触点 FR 断开，从而切断控制电路，使接触器线圈失电，电动机停止运转。

做 一 做

按照上述的工作过程验证电路是否能正常工作。

议 一 议

根据图 4.32 所示的电气原理图及前面所学的相关知识，请分析下列情况分别会是由哪些可能的原因引起的。

1. 按下启动按钮 SB_2 后，电动机启动运转但不能自锁。

2. 按下启动按钮 SB_2 后，电动机不能启动运转。

二、减压启动控制电路

所谓减压启动，即在电动机开始启动时适当降低加在电动机定子绕组上的电压，当电动机启动完毕后，再使电动机的电压恢复到额定值。常见的减压启动的方式有定子绕组串接电阻或电抗器减压启动、星形—三角形减压启动等。

读一读 定子绕组串接电阻或电抗器减压启动

图 4.33 所示为定子串电阻的减压启动控制电路。其原理是：利用在电动机定子绕组中串接电阻来降低启动电压，当启动完成后，再将电动机上的电压恢复到额定值，使之在正常电压下运行。电路中的时间继电器是用来控制各种元器件的动作顺序的。

（1）主电路中：KM_1 主触点闭合，KM_2 主触点断开时，电动机在串接电阻的情况下减压启动；KM_1 主触点闭合，KM_2 主触点闭合时，电动机进入正常运行状态。

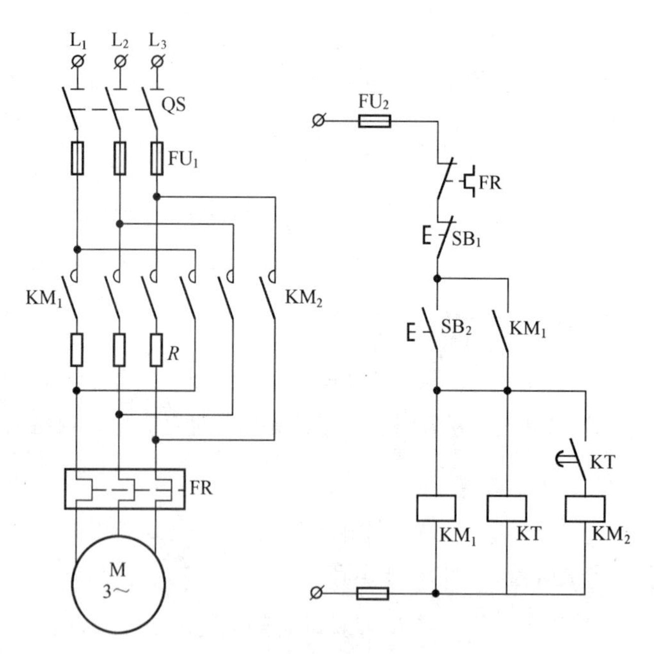

图 4.33 定子串电阻的减压启动控制电路

（2）控制电路中：时间继电器 KT 是用来控制减压启动时间的，所需的时间可以通过时间继电器本身来整定。

将图 4.33 中的电气原理图连接成实际电路。

读一读 定子串电阻减压启动控制电路的工作过程

合上电源隔离开关 QS。

（1）启动运行：按下启动按钮 SB_2
- KM_1 线圈得电 →
  - KM_1 辅助动合触点闭合→实现自锁
  - KM_1 主触点闭合→电动机定子绕组串电阻启动
- KT 线圈得电①

①→经过一段时间延迟后→KT 延时闭合的动合触点闭合→KM_2 线圈得电→KM_2 主触点闭合→电阻 R 被短路，电动机进入全压运行。

（2）停止：按下停止按钮 SB_1→控制电路断电→KM_1、KM_2、KT 线圈均失电，相应触点均释放→电动机断电停止。

议 一 议

分析图 4.33 的工作原理不难发现，当电动机启动进入正常运行时，接触器 KM_1 和时间继电器 KT 一直处于通电状态，这是不必要的。想一想，将图 4.33 中的原理图做怎样的改进才能解决这个问题。

将图 4.33 中的原理图加以改进，使接触器 KM_1 和时间继电器 KT 在电动机启动进入正常运行后能自动切除。并分析：

（1）若将图中时间继电器的延时闭合动合触点换成延时断开的动合触点将会出现什么情况？

（2）图中电动机的过载、短路和失压保护分别由哪些元器件来实现？

读 一 读 星形—三角形减压启动

这种启动方式适用于定子绕组做三角形连接的大容量三相异步电动机的启动控制。其工作原理如图 4.34 所示。

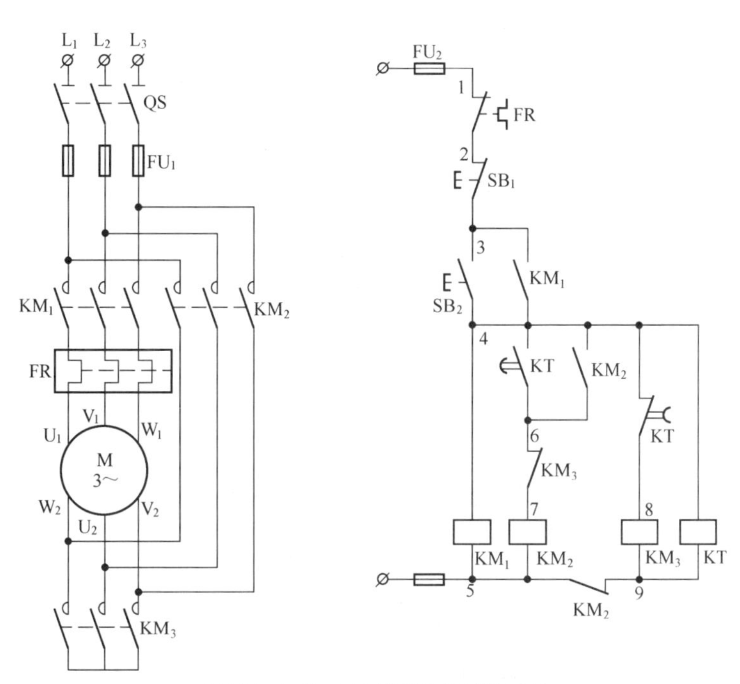

图 4.34 星形—三角形减压启动控制电路

（1）主电路中：当接触器 KM_1 和 KM_3 的主触点闭合时，电动机在星形连接下启动；当接触器 KM_1 和 KM_2 的主触点闭合时，电动机接成三角形连接，进入正常运行。

（2）控制电路中：时间继电器 KT 用来控制电动机从接成星形启动到接成三角形正常运行过程的时间。控制电路中还加入了机械连锁，保证电动机在星形连接和三角形连接时不会发生冲突。

将图 4.34 中的电气原理图连接成实际电路。

读一读　星形—三角形减压启动控制电路的工作过程

合上电源隔离开关 QS。

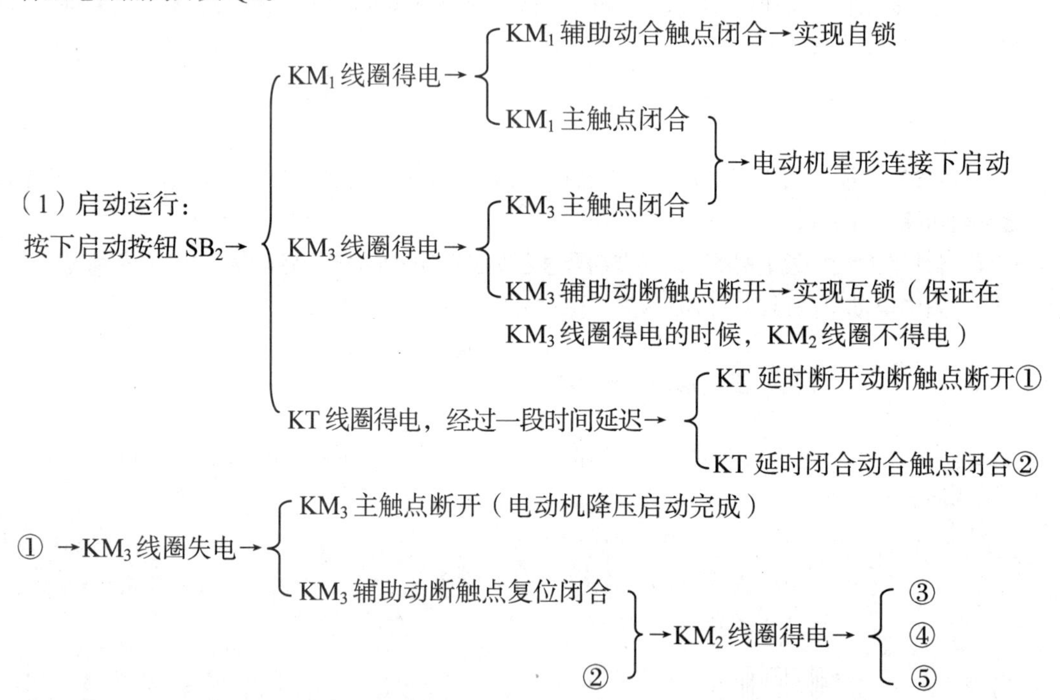

③ →KM_2 辅助动合触点闭合→实现自锁

④ →KM_2 辅助动断触点断开→实现互锁

⑤ →KM_2 主触点闭合→电动机换接成三角形连接进入正常运行

（2）停止：按下停止按钮 SB_1→控制电路断电→KM_1、KM_2、KT 线圈均失电，相应触点均释放→电动机断电停止。

按照上述的工作过程验证电路是否能正常工作。

分析图 4.34 的工作原理，试分析下列情况会引起电路的什么故障？

1. 启动时，KM_1 线圈的辅助动合触点不能闭合自锁。

2. 若时间继电器的延时触点均换成了瞬时动作触点会出现什么故障?
3. 启动开始时，热继电器的动断触点没有复位。

以上介绍的是两种电动机减压启动的方法，除了上述方法以外，还有自耦变压器减压启动和延边三角形减压启动控制。这两种电路的控制目的和定子绕组串接电阻或电抗器减压启动、星形—三角形减压启动一样，都是为了减小电动机在开始启动时的启动电流。

4.2.3 掌握三相异步电动机的正、反转控制

在日常生活中常常会遇到这样的控制情况：车床上的刀架台可以自动地前后移动，起重机的吊钩可以上升和下降等，这些都是依靠电动机的正反转来实现的。下面以三相异步电动机为例，介绍其正反转控制电路。

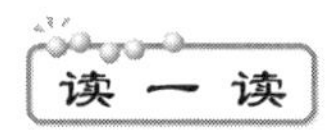

由电动机原理可知，改变接入电动机的三相电源的相序，就可以改变电动机的转向。电动机的正反转电路正是基于这个原理来实现的，其电路如图 4.35 所示。

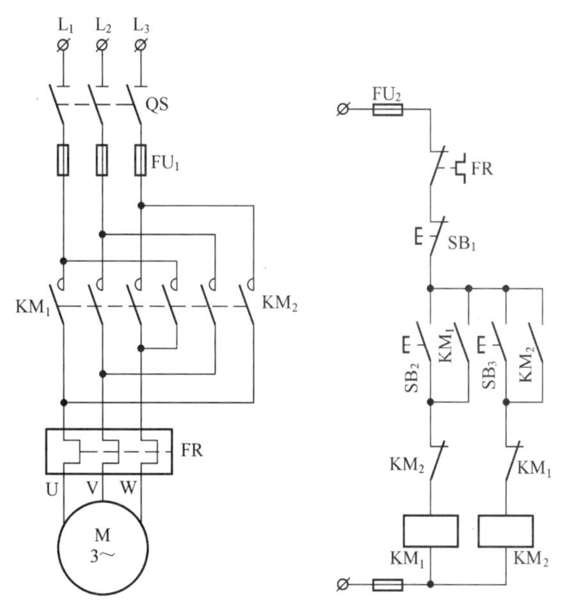

图 4.35 电动机正反转控制电路

（1）主电路中：接触器 KM_1 用来控制电动机的正转，接触器 KM_2 用来控制电动机的反转，热继电器用来对电动机实现过载保护。

（2）控制电路中：电动机的正转控制电路和反转控制电路之间采用了接触器的辅助动断触点进行电气互锁，保证在电动机正转时反转控制电路不会被接通，反之，电动机反转时正转控制电路也不会被接通。

按图 4.35 所示连接好电路。

读一读 **电动机正反转控制电路的工作过程**

合上电源隔离开关QS。

（1）电动机正转启动控制：

按下启动按钮SB_2→ KM_1线圈得电→
- KM_1主触点闭合→电动机得电正向转动
- KM_1辅助动断触点断开→实现电气互锁（保证控制电动机反转的接触器KM_2不会被接通）
- KM_1辅助动合触点闭合→实现接触器线圈自锁

（2）停止：按下停止按钮SB_1→KM_1线圈失电→
- KM_1主触点断开→电动机停止转动
- KM_1辅助动合触点断开
- KM_1辅助动断触点闭合→为电动机的反转做准备

（3）电动机反转启动控制：

按下按钮SB_3→KM_2线圈得电→
- KM_2主触点闭合→电动机得电反向转动
- KM_2辅助动断触点断开→实现电气互锁（保证控制电动机正转的接触器KM_1不会被接通）
- KM_2辅助动合触点闭合→实现接触器线圈自锁

做一做

通电后运行电动机，看电路工作是否正常，并尝试在电动机正转时直接按下反转启动按钮SB_3，电动机能不能直接由正转变为反转；或在电动机反转时直接按下正转启动按钮SB_2，电动机能不能直接由反转变为正转。

议一议

根据图4.35所示的控制电路，思考以下问题。

1. 如果将两个接触器的辅助动断触点去掉，控制电路可能会出现什么情况？

2. 按下启动按钮SB_2，如果电动机不能正常启动，那么可能出现的故障有哪些？

3. 按图4.35接线后，同时按下SB_2和SB_3，是否会引起电源短路？为什么？

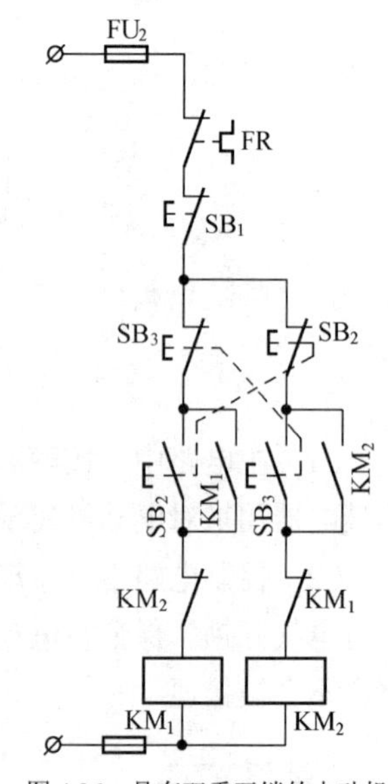

图4.36 具有双重互锁的电动机正反转控制电路

读一读

由图4.35不难看出，电动机由正转到反转或由反转到正转的过程中必须要进行停止操作，即实现了“正—停—反”的工作过程。如果要使电动机实现直接由正转到反转到停止的控制（或由反转到正转到停止的控制），即“正—反—停”控制（或“反—正—停”控制），就要对电路加以改进。图4.36所示为改进后的控制电路。

在图4.36所示的控制电路中，除了采用接触器间的电气互锁，还利用复式按钮进行机械互锁，这样电动机在正常运转时，按下控制反方向转动的启动按钮时，由于按钮的结构特点，会先断开电动机当前运转状态下的控制电路，然后接通反方向运转的控制电路，这个过程是非常短暂的，且中间过程不需要再按停止按钮。

按图 4.36 所示连接电路，观察电路工作是否正常，并分析电路的工作过程。

在图 4.36 所示的电路中，当要实现由正向转反向或由反向转正向时，是否需要先按下停止按钮 SB_1，为什么?

拓展与延伸　自动往返正反转控制

在生产过程中，往往需要控制生产机械运动部件的行程，并使其在一定范围内做循环的自动往返运动，如龙门刨床、导轨磨床工作台的运动。实现这种控制主要依靠行程开关，图 4.37 所示为工作台自动循环往返运动的控制电路。

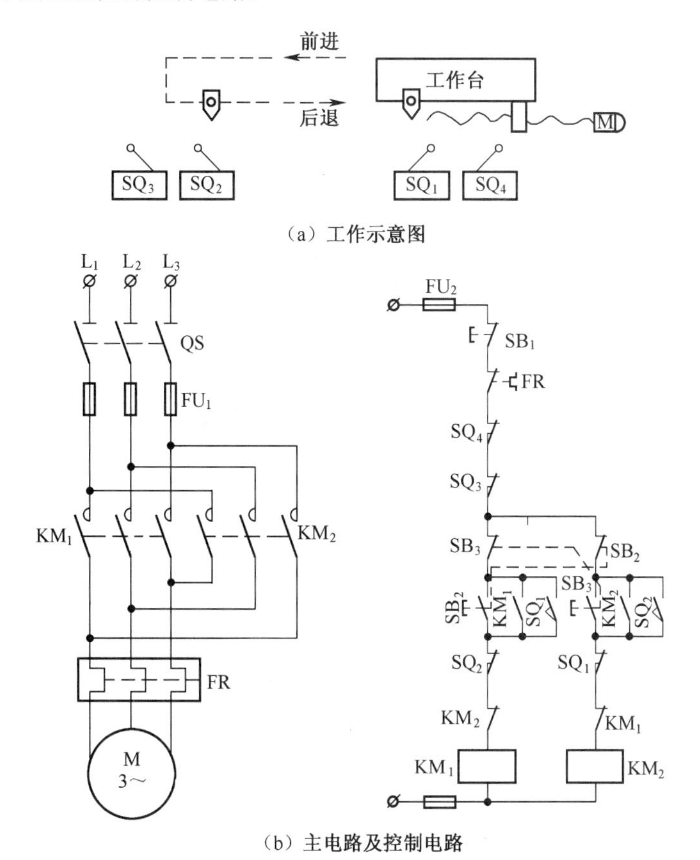

图 4.37　工作台自动循环往返运动的控制电路

图 4.37 中，SQ_1 和 SQ_2 行程开关用来实现工作台的自动往返，当工作台在电动机的拖动下前进时，撞到行程开关 SQ_2，由于 SQ_2 触点的作用使电动机反转，拖动工作台后退，撞到行程开关 SQ_1，同样

的原理是电动机再次换向，拖动工作台前进，如此往复。SQ_3和SQ_4用来作为两端的位置保护，当电动机后退出现异常越过行程开关SQ_2后，撞到行程开关SQ_3，切断控制回路，使电动机停下来；反之，当电动机前进出现异常越过行程开关SQ_1后，撞到行程开关SQ_4，切断控制回路，使电动机停下来。

工作台自动循环往返运动的控制电路工作过程如下。

接通电源开关 QS。

（1）启动：按下启动按扭SB_2→KM_1线圈得电→电动机正转并拖动工作台前进→达到终端位置时，工作台上的撞块压下换向行程开关SQ_2，SQ_2动断触点断开→正向接触器KM_1失电释放。与此同时，SQ_2动合触点闭合→反向接触器KM_2得电吸合→电动机由正转变为反转并拖动工作台后退。

当工作台上的撞块压下换向开关SQ_1时，又使电动机由反转变为正转，拖动工作台如此循环往复，实现电动机可逆旋转控制，使工作台自动往返运动。

（2）停止：按下停止按钮SB_1时，电动机便停止旋转。

4.2.4 掌握三相异步电动机的制动控制

三相异步电动机从切断电源到完全停止，由于惯性需要经过一段较长的时间，这往往不能满足生产的需要，因此，应对电动机采取有效的制动措施。一般采用的制动方法有机械制动和电气制动。机械制动即是用外加的机械力使电动机快速停转的制动方法，如利用刹车片。电气制动即是利用电气控制电路的换接，在电动机内产生与电动机旋转方向相反的电磁转矩，从而使电动机快速停转的制动方法。这里重点介绍电气制动控制电路。

常用的电动机电气制动主要有反接制动和能耗制动。

反接制动

所谓反接制动即是改变接入电动机的三相电源的相序，产生与转动惯性转动方向相反的力矩而使电动机制动停转的方法。图 4.38 所示为电动机反接制动控制电路。

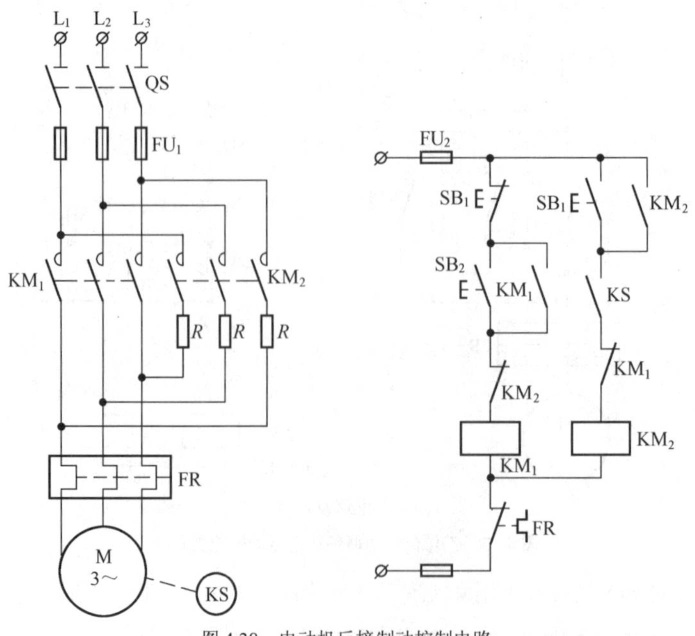

图 4.38 电动机反接制动控制电路

（1）主电路中：接触器 KM_1 用来控制电动机的正常运行，接触器 KM_2 用来实现对电动机的制动控制，速度继电器 KS 用来检测电动机的运转速度。

（2）控制电路中：速度继电器 KS 的动合触点在电动机正常运行时处于闭合状态，当电动机的转速降低接近零时，其动合触点断开切断电路，完成电动机的制动控制。制动停止由复式按钮 SB_1 来控制。

做一做

按图 4.38 所示连接好电路。

读一读　反接制动控制电路的工作过程

合上电源隔离开关 QS。

（1）启动运行：

按下启动按钮 SB_2→ KM_1 接触器线圈得电→
- KM_1 主触点闭合→电动机启动运转①
- KM_1 辅助动断触点断开→实现电气互锁
- KM_1 辅助动合触点闭合→实现自锁

① →电动机正常运转后，速度继电器 KS 的动合触点闭合。

（2）制动控制：

按下复式按钮 SB_1→
- SB_1 动断触点断开→KM_1 线圈失电→
  - KM_1 主触点断开→②
  - KM_1 辅助动断触点闭合③
- SB_1 动合触点闭合④

② 电动机主电路失电，电动机在惯性作用下继续旋转。

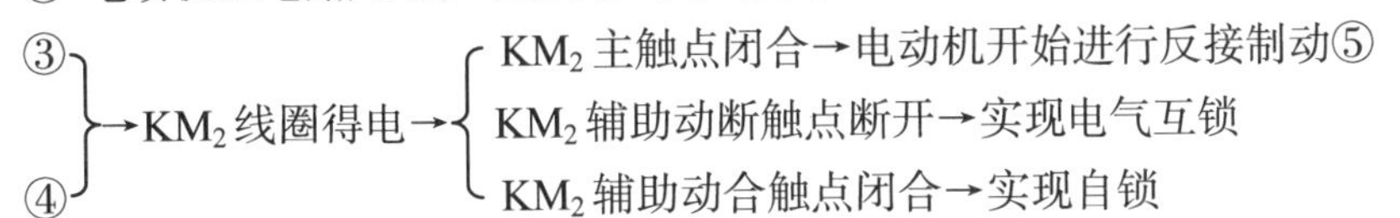

⑤→当电动机转速接近零时，速度继电器 KS 的动合触点打开→KM_2 线圈失电，其相应触点动作，完成电动机的制动控制。

做一做

试验电路图 4.38 工作是否正常。

议一议

按图 4.38 所示接线后，按下启动按钮 SB_2 电动机正常启动，但按下 SB_1 按钮时电动机断电按惯性继续转动而无制动作用，试分析故障原因，并简述排除故障的方法。

读一读　能耗制动

能耗制动是当电动机脱离三相电源后，迅速在电动机定子绕组上加一直流电源，使定子绕组产生恒定的磁场，根据电磁感应原理，在电动机转子中产生与惯性转动方向相反的力矩而使电动机制动停转的方法。其控制电路如图 4.39 所示。

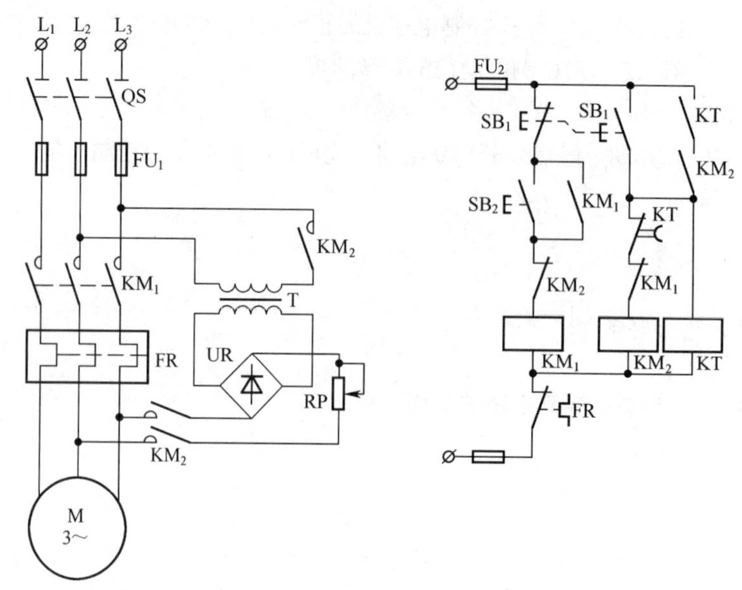

图 4.39　电动机能耗制动控制电路

（1）主电路中：接触器 KM_1 用来控制电动机的正常运转；接触器 KM_2 用来实现能耗制动；能耗制动的直流电源是依靠桥式整流电路来产生；变压器用来变换电源电压。

（2）控制电路中：运用时间继电器 KT 来控制能耗制动过程的时间。

按图 4.38 所示连接好控制电路。

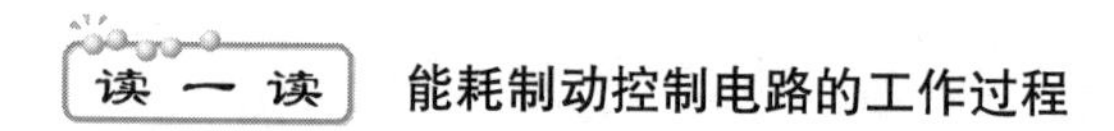

能耗制动控制电路的工作过程

合上电源隔离开关 QS。

（1）启动控制：

按下启动按钮 SB_2→KM_1 接触器线圈得电→
- KM_1 主触点闭合→电动机启动运转
- KM_1 辅助动断触点断开→实现电气互锁
- KM_1 辅助动合触点闭合→实现自锁

（2）制动控制：

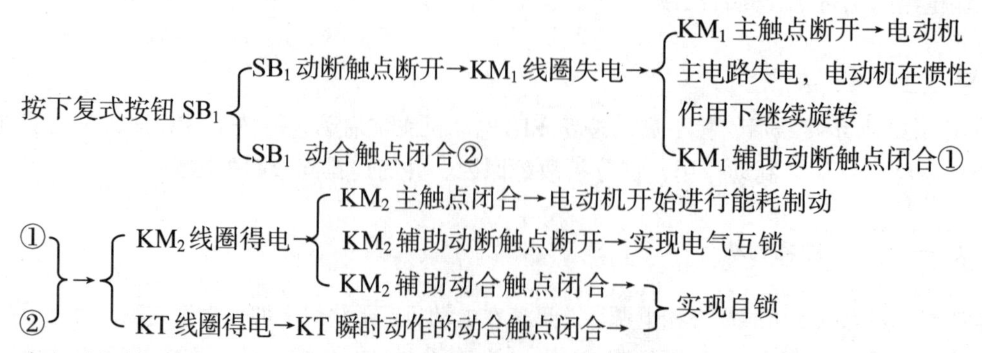

当电动机转速接近零时，KT 延时时间到→KT 延时断开的动断触点断开→KM_2、KT 线圈均失电，制动过程结束。

反接制动和能耗制动相比，它们的优缺点如表 4.16 所示。

表 4.16　　反接制动和能耗制动的特点比较

	优　点	缺　点
反接制动	制动转矩大，制动效果显著	制动准确性差，冲击较强，制动不平稳，且能量消耗大
能耗制动	制动平稳、准确、能量消耗少	制动转矩弱，在低速时制动效果差，并且还要提供直流电源

试验电路图 4.39 工作是否正常。比较这两种制动电路各自的优缺点。

按图 4.39 所示接线后，电动机正常启动，按下 SB_1 按钮，电动机与三相电源断开，KM_2 得电进行能耗制动，但 SB_1 松开后制动又立即消失，电动机按惯性转动，试分析故障原因是什么？

评一评　**根据本节任务完成情况进行评价，并将结果填入下列表格。**

项目 / 评价人	任务完成情况评价	等　级	评定签名
自己评			
同学评			
老师评			
综合评定			

知识能力训练

1. 电动机的启动控制包括直接启动和减压启动，其中减压启动有哪几种形式？

2. 比较图 4.31 和图 4.32，不难发现在电动机的点动启动控制电路中，没有对电动机加过载保护装置，这对电路的正常工作有影响吗？为什么？

3. 在图 4.34 所示星形—三角形减压启动控制电路中，若将 KM_2 接触器的辅助动断触点去掉改成直线，则对电路有什么影响？

4. 图 4.36 所示的控制电路进行接线后，依次按下正、反转启动按钮 SB_2、SB_3，电动机旋转方向不发生改变，请分析故障原因。

5. 按图 4.38 进行接线后，电动机在运行时想要停车，按下 SB_1 没到底，会出现什么情况？

6. 按图 4.39 进行接线后，电动机正常启动，按下 SB_1 按钮，电动机能耗制动，停车后发现定子绕组上仍有直流电，试分析故障原因是什么？如何将故障排除？

本章小结

1. 掌握下列知识

（1）低压电器的定义及分类。

（2）低压电器的基本知识和使用方法，即刀开关、熔断器、按钮、行程开关、接触器、继电器的符号、结构、型号、主要工作原理和选用方法。

2. 掌握下列操作方法

（1）正确绘制电气原理图。

（2）正确识别主要低压电气符号、型号并能根据要求查阅有关技术手册合理选用。

（3）正确安装三相异步电动机的启动、正反转、制动等主要控制电路，并学会分析其工作原理。

（4）初步分析三相异步电动机控制电路的常见故障。

阅读材料 可编程序控制器

可编程序控制器（PLC）是一种数字运算操作的电子系统，专为在工业环境下应用而设计。它采用可编程序控制器，在其内部存储和执行逻辑运算、顺序控制、定时、计数、算术运算等操作指令，并通过数字式和模拟式的输入和输出，控制各种类型的机械或生产过程。可编程序控制器及其有关外围设备，都应按易于与工业系统联成一个整体、易于扩充其功能的原则设计。

PLC具有编程简单，易于掌握，可靠性高，抗干扰能力强，通用性好，功能强，开发周期短，体积小，使用方便等特点。即使不是计算机方面的专门人才也能很快熟悉，因而受到了广大现场技术人员的欢迎。

PLC的基本功能包括：逻辑控制，定时控制，计数控制，步进控制，A/D、D/A转换，数据处理，通信与联网和监控控制。

目前，PLC在国内外都已得到了广泛的应用。利用PLC最基本的逻辑运算、定时、计数等功能进行逻辑控制，可以取代传统的继电器接触器控制系统，广泛用于机床、印刷机、装配生产线、电梯的控制等。

继电器接触器控制系统中支配控制系统工作的“程序”是由分立元件（继电器、接触器、电气元件等）用导线连接起来加以实现的，其程序就在接线之中。控制程序的修改必须通过改变接线来实现。而PLC控制系统中支配控制系统工作的程序存放在存储器中，系统要完成的控制任务是通过存储器中的程序来实现的，其程序是由程序语言表达的。程序的修改不需要改变控制器的内接线（即硬件），而只需要通过编程器改变存储器中某些语句的内容即可。

思考与练习

一、选择题

1. 铁壳开关的类别符号是（　　）。

   A. HK　　B. HH　　C. HZ　　D. HR

2. 下列电器中属于手动电器的是（　　）。

   A. 接触器　　B. 隔离开关　　C. 过电流继电器　　D. 热继电器

3. 下列符号中，是时间继电器的延时闭合动断触点的是（　　）。

A.

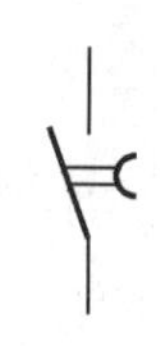
B.

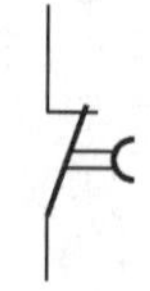
C.

D.

4. 下列电器中，不是主令电器的是（　　）。

A. 按钮　　B. 行程开关　　C. 组合开关　　D. 万能转换开关

5. 下列行程开关中，不能自动复位的是（　　）。

A. 直动式行程开关　　B. 单轮旋转式　　C. 双轮旋转式

6. 热继电器在电力拖动系统中一般用作（　　）保护。

A. 短路　　B. 过载　　C. 欠电压　　D. 过电流

7. 下列文字符号中，控制按钮的符号是（　　）。

A. QS　　B. SB　　C. SQ　　D. SA

二、填空题

1. 工作在交流电压________，或直流电压________及以下的电路中起________作用的电器产品叫低压电器。

2. 低压电器用途广泛，种类繁多，按其用途可分为________、________、________、________和________。

3. 闸刀开关在安装时应注意：合闸状态下手柄应该向________。不能________和________。电源进线应接在________一边的进线端，用电设备应接在________一边的出线端。

4. 继电器的种类很多，按用途分为________和________；按输入信号分为________、________、________、________、压力继电器等。

5. 行程开关的种类很多，按其结构可分为________、________和________；按其复位方式可分为________和________。

6. 为了避免误操作，按钮帽通常做成不同颜色，常以红色表示________，绿色表示________。按钮的文字符号是________。

7. 交流接触器中的铁心由硅钢片叠压而成，目的是为了减少________，且交流接触器中装有短路环，其目的是为了________________________。

8. 万能转换开关的文字符号是：________________________。

9. 三相异步电动机的减压启动控制方式有：________、________、________和________。

10. 电动机多地控制的接线原则为：________________________。

11. 电气制动是使电动机的电磁转矩方向与电动机旋转方向________，从而起到制动作用。电气制动的方式有：________和________。

12. 下列低压电器中，属于自动电器的是________；属于手动电器的是________。

① 接触器 ②热继电器 ③空气开关 ④时间继电器

⑤ 铁壳开关 ⑥断路器 ⑦按钮 ⑧ 转换开关

13. 题 12 中的各种低压电器，属于保护电器的是________；属于控制电器的是________。

14. 时间继电器按其触点延迟方式可分为________和________。

15. 在电动机直接启动连续运转的控制电路中，接触器的辅助动合触点用于________；接触器辅助动断触点用于实现________。

16. 在图 4.32 所示的主电路中若有一相熔体因进行短路保护熔断后没有及时更换，则电动机会出现________运行。

17. 根据复式按钮的结构特点，如果按钮按下但没有按到底，则按钮的动断触点会________，按钮的动合触点会________。

18. 速度继电器主要用作________，速度继电器动合触点的闭合动作发生在转子________时，其断开动作发生在转子________时（填写高速转动或者转速接近零）。

三、问答分析题

1. 请说出图4.40中所表示的电器名称和文字符号。

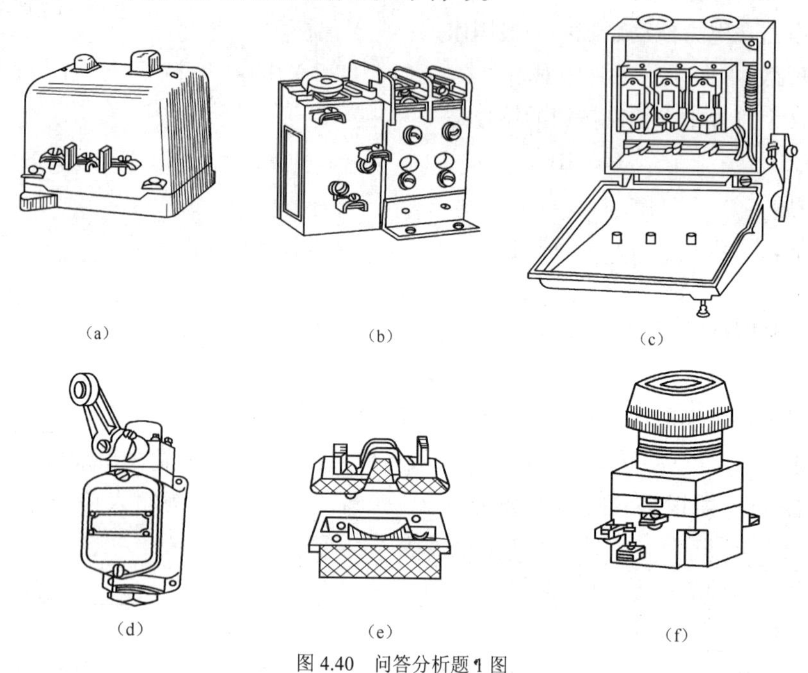

图4.40 问答分析题1图

2. 在电气控制中，熔断器和热继电器的保护作用有什么不同？能不能用热继电器代替熔断器作短路保护？

3. 简述断电延迟型空气阻尼式时间继电器的工作原理。

4. 图4.41中所示的电路各有什么错误？工作时会出现什么现象？应如何改正？

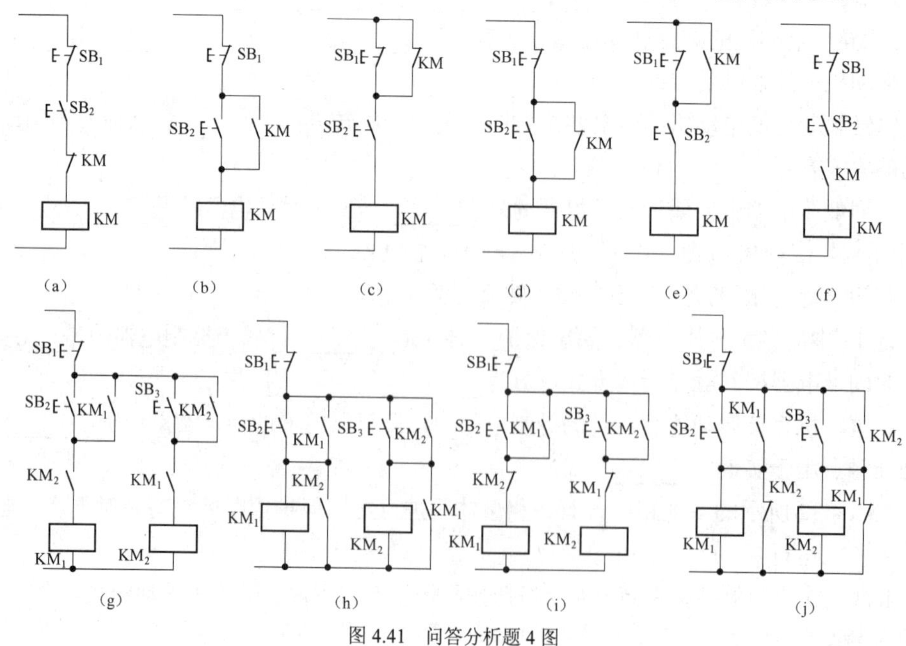

图4.41 问答分析题4图

5. 分析图 4.42 中电气原理图的工作原理。并回答：

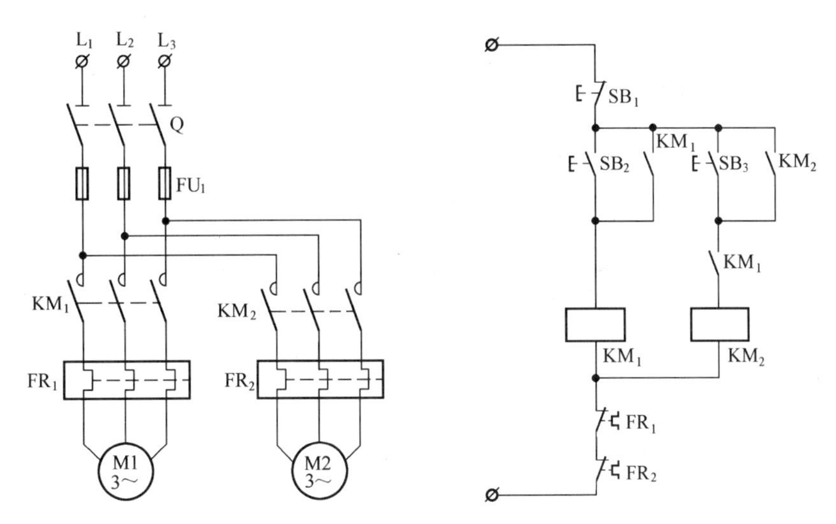

图 4.42　问答分析题 5 图

（1）在电动机 M1 还没启动的情况下，直接按下按钮 SB_2，则电动机 M2 能不能启动？

（2）若电路中，错把接触器 KM_2 的辅助动合触点接成了动断触点，电路将会出现什么故障？

6. 图 4.42 所示的电路是两台电动机顺序启动控制电路，我们不难发现电动机启动时是依次按 M1、M2 的顺序启动的，但停止时却必须要同时停止，若现在要求停止时 M2 先停，然后 M1 再停，则电路应该做怎样的改进？

第5章

二极管及简单直流电源电路

电子设备中的直流电源基本是把交流电进行整流、滤波和稳压而得到的。直流电源主要由变压器、整流电路、滤波电路和稳压电路组成。关键器件是变压器、二极管、稳压管等。本章先介绍主要器件的特性，然后再分析直流电源的工作原理及测试。

知识目标

- ◉ 了解变压器的构造和作用。
- ◉ 掌握变压器变换电压、变换电流、变换阻抗和变换相位的基本关系及其计算。
- ◉ 理解二极管的单向导电特性和主要参数。
- ◉ 掌握二极管的桥式全波整流电路的组成、工作原理及简单计算。
- ◉ 理解滤波器的组成及工作原理。
- ◉ 掌握硅稳压二极管的特性、主要参数及其稳压电路的稳压原理。

技能目标

- ◉ 能识别二极管的管脚。
- ◉ 掌握二极管的简易测试方法。
- ◉ 会查半导体器件手册，选用二极管。
- ◉ 能按电路图安装、制作、调试稳压电源。

5.1 认识变压器

变压器是常用的电源设备，是一种能将交流电压升高或降低，并且保持其频率不变的能量传输的电气设备。在日常生活和生产中，常常需要各种不同的交流电压，如家用电器和照明电路需要220V电压，工厂中三相异步电动机则需要380V电压，它们都可以用变压器来提供。

5.1.1 了解变压器的结构

观察变压器的外形及符号（见图5.1）。

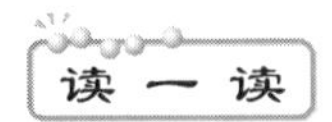

变压器主要由铁心和线圈（又叫线包）两部分组成。线圈有两个或多个绕组：与电源相连的绕组称为初级线圈（或原线圈）；与负载相连的绕组称为次级线圈（或副线圈）。线圈与线圈之间，以及线圈与铁心之间都相互绝缘，初、次级线圈之间没有电的连接，它们通过“磁”耦合传送能量。

铁心是变压器的磁路通道。为减小涡流和磁滞损耗，铁心采用磁导率较高而且相互绝缘的硅钢片叠装而成。通信用的变压器也有用铁氧体磁心材料的。

变压器铁心的型式可分为铁心式和铁壳式两种，如图 5.2 所示。铁心式铁心成“口”字形，线圈包着铁心；铁壳式铁心成“日”字形，铁心包着线圈。

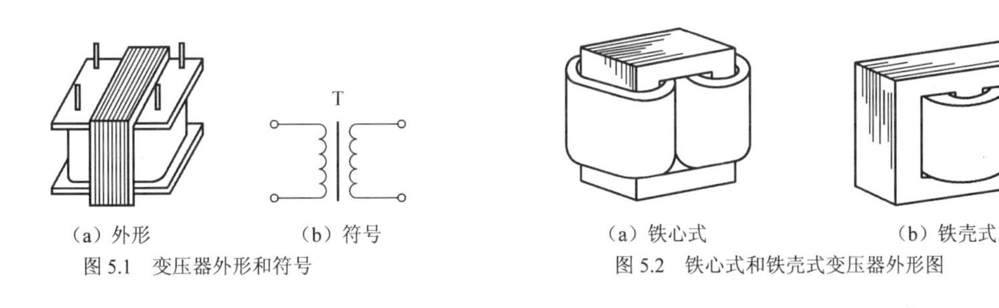

（a）外形　（b）符号

图 5.1　变压器外形和符号

（a）铁心式　（b）铁壳式

图 5.2　铁心式和铁壳式变压器外形图

列举你所见过的变压器。

读一读　**变压器的种类**

变压器的种类很多，常见的有输配电用的电力变压器，电解用的整流变压器，实验用的调压变压器，电子技术中的输入、输出变压器等。变压器虽然种类很多，但工作原理是一样的。

5.1.2　了解变压器的工作原理和作用

变压器是利用电磁感应的原理工作的。

如果在变压器的初级线圈加上交流电源，则在这个线圈中就有交流电流通过，并在铁心中产生交变磁通。这个交变磁通同时穿过初、次级线圈，在两个线圈中均产生出感应电动势。对负载而言，次级线圈中的感应电动势就相当于电源的电动势，该电动势加在负载回路上产生次级电流。变压器是依靠“磁耦合”，把能量从初级传输到次级，如图 5.3 所示。

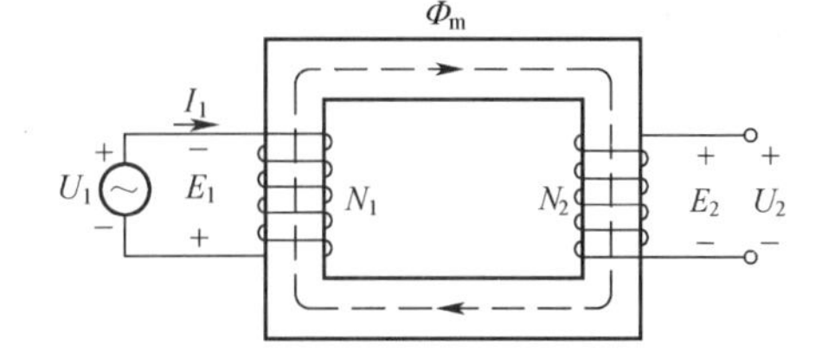

图 5.3　变压器的工作原理

变压器的作用有哪些？

读 一 读

变压器的作用概括起来为“四变”，即变换电压、变换电流、变换阻抗和变换相位。

※变换交流电压。当变压器的初级线圈接上交流电压后，在初、次级线圈中将有交变的磁通产生。由于通过各组线圈的磁通相同，故这两个线圈中每匝所产生的感应电动势一样大。匝数越多，线圈上感应电动势越大，即

$$\frac{E_1}{E_2}=\frac{N_1}{N_2}$$

式中：E_1——初级线圈上感应电动势；

E_2——次级线圈上感应电动势；

N_1——初级线圈的匝数；

N_2——次级线圈的匝数。

初、次级线圈由铜导线绕制而成，电阻很小，可忽略，那么线圈两端的路端电压就等于电源电动势，即

$$U_1=E_1,\ U_2=E_2$$

因此可得

$$\frac{U_1}{U_2}=\frac{E_1}{E_2}=\frac{N_1}{N_2}=n$$

式中：U_1——初级线圈两端电压；

U_2——次级线圈两端电压；

n——变压器的变压比。

变压器初、次级的端电压之比等于这两个线圈的匝数之比。

讨论：若 $N_2>N_1$，则 $U_2>U_1$，是升压变压器。

若 $N_1>N_2$，则 $U_1>U_2$，是降压变压器。

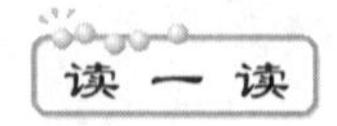

※变换交流电流。变压器是一个能量传输设备，忽略自身的损耗，则次级获得的功率等于初级从电网吸取的功率，即 $P_1=P_2$。考虑到 $P_1=U_1I_1\cos\varphi_1$，$P_2=U_2I_2\cos\varphi_2$，且 $\varphi_1=\varphi_2$，因而得

$$U_1I_1\approx U_2I_2$$

故

$$\frac{I_1}{I_2}=\frac{U_2}{U_1}=\frac{N_2}{N_1}=\frac{1}{n}$$

变压器工作时，初、次级线圈中的电流与线圈的匝数成反比。

变压器的高压线圈匝数多而通过的电流小，可用较细的导线绕制。低压线圈匝数少而通过的电流大，可用较粗的导线绕制。

【例 5.1】 已知变压器的容量为 1.5kVA，初级额定电压为 220V，次级额定电压为 110V，求初、次级线圈的额定电流。

【解】 求初级线圈电流：

因为 $S_N = U_1 I_1$

所以 $I_1 = \dfrac{S_N}{U_1} = \dfrac{1\,500}{220} = 6.82$（A）

求次级线圈电流：

因为 $U_1 I_1 = U_2 I_2$

所以 $I_2 = \dfrac{U_1}{U_2} I_1 = \dfrac{220}{110} \times 6.28 = 13.64$（A）

练 一 练

有一变压器的初级绕组电压 $U_1 = 3\,000$V，变压比 $n = 10$，副边接负载 $R_L = 60\Omega$，求次级电压及初、次级电流。

读 一 读

※变换交流阻抗。在电子设备中，总希望负载获得最大功率，达到最大功率传输。其条件是阻抗匹配，即负载电阻 R_L 等于信号源的内阻 R_S。但在实际应用中，R_L 往往与 R_S 不相等，为达到阻抗匹配，只需在二者之间加一个合适的变压器即可。以电阻为例（见图 5.4）。

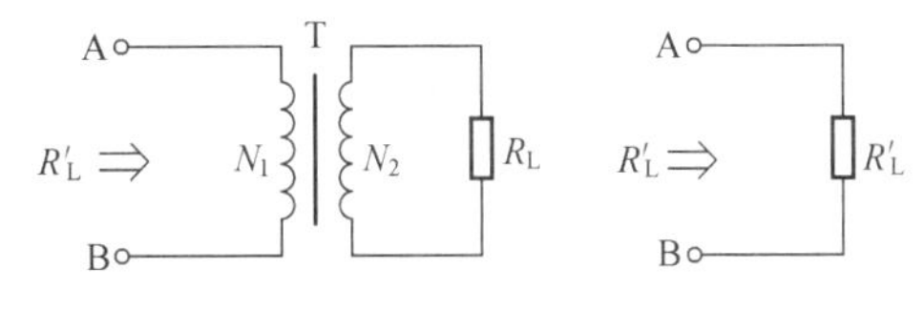

图 5.4 变压器变换阻抗

负载接在变压器的次级，从初级看进去，相当于接在初级绕组，但此时阻值变为

$$R'_L = n^2 R_L$$

这样通过变压器，负载电阻 R_L 变化量达 n^2。

【例 5.2】 有一信号源的电动势为 1V、内阻为 600Ω，负载电阻为 150Ω。欲使负载获得最大功率，必须在信号源和负载之间接一匹配变压器，使变压器的输入电阻等于信号源的内阻，如图 5.5 所示。问变压器的变压比及初、次级电流各为多大?

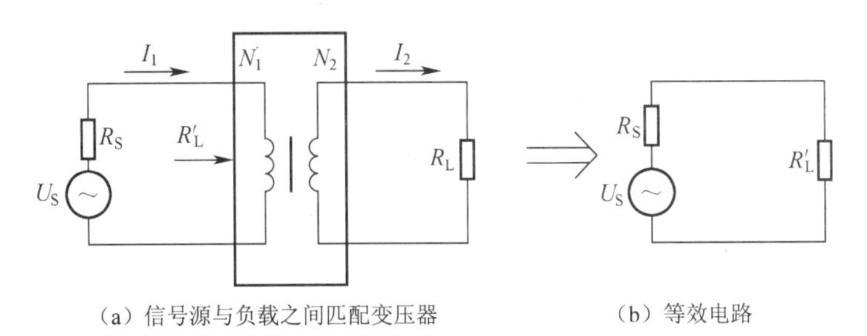

（a）信号源与负载之间匹配变压器　　（b）等效电路

图 5.5 例 5.2 图

【解】 负载 R_L 接在变压器的次级，相当于接在初级，但阻值变为 R_L'，等效电路如图 5.22（b）所示。

为达到阻抗匹配，$R_L' = R_S$。

而 $R_L' = n^2 R_L$

故 $n = \sqrt{\dfrac{R_L'}{R_L}} = \sqrt{\dfrac{600}{150}} = 2$

此时变压器的初级电流为

$$I_1 = \frac{U_S}{R_S + R_L'} = \frac{1}{600 + 600} = 0.83\ (\text{mA})$$

次级电流为

$$I_2 = \frac{N_1}{N_2} I_1 = 2 \times 0.83 = 1.66\ (\text{mA})$$

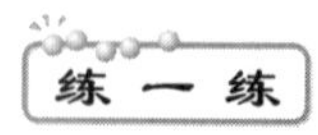

一个变压器的变压比 $n = 6$，如果原边绕组的电流为 0.6A，副边流过负载的电流是多少？如果负载电阻 $R_L = 6\Omega$，那么原边的等效电阻是多少？

读 一 读

※变换相位。变压器初、次级线圈极性遵循所谓**同名端原则**：初、次级线圈在绕制时的绕制方向决定了初级和次级有一对端子极性（相位）相同，称为同名端，在符号中加黑点表示（见图 5.6）。

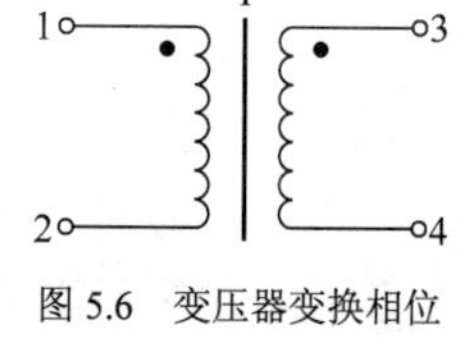

图 5.6 变压器变换相位

在电子线路中，有时需要不同相位的信号，如正反馈振荡电路的反馈信号的不同极性要求，这时可采用改变线圈的连接方式来改变变压器的输出极性。如图 5.6 所示，1—3 为同名端，将 4 端接地从 3 端取信号时，与把 3 端接地，从 4 端取信号，得到的信号相位正好相反。

议 一 议

变压器效率为何小于 100%？

读 一 读

变压器由于在运行时存在自身的功率损耗 $P_{耗}$，故其输出功率 P_2 小于输入功率 P_1，即 $P_{耗} = P_1 - P_2$，所以变压器的效率始终小于 100%。

变压器的功率损耗 $P_{耗}$ 包括铁损 P_{Fe}（磁滞损耗和涡流损耗）和铜损 P_{Cu}（线圈导线电阻的损耗），即 $P_{耗} = P_{Fe} + P_{Cu}$。经研究发现：电流越大，铜损越大；频率越高，铁损越大。

5.1.3 识读变压器的主要参数

议 一 议

你见过变压器铭牌吗？其含义是什么？

观察变压器铭牌（见图 5.7）。

电力变压器

产品型号	SL7–1000/10	产品编号	
额定容量	1000 kVA	使用条件	户外式
额定电压	1000±5%/400V	冷却方式	油浸自冷
额定频率	50Hz	短路电压	4%
相　　数	三相	油　　重	715kg
组　　别	Y, yn0	总　　重	3440kg
制造厂商		生产日期	

图 5.7　变压器铭牌

变压器的铭牌上标注着该变压器的型号、额定值等技术参数。

额定值是制造厂设计和试验变压器的依据。在额定条件下运行时，可保证变压器长期可靠地工作，并具有良好的性能。变压器的额定值一般包括以下 5 项。

（1）额定容量（S_N）；指次级的最大视在功率，以 VA（伏安）或 kVA（千伏安）表示。

（2）额定电压（U_{1N} 和 U_{2N}）：额定初级电压 U_{1N} 是指接到初级线圈上电压的额定值；额定次级电压 U_{2N} 是指变压器空载时，初级加上额定电压后，次级两端的电压值。单位为 V 或 kV。

（3）额定电流（I_{1N} 和 I_{2N}）：指规定的初、次级满载电流值。

（4）额定频率（f_N）：我国规定工频为 50Hz。

（5）变压器的效率（η）：指变压器输出功率与输入功率的百分比，即

$$\eta = \frac{P_2}{P_1} \times 100\%$$

变压器的效率较高，大容量变压器的效率可达 98%～99%，小型电源变压器也能达到 70%～80%。另外，还有额定工作状态下变压器的温升也属额定值。

拓展与延伸　几种常用变压器

除了小型电源变压器外，下列几种变压器也得到广泛的应用。

1. 自耦变压器

自耦变压器的铁心上只有一个绕组，初、次级绕组是共用的，次级绕组是从初级绕组直接由抽头引出，如图 5.8（c）所示。自耦变压器可以输出连续可调的交流电压。自耦变压器的初、次级电压和电流的关系与单相双绕组变压器一样，即

$$\frac{U_1}{U_2} = \frac{N_1}{N_2} = n$$

$$\frac{I_1}{I_2} = \frac{N_2}{N_1} = \frac{1}{n}$$

图 5.8（a）、（b）所示为某单相自耦变压器外形及内部电路图。使用自耦变压器时要注意：自耦变压器初、次级绕组不隔离，都与电网电压相连，使用时要防止触电。

2. 互感器

在电力系统中，用电气仪表直接测量大电流和高电压是危险的，通常通过互感器来完成各种测试工作，电流互感器是将大电流变成小电流，电压互感器是将高电压变成低电压。

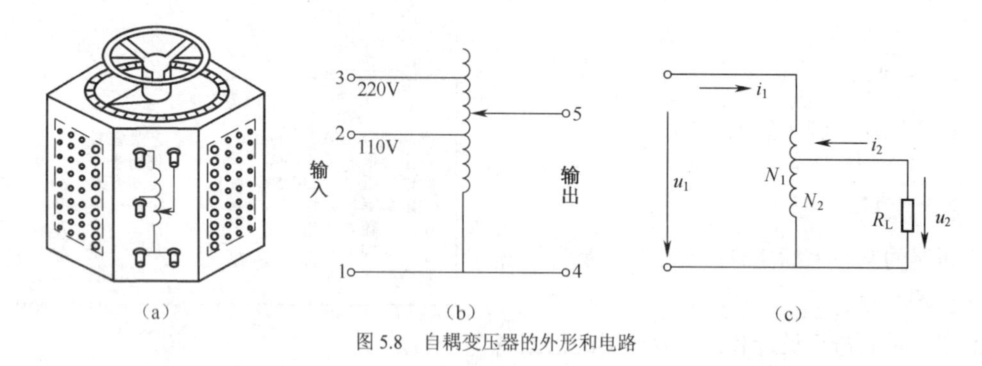

（a）　（b）　（c）

图 5.8　自耦变压器的外形和电路

（1）电流互感器。如图 5.9 所示，电流互感器先将被测的大电流变换成小电流，然后用仪表测出次级电流 I_2，利用变压器的原理求得初级的大电流值 I_1，即

$$I_1 = \frac{I_2}{n}$$

注意此时变比 $n<1$。

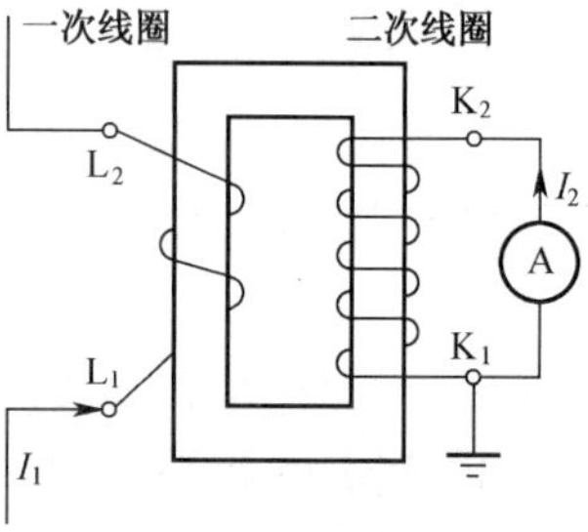

电流互感器的初级绕组与被测电路串联，次级绕组接电流表。初级绕组的匝数很少，一般只有一匝或几匝，用粗导线绕成，次级绕组的匝数较多，用细导线绕成。

图 5.9　电流互感器的原理接线图

电流互感器正常工作时，不允许次级开路，否则会烧毁设备，危及操作人员安全。同时，必须将铁壳和次级绕组接地。

（2）电压互感器。如图 5.10 所示，电压互感器是专供测量高电压和保护用的变压器。电压互感器把高电压变换成低电压，然后用仪表测出次级绕组的低压 U_2，将其乘以变压比 n，就可间接测出初级高压值 U_1，即

$$U_1 = nU_2$$

为确保安全，使用电压互感器时，必须将其铁壳和次级绕组的一端接地，以防绝缘损坏时次级绕组出现高压。

3. 三相变压器

由于电力供用电系统采用三相四线制或三相三线制，所以，三相变压器的应用很广。在三相变压器铁心的 3 个心柱上，分别绕有 U、V、W 三相初、次级绕组，如图 5.11 所示。

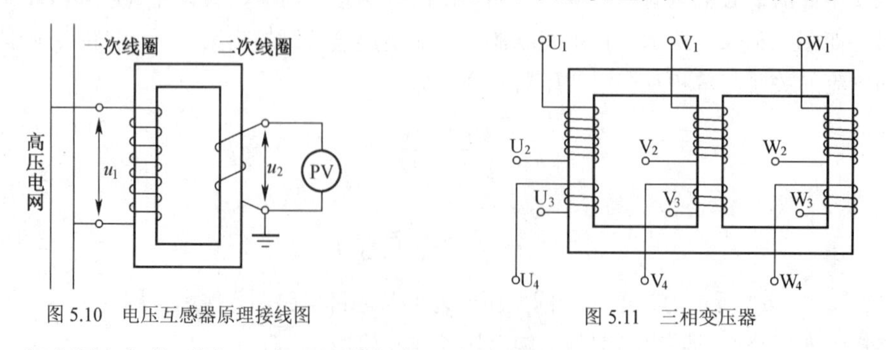

图 5.10　电压互感器原理接线图

图 5.11　三相变压器

根据三相电源和负载不同，三相变压器初级和次级线圈既可以接成星形，也可以接成三角形。

1. 单相变压器的变比为 10，若初级绕组接入 36V 直流电压，则次级绕组上的电压为

________V。

2. 一负载 R_L 经变压器接到信号源上，已知信号源内阻 $r_0 = 800\Omega$，变压器的变比 $n = 10$。若要达到阻抗匹配，则负载 R_L 为多少?

5.1.4 测量变压器的绝缘电阻

议 一 议

变压器绕好后通电，发现铁心带电，分析是什么原因?

读 一 读

变压器铁心带电是由于初级绕组或次级绕组对铁心短路而引起的。

做 一 做 检测变压器的绝缘电阻

用兆欧表测量各绕组之间、各绕组到地（铁心）之间的绝缘电阻值，对于一般小型电源变压器其绝缘电阻应在 50MΩ 以上（兆欧表的使用方法见 1.3 节中的阅读材料）。

分别检测:

（1）初级绕组对次级绕组的绝缘电阻值 $R_{初次}$。

（2）初级绕组对铁心的绝缘电阻值 $R_{初铁}$。

（3）次级绕组对铁心的绝缘电阻值 $R_{次铁}$。

将结果填入表 5.1 中。

表 5.1 记 录 表

	测 量 值	正 常 值
$R_{初次}$		> 50MΩ
$R_{初铁}$		
$R_{次铁}$		

5.1.5 判断变压器初、次级绕组的好坏

议 一 议

变压器接通电源后，无电压输出，或温升过高甚至冒烟，分析是什么原因?

读 一 读

接通电源后，无电压输出，一般是次级绕组开路或引出线脱焊。初级绕组出现同样的问题，也会引起无电压输出。温升过高主要是初级或次级绕组线圈短路或局部短路。

做 一 做 检测变压器初、次级直流电阻

用万用表和电桥检查各线圈的通断及直流电阻。初级线圈可用万用表测量，次级线圈一般比较粗，直流电阻小，用万用表不能测量，最好用电桥检测其直流电阻（电桥测电阻的方法见 1.3.2

小节中的阅读材料）。

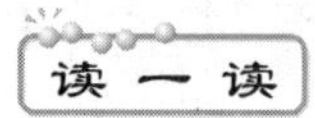

变压器初级绕组中有几匝短路是测不出来的，可采用在初级绕组中串一只灯泡的方法判断。灯泡可用25～40W，在次级开路时，接通电源。若灯泡微红或不亮，说明变压器初级绕组没有短路；若灯泡很亮，则初级线圈有严重短路现象；若灯泡较亮，说明变压器初级绕组有局部短路现象。

5.1.6 测量变压器变比

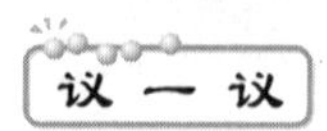

制作好的变压器怎样知道其变比 n。

读 一 读

首先，在初次绕组上接上低电压（如10V交流电），测量次级绕组上的电压值，计算出变压比。然后在初级绕组上接上额定电压（如220V），测量次级绕组上的电压值，判断是否符合设计标准。一般地，如果次级电压低是线圈匝数少了，电压高是线圈匝数多了。

做 一 做

按图5.12所示电路连接自耦变压器，用电压表 V_1、V_2 测量变压比和次级电压。

（1）合上开关S，调节调压器使电压表 V_1 指示值为10V，读出此时电压表 V_2 的值填入表5.2中。

（2）调节调压器使变压器原绕组输入电压达到额定值220V，读出此时电压表 V_2 的值填入表5.2中。

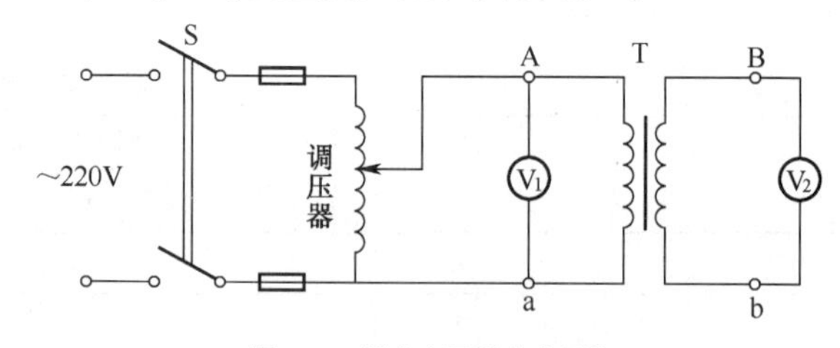

图5.12 测定变压器的变压比

表5.2 记 录 表

U_1/V	U_2/V	变压比 n	标 称 值
10			
220			

（3）计算变压器的变压比。

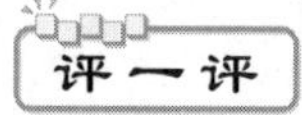

根据本节任务完成情况进行评价，并将结果填入下列表格。

项 目 / 评 价 人	任务完成情况评价	等 级	评 定 签 名
自己评			
同学评			
老师评			
综合评定			

1. 变压器的绕组在绕制时，加静电屏蔽层，主要是防止________________________________。
2. 绕制好的变压器空载时也发烫，这是由于____。
3. 怎样根据变压器的线径来简单判别其初、次级绕组？

5.2 认识二极管

自然界中的物质按导电能力可分为导体、半导体和绝缘体 3 种。常用的半导体材料有硅（Si）、锗（Ge）等，由它们可做成半导体二极管。二极管是最常见的电子元器件，下面来研究它的特性。

5.2.1 验证二极管的单向导电性

常用二极管的外形及符号如图 5.13 所示。

将干电池、灯泡、限流电阻、二极管和导线连接成如图 5.14（a）、（b）所示的电路。观察发现，图（a）中的灯泡能发光，图（b）中的灯泡则不能发光。

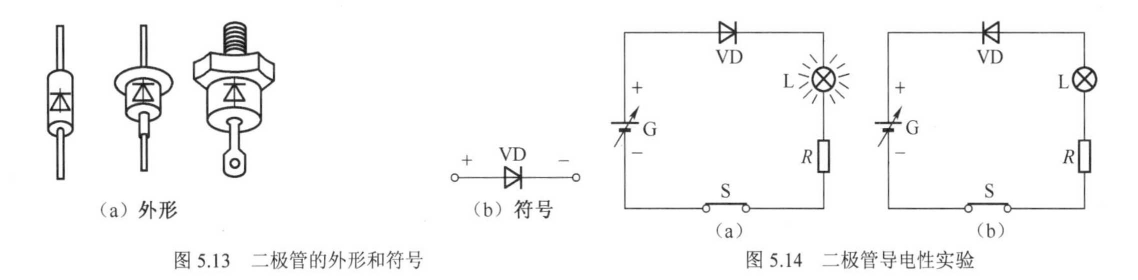

图 5.13 二极管的外形和符号

图 5.14 二极管导电性实验

图 5.14（a）、（b）中的灯泡为什么发光情况不一样呢？

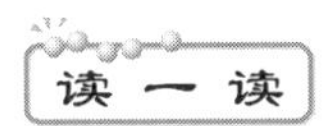

图 5.14（a）、（b）中除了二极管 VD 方向不同外，其他各部分均一样。原来二极管上的电流只能从一个方向（从正极流到负极）流过，故图（a）符合要求，灯泡就亮。二极管的这一特性称为单向导电性。

5.2.2 了解二极管的结构、型号、参数

二极管具有单向导电性，原因在于其内部有一个核心——PN 结。

在纯净的硅、锗（4 价元素）等半导体中掺入杂质，可制成杂质半导体。若掺入 5 价元素（如磷），就形成以“自由电子”导电为主的半导体，称为 N 型半导体；若掺入三价元素（如硼），则形成以“空穴”导电为主的半导体，称为 P 型半导体。将 P 型和 N 型两种半导体制作在一块基片上，

它们结合面上就形成一种特殊的薄层，即为PN结，如图5.15所示。

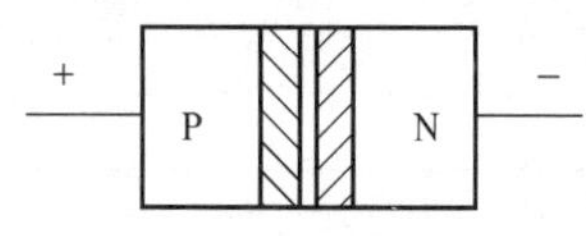

图5.15　二极管内的PN结

二极管的结构是将一个PN结的两端各引出一个电极，外加玻璃或塑料的管壳封装而成的。

二极管是非线性电阻，它的伏安特性不能用简单的解析式表达，但可以用图形表示，二极管的伏安特性曲线如图5.16所示。

二极管的伏安特性曲线可分为正向特性、反向特性两大方面。

1．正向特性

在正向特性的起始部分，正向电流很小，几乎为零，称为死区，二极管呈现高阻值。当正向电压超过一定的数值（此电压称门坎电压，锗管约为0.2V，硅管约为0.5V），电流随电压快速上升，二极管电阻变小，进入导通区，此时二极管上的电流增大，但其两端正向压降近乎定值，称为导通电压。锗管的导通电压约为0.3V，硅管的导通电压约为0.7V。

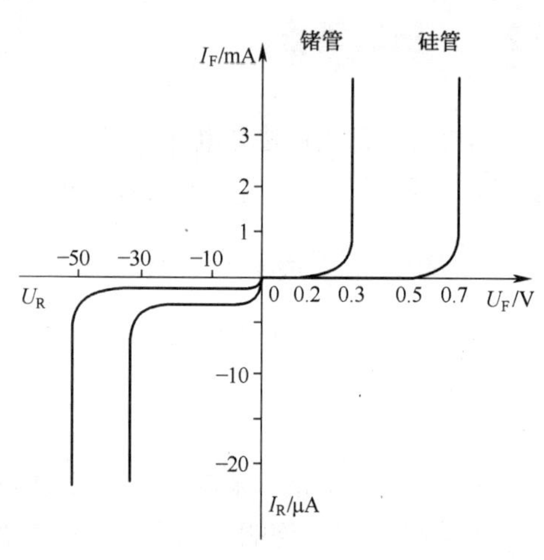

图5.16　二极管的伏安特性曲线

2．反向特性

在反向特性的起始部分一定范围内，反向电流很小，且不随反向电压而增大，称为反向饱和电流，此时二极管处于截止区。当反向电压增大到某一数值时，反向电流突然急剧增大，二极管反向电击穿。若反向电流过大，PN结发热严重，二极管从电击穿进入热击穿。电击穿是可逆的、可用的，热击穿则永久损坏二极管。

读一读　二极管的型号与参数

二极管有各种不同的类型，我国国产半导体器件的型号采用国家标准GB 249—89的规定，详见本书的附录A。

我国半导体器件的型号是按照它的材料、性能、类别来命名的，一般半导体器件的型号由5部分组成。

第一部分——用阿拉伯数字表示器件的电极数目。

第二部分——用汉语拼音字母表示器件的材料和极性。

第三部分——用汉语拼音字母表示器件的类型。

第四部分——用阿拉伯数字表示器件序号。

第五部分——用汉语拼音字母表示规格号。

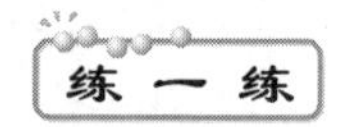

指出下列半导体器件型号的含义。

2AP30指＿＿＿＿＿＿＿＿＿＿＿＿。2CW8指＿＿＿＿＿＿＿＿＿＿＿＿。

2CK84指＿＿＿＿＿＿＿＿＿＿＿＿。2CZ11D指＿＿＿＿＿＿＿＿＿＿＿＿。

读一读　二极管的主要参数

（1）最大整流电流（I_{FM}）。是二极管允许通过的最大正向工作电流的平均值，如实际工作时的正向电流平均值超过此值，二极管内的 PN 结可能会过分发热而损坏。

（2）最高反向工作电压（U_{RM}）。是二极管允许承受的反向工作电压的峰值。为了留有余量，通常标定的最高反向工作电压是反向击穿电压的 1/2 或 1/3。

（3）反向漏电流（I_R）。是在规定的反向电压和环境温度下测得的二极管反向电流值。这个电流值越小，二极管单向导电性能越好。

硅是非金属，其反向漏电流较小，在纳安数量级；而锗是金属，其反向漏电流较大，在微安数量级。

查阅有关附录或手册，了解兆、毫、微、皮、纳等物理量数量级的关系。

5.2.3 判别二极管的极性和好坏

二极管的极性一般都标注在二极管的管壳上。如果壳上没有标识或标识不清，就需要用万用表判别二极管的极性和好坏。

做 一 做 **用指针式万用表判别二极管的极性和好坏**

如图 5.17 所示，将万用表拨至电阻挡的 R × 100Ω 挡或 R × 1kΩ 挡。此时，万用表的红表笔接的是表内电池的负极，黑表笔接的是表内电池的正极。具体的测量方法是：将万用表的红、黑笔分别接在二极管的两端，测量此时的电阻值。正常时，图（a）测得的正向电阻值比较小（几千欧以下），图（b）测得的反向电阻值比较大（几百千欧）。测得电阻值小的那一次，黑表笔接的是二极管的正极。

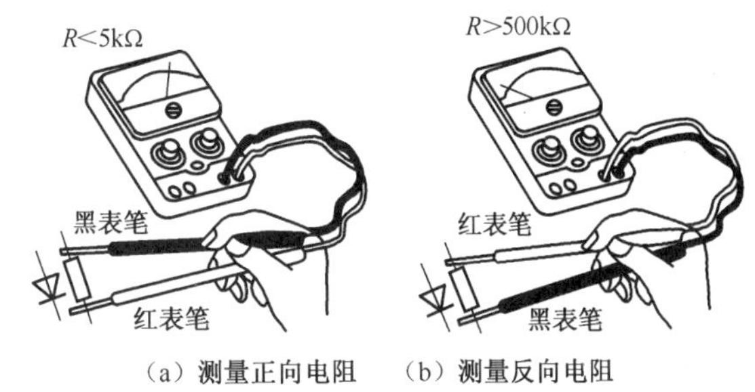

（a）测量正向电阻 （b）测量反向电阻

图 5.17 二极管的测量

（1）如果测得二极管的正、反向电阻都很小，甚至于为零，表明管子内部已短路。

（2）如果测得二极管的正、反向电阻都很大，则表明管子内部已断路。

用数字万用表怎样判别二极管的极性和好坏？

拓展与延伸 特殊二极管与应用

除普通二极管外，在电子线路中，还经常使用几种特殊二极管，它们具有特殊的功能，应用相当广泛。这些特殊二极管有变容二极管、发光二极管、光电二极管等。

（1）变容二极管。变容二极管的电路符号以及结电容与反偏电压的关系如图 5.18 所示。PN 结在反向电压作用下，耗尽层会变化，从而引起结电容的变化。变容二极管是利用其结电容随反向电压改变而改变的特性工作的。正常工作时，变容二极管两端接反向电压。当反向电压变化时，电容量在 5～300pF 之间变化。

变容二极管常用于高频电子技术的调频、电调谐和自动频率控制中，如电视机的高频头电路。

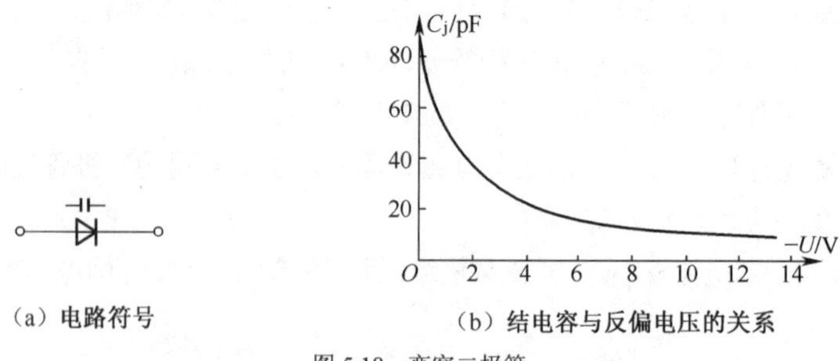

（a）电路符号　　（b）结电容与反偏电压的关系

图 5.18　变容二极管

（2）发光二极管。发光二极管（简称 LED）是一种把电能变成光能的半导体器件，由磷化镓、砷化镓等半导体构成，其外形和电路符号如图 5.19 所示。

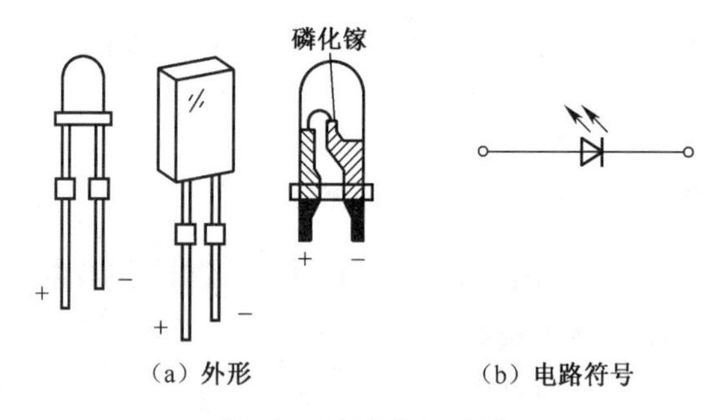

（a）外形　　（b）电路符号

图 5.19　半导体发光二极管

当给发光二极管正向电压时，有一定的电流流过二极管就会发光。根据材料的不同，发光二极管能发出红、绿、黄等几种颜色的可见光。最近人们已研制出蓝光和白光的 LED，广泛应用于各种指示电路和普通照明上。尤其白光 LED 将是 21 世纪的新光源，它耗电量非常小（是白炽灯的 10%），发光效率高，使用寿命长。全国有 30%的照明用上白光 LED，一年可省下一个三峡电站的发电量，可节省人民币约 250 亿元，同时减少了环境污染。

（3）光电二极管。光电二极管又称光敏二极管，其外形结构及电路符号如图 5.20 所示。光电二极管管壳上有一个能透光的窗口，接收入射光线。它是利用 PN 结在施加反向电压时，在光线照射下反向电阻由大变小的原理工作的。不受光照时，反向电阻很大，反向电流很小；当在光的照射下，激发了大量的载流子参与导电，使反向电流显著增加，形成光电流。

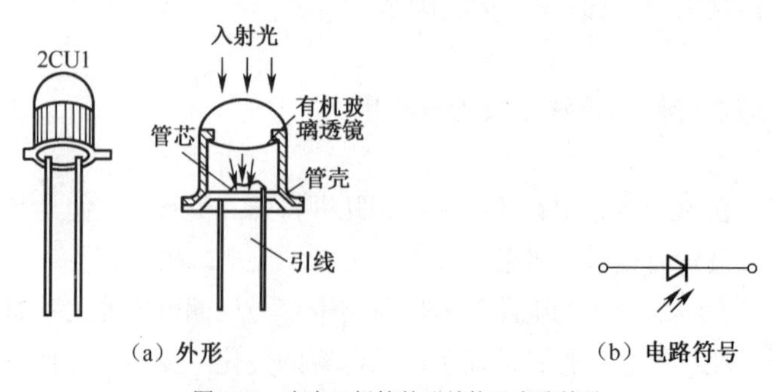

（a）外形　　（b）电路符号

图 5.20　光电二极管外形结构及电路符号

光电二极管主要用在自动控制中，作为光电检测元件。彩色电视机的遥控接收器也是光电二极管的应用。

目前，人们已把发光二极管和光电二极管封装在一起，形成光电耦合器，进行信号的耦合传递，广泛用在系统的隔离及电路接口上。

评一评 根据本节任务完成情况进行评价，并将结果填入下列表格。

项目 评价人	任务完成情况评价	等　级	评定签名
自己评			
同学评			
老师评			
综合评定			

知识能力训练

1. 如图 5.21 所示的硅二极管电路，二极管处于________状态，流过二极管的电流为________。

2. 用万用表测试一个正常二极管时，指针偏转角度很大，可判定黑表笔接的是二极管的________极。

3. 在如图 5.22 所示电路中，VD 为理想二极管，则当开关 S 打开时，P 点电位 V_P = ________V；开关 S 闭合时，V_P = ________V。

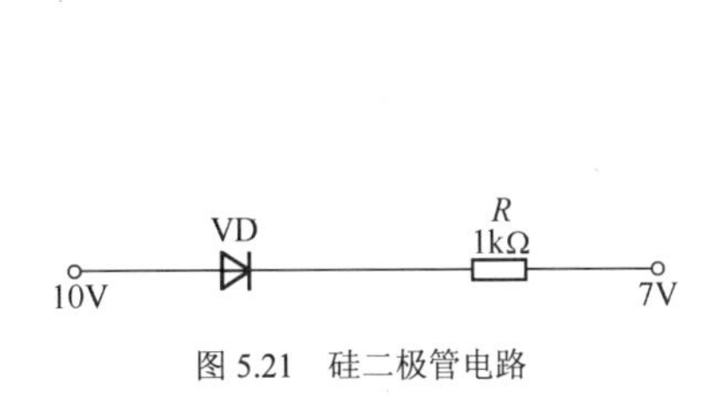

图 5.21　硅二极管电路

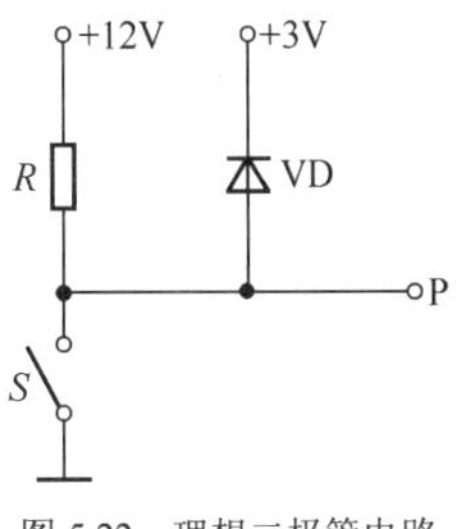

图 5.22　理想二极管电路

5.3　认识二极管整流电路

利用二极管的单向导电性可将交流电转换为直流电，这一过程称为整流。常见的整流电路有半波整流电路、全波整流电路等。本节介绍桥式全波整流电路。

5.3.1　安装二极管桥式整流电路

按图 5.23 所示，把变压器、二极管、负载电阻和导线连接成电路。接通电源，负载电阻上就能得到直流电压。

元件参数：变压器 T（220V/9V）、二极管 VD_1～VD_4（1N4000）、负载电阻 R_L（100Ω）。

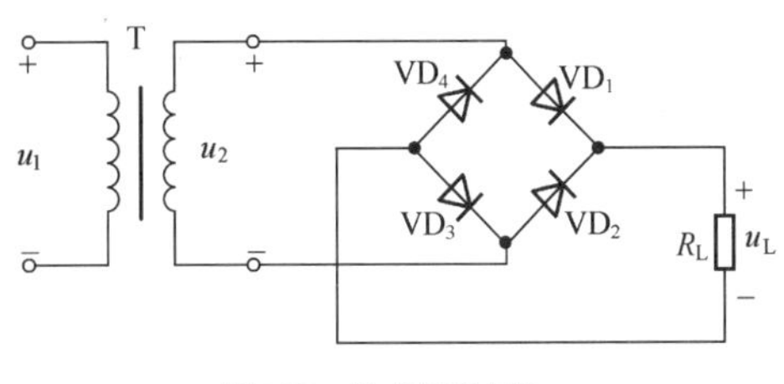

图 5.23　桥式整流电路

上述电路是怎样工作的？

5.3.2 测试二极管桥式整流电路波形

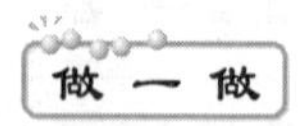

用示波器测试图5.23所示电路中变压器次级电压 u_2 及负载电阻 R_L 上电压 u_L 的波形，填入表5.3中。

表5.3 u_2 和 u_L 波形记录

u_2 的波形	
u_L 的波形	

从波形上看，u_L 与 u_2 都在变化，它们都是交流电吗？

读一读

直流电是方向不变的电压或电流，包括稳恒直流电和脉动直流电两大类。大小也不变化的直流电称为稳恒直流电；大小变化的直流电是脉动直流电，它含有直流成分和交流成分。图5.23所示电路，在 R_L 上得到的是脉动直流电压。

5.3.3 分析并验证二极管桥式整流电路的规律

仍以图5.23所示电路为例，用交流电压表测量 U_2 的值，再用直流电压表测量 U_L 的值，用直流电流表测量 I_L 的值，记录在表5.4中，验证是否符合上述关系。

表5.4 记 录 表

U_2 = ____V，R_L = 100Ω	U_L	I_L
测量值		
计算值		

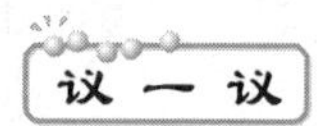

U_2、U_L、I_L、R_L 等物理量之间存在什么样的关系？为什么？

桥式整流电路的工作原理和定量关系

1. 电路工作原理

变压器的初级接上交流电源 u_1 后，在次级感应出交流电压 u_2，其瞬时值为

$$u_2 = \sqrt{2}U_2 \sin \omega t$$

式中：u_2——瞬时值；

U_2——交流电压有效值；

ω——角频率；

ωt——相位角。

如图 5.24（a）所示，设 u_2 在正半周时，A 端电位高于 B 端，二极管 VD_1 和 VD_3 导通，VD_2 和 VD_4 截止，电流 i_1 自 A 端流过 VD_1、R_L、VD_3 到 B 端，它是自上而下流过 R_L。如图 5.24（b）所示，在 u_2 的负半周时，B 端电位高于 A 端，二极管 VD_2、VD_4 导通，VD_1、VD_3 截止，电流 i_2 自 B 端流出，经过 VD_2、R_L、VD_4 到 A 端，它也是自上而下流过 R_L。这样，在 u_2 的整个周期内，都有方向不变的电流流过 R_L，i_1 和 i_2 叠加形成 i_L。这是一个脉动直流电，波形如图 5.25 所示。

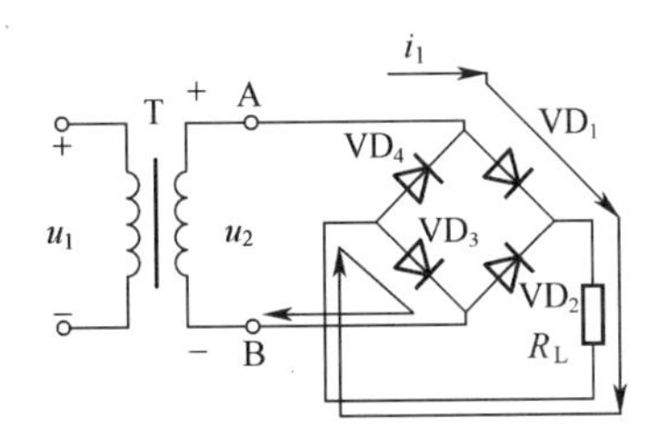

（a）u_2 为正半周时的电流方向

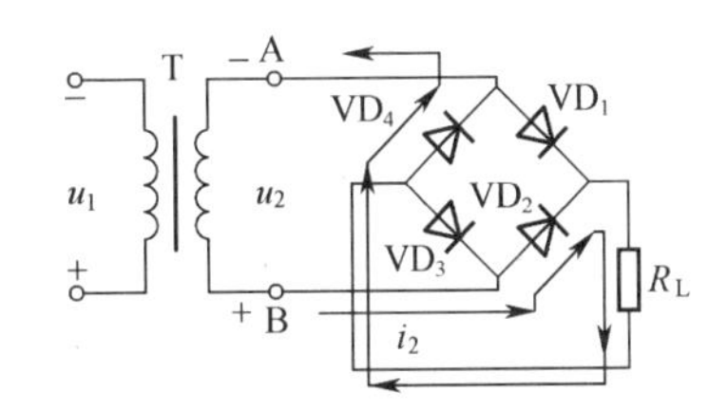

（b）u_2 为负半周时的电流方向

图 5.24　桥式整流电路工作过程

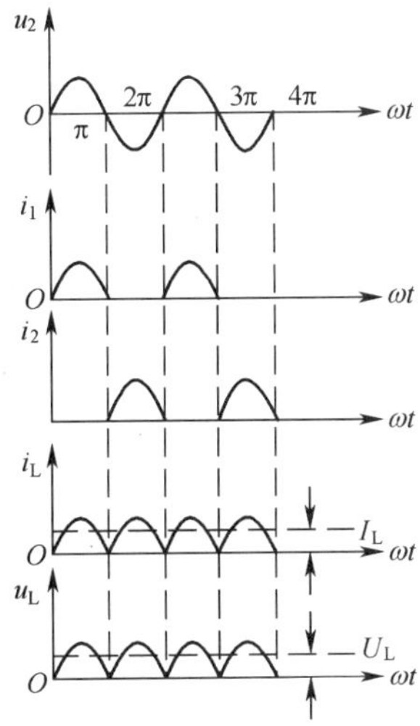

图 5.25　桥式整流电路工作波形图

2. 电路的定量关系——负载上、二极管上的电压和电流

在负载上得到的脉动直流电，经理论推导，其平均值为

$$U_L = 0.9U_2$$

$$I_L = \frac{U_L}{R_L} = \frac{0.9U_2}{R_L}$$

在整流二极管上只有一股电流（i_1 或 i_2）通过，是负载电阻上电流的一半，即

$$I_D = \frac{1}{2}I_L$$

每个二极管在截止时承受的反向峰值电压 U'_{RM} 是 u_2 的峰值，即

$$U'_{RM} = \sqrt{2}U_2$$

用上述公式计算图 5.23 电路中的 U_L、I_L，并验证理论分析与实际测量是否一致？

拓展与延伸　其他常用整流电路

常用整流电路除桥式全波整流电路外，还有半波整流、变压器中心抽头式全波整流和倍压整流电路。

1. 半波整流电路

半波整流电路由整流二极管、电源变压器和负载电阻构成，如图 5.26 所示。

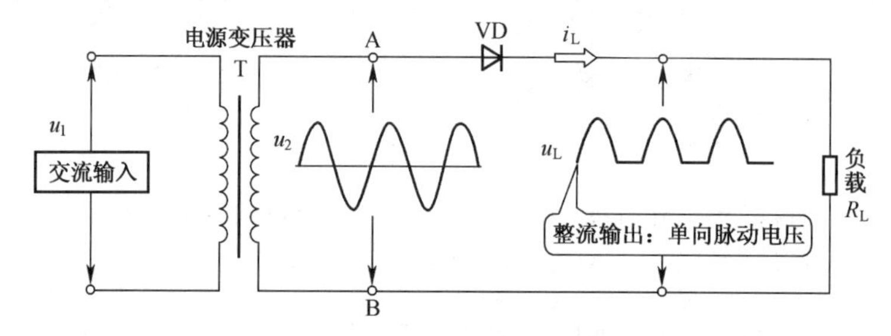

图 5.26　单相半波整流电路

经过科学计算，负载上的直流电压平均值为 $U_L = 0.45U_2$。根据欧姆定律，负载上的电流 $I_L = \frac{U_L}{R_L} = \frac{0.45U_2}{R_L}$。二极管上的电流与负载的一样，二极管承受的反向电压的峰值为 $\sqrt{2}U_2$。

半波整流电路电源利用率低，输出电压脉动性大。

2. 变压器中心抽头式全波整流电路

图 5.27 所示为变压器中心抽头式全波整流电路。全波整流电路实际上是由两个半波整流电路组成的。电源变压器 T 的次级线圈具有中心抽头，可得到两个大小相等而相位相反的交流电压 u_{2a} 和 u_{2b}。

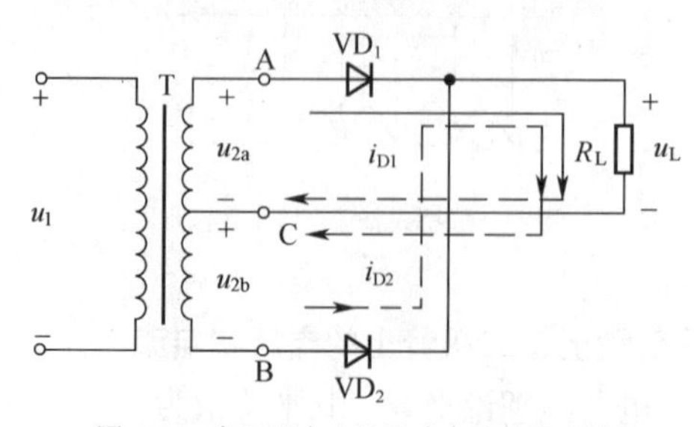

图 5.27　变压器中心抽头式全波整流电路

全波整流电路负载 R_L 上的电压、电流大小与桥式整流电路一样，即 $U_L = 0.9U_2$，$I_L = \frac{U_L}{R_L}$。二极管上的平均电流也为负载电流的一半，而二极管承受的反向峰值电压是变压器的次级绕组总电压的峰值，即 $I_D = \frac{1}{2}I_L$，$U'_{RM} = 2\sqrt{2}\,U_2$。

变压器中心抽头式全波整流电路用两只二极管，每个二极管承受的反压比桥式整流电路高，且变压器的次级绕组需要中心抽头。

3. 倍压整流电路

市场上出售的灭蚊灯、灭蝇灯，它们是把 220V 交流电经过倍压整流获得 1 000V 以上的直流电来电击虫子。倍压整流的目的，不仅要将交流电转换成直流电（整流），而且要在一定的变压器次级电压（U_2）之下，得到高出若干倍的直流电压（倍压）。实现倍压整流的方法，是利用二极管的整流和导引作用，将较低的直流电压分别存在多个电容器上，然后将它们按照相同的极性串接起来，从而得到较高的输出直流电压。图 5.28 所示为倍压整流电路，由于每个电容器上均充有 $\sqrt{2}\,U_2$ 的电压，5 个电容器正向串联就可得到 5 倍的 $\sqrt{2}\,U_2$ 电压。

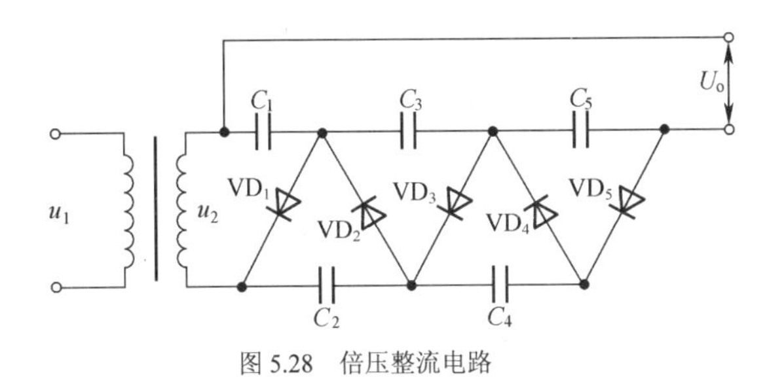

图 5.28　倍压整流电路

评一评　根据本节任务完成情况进行评价，并将结果填入下列表格。

项目 / 评价人	任务完成情况评价	等　级	评定签名
自己评			
同学评			
老师评			
综合评定			

知识能力训练

1. 半波整流时，$U_L =$ ________ U_2，全波整流时，$U_L =$ ________ U_2。

2. 在桥式整流电路中，把变压器次级的两个端钮互调，则输出直流电压的极性________。

3. 请在图 5.29 所示的单相桥式整流电路的 4 个桥臂上，按全波整流要求画上 4 个整流二极管，并使输出电压满足负载 R_L 所要求的极性。

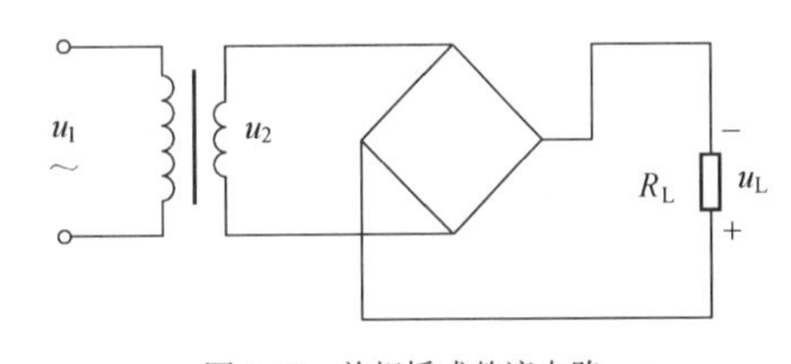

图 5.29　单相桥式整流电路

4. 单相半波整流电路的变压器次级电压为 15V，负载电阻为 10Ω，计算：

（1）整流输出电压 U_L；

（2）二极管通过的电流和承受的最大反向电压。

5.4 认识简单直流电源电路

交流电经过整流后得到的脉动直流电质量不高，不能直接供电子设备使用。其原因有两个方面，一方面其含有交流成分，另一方面其平均值会随电网电压 u_1 而变化。为了得到平滑、稳定的直流电，对脉动直流电要进行滤波和稳压，稳压电源由此产生。直流稳压电源结构方框图如图 5.30 所示。

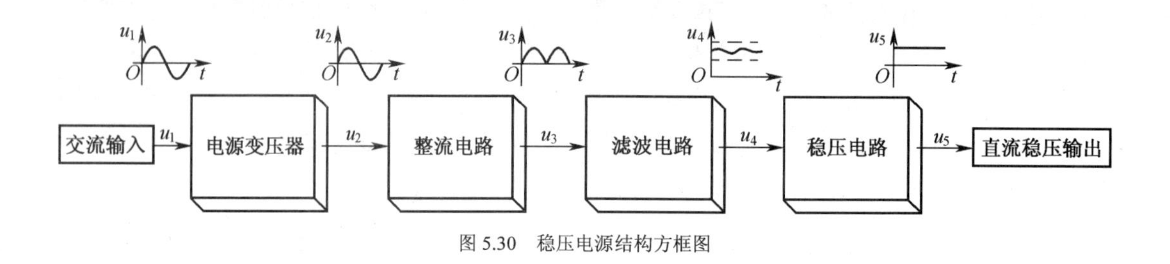

图 5.30　稳压电源结构方框图

5.4.1 了解稳压二极管的特性

观察稳压二极管的实物图（见图 5.31（a））。

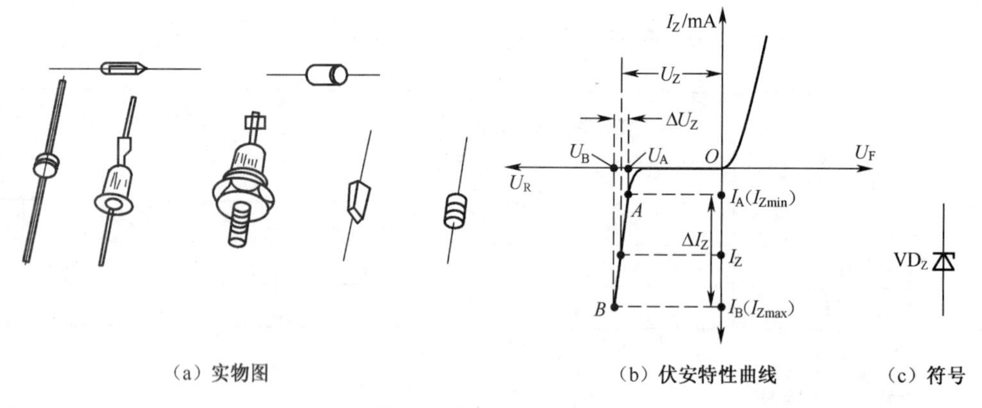

（a）实物图　（b）伏安特性曲线　（c）符号

图 5.31　稳压二极管

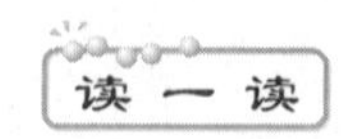

1. 稳压二极管的稳压特性

从稳压二极管伏安特性曲线中看出，稳压二极管的正向特性与普通二极管相同，反向特性曲线在击穿区比普通二极管更陡直。稳压二极管就是工作在击穿区，击穿后，通过管子的电流变化（ΔI_Z）很大，而管子两端电压变化（ΔU_Z）很小，这种特性称为稳压二极管的稳压特性（见图 5.31（b））。

2. 稳压二极管的主要参数

（1）稳定电压（U_Z）：每个稳压管只有一个稳定电压，一般可在半导体器件手册上查到。

（2）稳定电流（I_Z）：指稳压管在稳定电压下的工作电流。

（3）最大稳定电流（$I_Z$max）：稳压管允许长期通过的最大反向电流。

（4）动态电阻（r_z）：稳压管两端电压变化量与通过电流变化量之比值，即 $r_Z = \Delta U_Z/\Delta I_Z$ 动态电阻小的稳压管稳压性能好。

稳压二极管的符号如图 5.31（c）所示。

5.4.2 认识电容和电感的滤波特性

读一读 电容滤波器

电容滤波器是在负载电阻的两端并联一个电容器而构成的，它是根据电容器两端电压在电路状态改变时不能突变的原理工作的。

在图 5.32 所示桥式整流电路中，在接上电容器前后，分别用示波器测试负载电阻 R_L 上电压 u_L 的波形，同时用万用表测量输出电压的值，填入表 5.5 中。

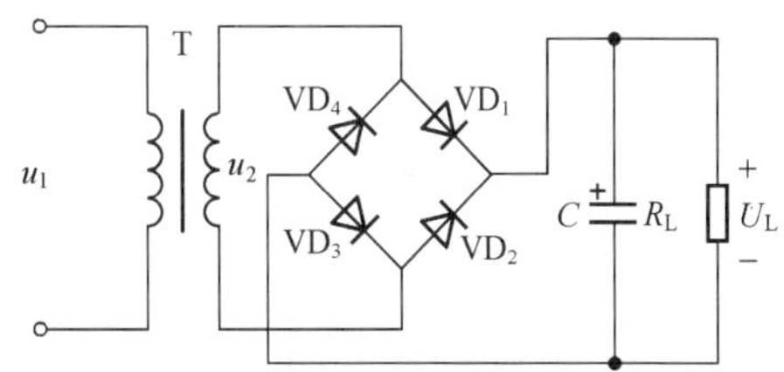

图 5.32 桥式整流电容滤波电路

表 5.5 记 录 表

	输出电压 u_L 的波形	输出电压 u_L 的值
断开电容器		
接上电容器		

比较发现：接上电容器后，输出电压 u_L 的波形变________，数值变________。为什么？

读一读 电容滤波原理

电容器具有“隔直流，通交流”的特性，而经过整流得到的脉动直流电具有直流和交流成分。这样交流成分通过电容器流动，直流成分通过负载流动，从而在负载 R_L 上得到平滑的直流电压。

电容滤波只适用于负载电流较小且基本不变的场合。

读一读 电感滤波器

电感滤波器电路是把电感器与负载电阻 R_L 串联。它是利用通过电感的电流不能突变的特性来工作的。

在图 5.33 所示电路中，在短路电感器前后，分别用示波器测试负载电阻 R_L 上电压的波形，并填入表 5.6 中。

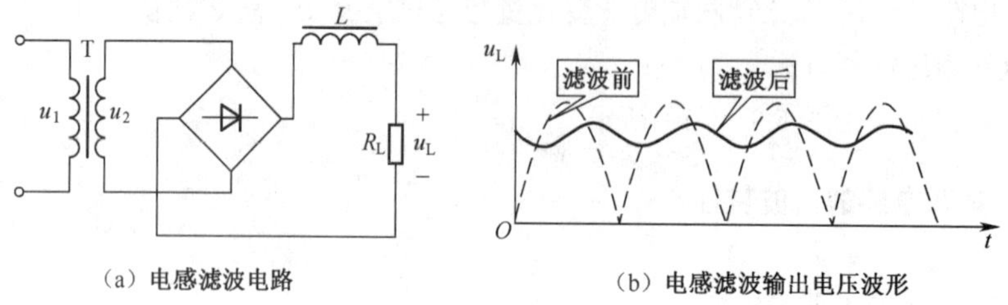

（a）电感滤波电路　　（b）电感滤波输出电压波形

图 5.33　电感滤波电路及其波形

表 5.6　　记　录　表

	输出电压 u_L 的波形
未短路电感器	
短路电感器	

比较发现：接上电感器后，输出电压 u_L 的波形变________，数值变________。为什么？

读一读　电感滤波原理

电感具有“阻交流，通直流”的特性，而经过整流得到的脉动直流电具有直流和交流成分。这样交流成分不能通过电感器，而直流成分可通过电感器流动，从而在负载 R_L 上得到平滑的直流电压。

电感滤波适用于负载电流较大且经常变化的场合。

滤波电容必须与负载并联，而滤波电感则必须与负载串联。

5.4.3　安装简单直流电源电路

稳压二极管工作在反向击穿区时，流过稳压管的电流在相当大的范围内变化，其两端的电压基本不变。利用稳压二极管的这一特性可做成简单直流稳压电源。

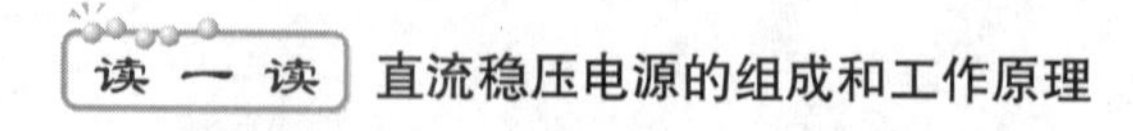

读一读　直流稳压电源的组成和工作原理

1. 电路组成

图 5.34 所示为硅稳压管直流稳压电源。虚线内的为稳压电路，稳压管 VDz 反向并联在 R_L 两

端。电阻 R 起限流和调压作用。稳压电路的输入电压 U_I 来自整流、滤波的输出电压。

2. 稳压原理

当输入电压 U_I 升高或负载 R_L 阻值变大时，都会造成输出电压 U_L 随之增大。那么稳压管的反向电压 U_Z 也会上升，从而引起稳压管电流 I_Z 的急剧加大，导致 R 上的压降 U_R 增大，从而抵消了输出电压 U_L 的变化。其稳压过程的符号式表示为

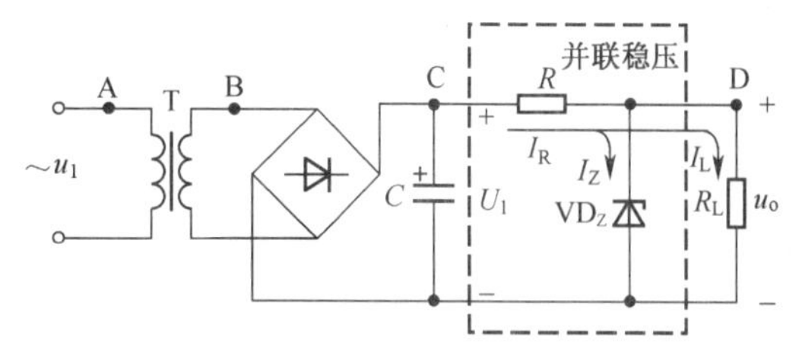

图 5.34　硅稳压管直流稳压电源

$U_I\uparrow$ 或 $R_L\uparrow\rightarrow U_L\uparrow\rightarrow I_Z\uparrow\rightarrow I_R\uparrow\rightarrow U_R\uparrow\rightarrow U_L\downarrow$

反之亦然。

3. 电路特点

该稳压电路结构简单，元件少，调试方便，但输出电流较小（几十毫安），输出电压不能调节，稳压性能也较差，只适用于要求不高的小型电子设备。

安装图 5.34 所示的直流稳压电源电路，并用图 5.35 所示电路测试。

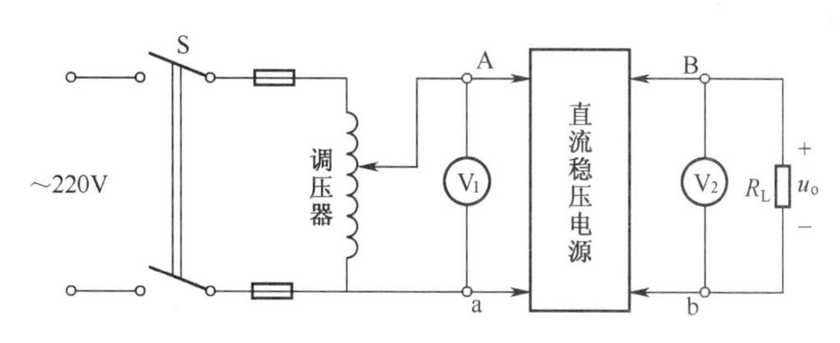

图 5.35　简单直流电源的测试

器材准备：降压变压器 T（220V/10V）1 只、整流二极管 VD_1～VD_4（1N4000）4 只、滤波电容器 C（1 000μF/16V）1 只、负载电阻 R_L（220Ω/1W）1 只、万用表 2 块、自耦变压器 1 只。

（1）检测所有的元器件，剔出坏的元器件。

（2）按照电路图安装，元器件安装顺序是先焊体积小的，再焊体积大的。

（3）稳压性能检测。检验焊接无误后，把变压器初级接入自耦变压器的次级，同时接上一块万用表（放在～250V 挡）检测。还需在负载电阻两端接上一块万用表（放在－10V 挡）检测负载电压。调节自耦变压器分别使其输出电压为 220V、198V、242V，测出 3 种情况下输出电压的值，分别填入表 5.7 中。

表 5.7　　记 录 表

U_1	198V	220V	242V
U_L			

（4）分析 3 种电网电压下的输出电压，发现________。

为什么电网电压取 198V、220V 和 242V 这 3 种？

我国规定正常的电网电压可以浮动±10%，正常时为220V，向下浮动10%即为198V，向上浮动10%即为242V。

5.4.4　测试简单直流电源电路各点波形

直流稳压电源是由哪几个部分组成的？

直流稳压电源由5大部分组成，即变压器、整流器、滤波器、稳压器和负载。

直流稳压电源的5大部分前面已研究过，变压器初、次级电压波形为________；桥式整流器输出电压波形为________；滤波器输出电压波形为________；稳压器输出电压波形为________；负载两端电压波形为________。

做一做

用示波器观察图5.34所示电路中的A、B、C、D各点的波形，并填入表5.8中。

测试步骤：

（1）开启示波器，预热后把探头接在初级线圈两端，测试A点的波形。

（2）将探头接在次级线圈两端，测试B点的波形。

（3）将电容器断开，测试C点的波形。

（4）接上电容器，测试C点的波形。

（5）测试稳压管和负载上D点的波形。

表5.8　　波形记录表

	A	B	C		D
			电容器断开	电容器接上	
波形					

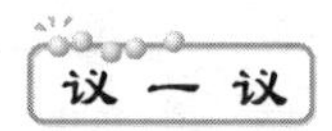

上表所测波形与稳压电源方框图所示波形是否一样？

拓展与延伸　集成稳压器

简单直流稳压电源输出电流小，稳压效果也较差。为了克服其缺点，人们利用集成电路技术制造出集成稳压器。集成稳压器具有体积小、外围元件少、性能稳定可靠、使用调整方便和价廉等优点。

集成稳压器管脚有多端式和三端式，输出电压有固定式和可调式之分。下面介绍最常用的三端固定式和可调式集成稳压器。

1. 三端固定式集成稳压器

三端固定式集成稳压器有两种类型，即正稳压器和负稳压器，分别为CW7800系列和CW7900系列。如图5.36所示，三端集成稳压器只有3个引脚，分别为输入端、输出端和公共端。CW7800系列的管脚排列是1脚为输入端，2脚为输出端，3脚为公共端；CW7900系列的管脚排列是1脚为公共端，2脚为输出端，3脚为输入端。

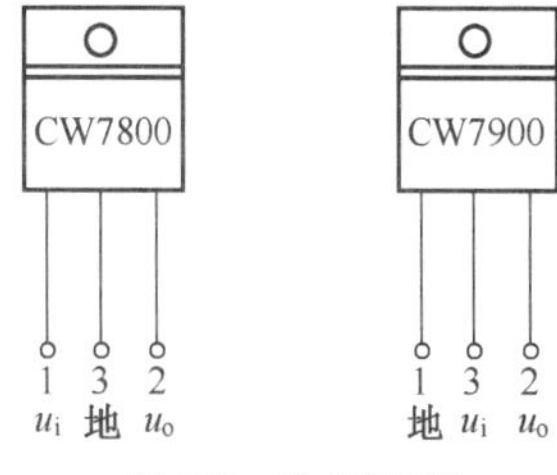

图5.36 集成稳压器

三端固定式稳压器的型号由5部分组成，其意义如下：

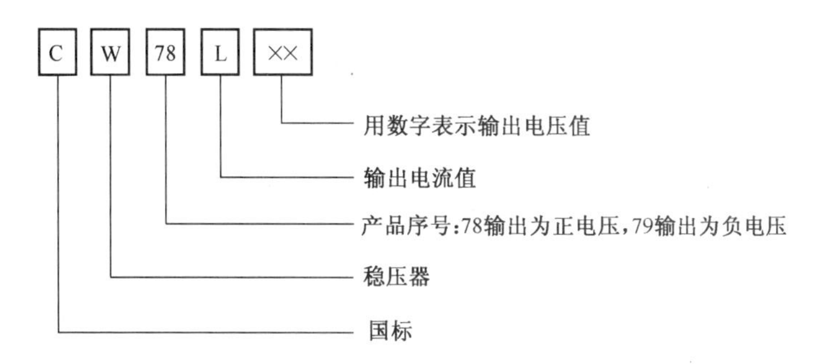

三端固定式稳压器输出电压系列如表5.9所示。

表5.9 三端固定式稳压器输出电压系列

7800系列	7805	7806	7808	7809	7812	7815	7818	7824
	5V	6V	8V	9V	12V	15V	18V	24V
7900系列	7905	7906	7908	7909	7912	7915	7918	7924
	−5V	−6V	−8V	−9V	−12V	−15V	−18V	−24V

根据输出电流的大小不同又可细分，三端固定式稳压器最大输出电流系列如表5.10所示。

表5.10 三端固定式稳压器最大输出电流系列

	7800系列				7900系列			
	78H00	7906	78M00	78L00	79H00	7900	79M00	79L00
最大输出电流	5A	1.5A	0.5A	0.1A	5A	1.5A	0.5A	0.1A

三端固定式稳压器的典型接线图如图5.37所示。电路中的C_1、C_2不能忽略，C_1的作用是减小纹波电压，防止高频自激振荡，C_2的作用是改善负载的瞬态响应。

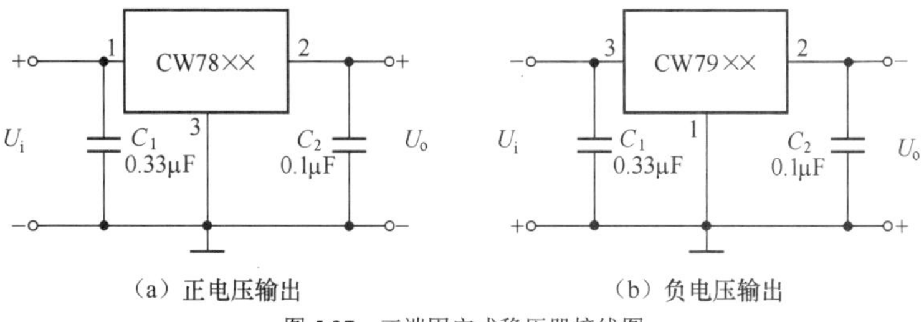

图5.37 三端固定式稳压器接线图

图5.38所示为集成稳压器在黑白电视机直流电源部分的应用。

2. 三端可调式集成稳压器

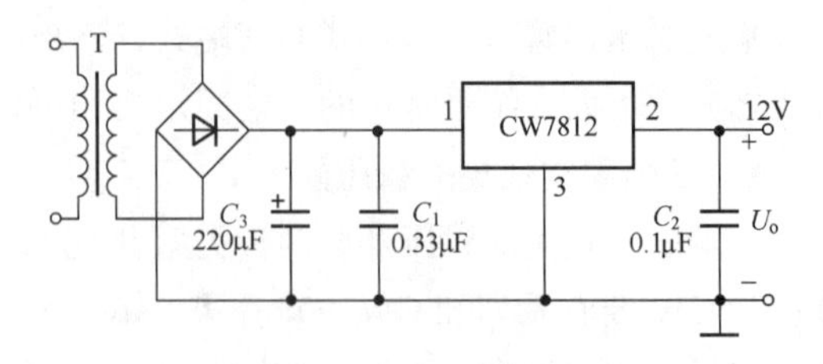

图5.38 CW7812集成稳压器应用电路

该集成稳压器输出电压可调，也有正电压输出和负电压输出两种，其外形和管脚的编号与三端固定式稳压器相同。CW317为三端可调式正压输出稳压器，其1脚为调整端，2脚为输入端，3脚为输出端。CW337为三端可调负压输出稳压器，其1脚为调整端，2脚为输出端，3脚为输入端。

CW317和CW337的基本应用电路如图5.39所示。输入电压范围是3～40V，输出可调电压范围是1.25～37V，器件最大输出电流为1.5A。

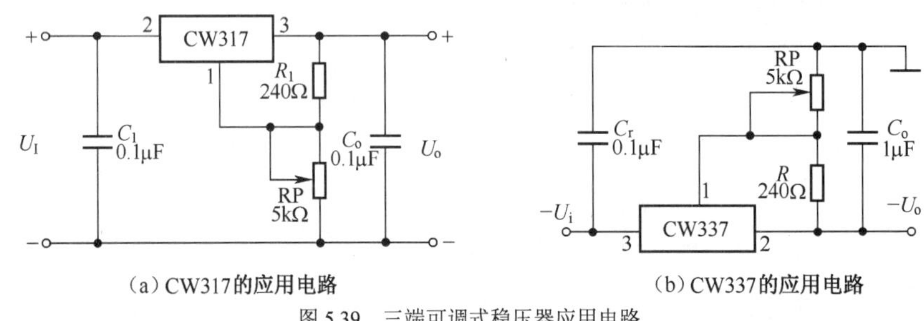

（a）CW317的应用电路　（b）CW337的应用电路

图5.39 三端可调式稳压器应用电路

评一评 根据本节任务完成情况进行评价，并将结果填入下列表格。

项目 / 评价人	任务完成情况评价	等级	评定签名
自己评			
同学评			
老师评			
综合评定			

知识能力训练

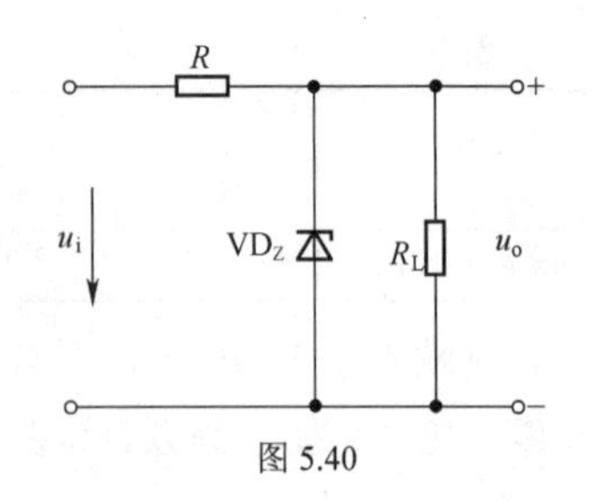

图5.40

1. 电容滤波电路常用在________场合；电感滤波电路常用在________场合。

2. 图5.40所示硅稳压二极管电路中，电阻R起________、________作用。

本章小结

1. 了解以下基本概念

（1）PN结单向导电性。

（2）二极管的伏安特性。

（3）二极管的主要参数——I_{FM}、U_{RM}、I_R。

（4）整流及脉动直流电。

（5）变压器的各参数、铁损和铜损。

（6）常见变压器——互感器、自耦变压器、三相变压器。

（7）稳压二极管的特性。

（8）电容滤波、电感滤波。

（9）集成稳压器。

2. 掌握下列操作方法

（1）二极管的简单测试。

（2）安装桥式整流电路。

（3）制作简易变压器。

（4）安装、测试简单稳压电源。

3. 掌握下列基本原理和分析方法

（1）桥式整流电路负载电阻及二极管上电流、电压的关系。

（2）变压器的“四变”，即变换交流电压$\frac{U_1}{U_2}=\frac{N_1}{N_2}=n$、变换交流电流$\frac{I_1}{I_2}=\frac{N_2}{N_1}=\frac{1}{n}$、变换交流阻抗$R_L'=n^2R_L$和变换相位。

（3）稳压电源的稳压原理，即 $U_i\uparrow$ 或 $R_L\uparrow\rightarrow U_L\uparrow\rightarrow I_Z\uparrow\rightarrow I_R\uparrow\rightarrow U_R\uparrow\rightarrow U_L\downarrow$。

思考与练习

一、判断题

1. 二极管的反向电流越小，其单向导电性能就越好。 (　　)
2. 整流输出电压加电容滤波后，电压波动性减小，故输出电压也下降。 (　　)
3. 普通二极管的正向使用没有稳压作用。 (　　)
4. 桥式整流电路中，交流电每半周有两个二极管导通。 (　　)
5. 电路中所需的各种直流电压，可以通过变压器变换获得。 (　　)

二、选择题

1. 适用于变压器铁心的材料是（　　）。

   A. 软磁材料　　B. 硬磁材料　　C. 矩磁材料　　D. 顺磁材料

2. 变压器是传递（　　）的电气设备。

   A. 电压　　B. 电流　　C. 电压、电流和阻抗　　D. 电能

3. 某二极管反向击穿电压为 150V，则其最高反向工作电压为（　　）。

   A. 约为 150V　　B. 可略大于 150V

   C. 不得大于 40V　　D. 等于 75V

4. 在图 5.41 所示滤波电路中，方法正确的是（　　）。

5. 在桥式整流电路中，若有一只二极管断开，则负载两端的直流电压将（　　）。

   A. 变为零　　B. 下降

   C. 升高　　D. 保持不变

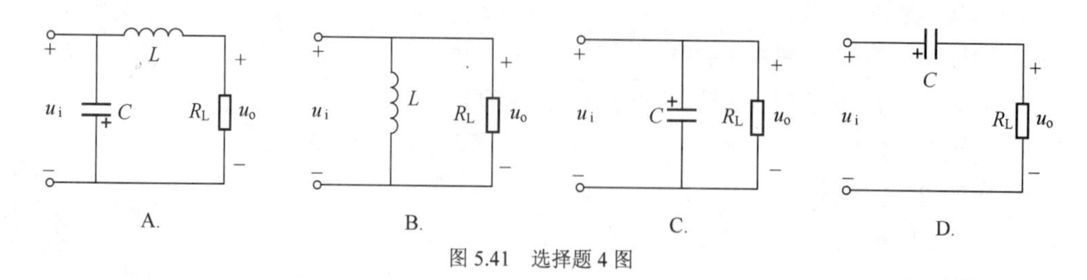

图 5.41　选择题 4 图

三、填空题

1. 二极管的主要特性是具有________。

2. 滤波电路的作用是使________的直流电变成________的直流电。

3. 某信号源的内阻 $r_0 = 90\text{k}\Omega$，负载电阻 $R_L = 10\text{k}\Omega$，要使阻抗匹配，在二者之间插入变压器，则变压器的变比 $n =$ ________。

4. 在电路中，如果流过二极管的正向电流过大，二极管将会________。如果加在二极管两端的反向电压过高，二极管将会________。

5. 锗二极管的死区电压是________V，导通电压是________V；硅二极管的死区电压是________V，导通电压是________V。

6. 电路如图 5.42 所示，VD 为理想二极管，二极管 VD 处于________状态，A、B 两端电压为________V。

7. 用万用表测量二极管的正向电阻时，________表笔接二极管的正极，________接二极管的负极。

8. 变压器的初、次级绕组是通过________耦合的，电气上不相连。

9. 根据变压器变换电压和变换电流的公式，可判断导线________的为高压绕组。

10. 硅稳压二极管的稳压电路中，稳压管必须与负载电阻________。限流电阻不仅具有________作用，也有________作用。

11. 半波整流与桥式整流，输出电压脉动成分较小的是________。

四、分析计算题

1. 指出图 5.43 所示稳压电路中的错误，并改正之。

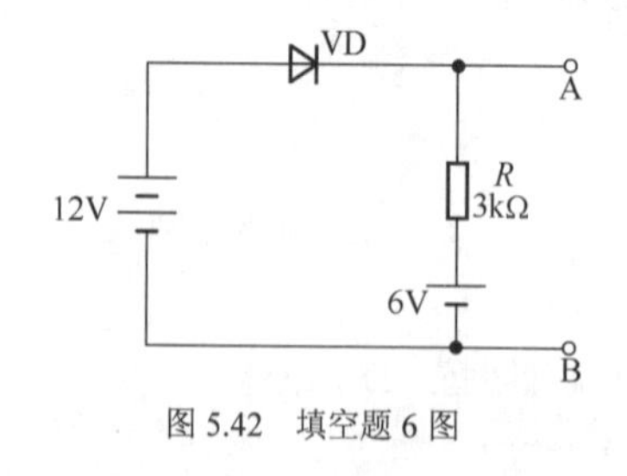

图 5.42　填空题 6 图

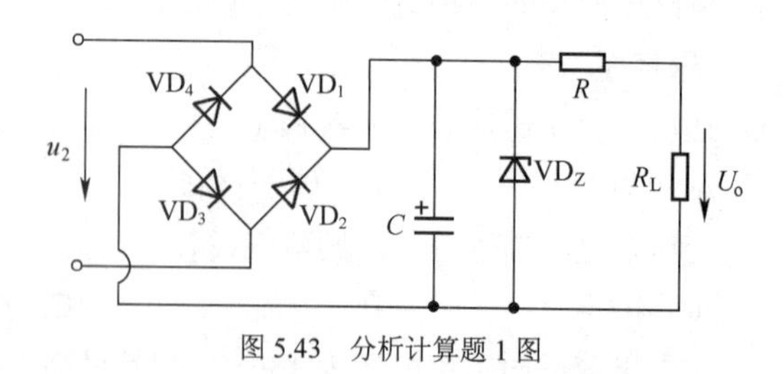

图 5.43　分析计算题 1 图

2. 画出桥式全波整流电路图。若输出电压 $U_L = 9\text{V}$，负载电流 $I_L = 100\text{mA}$，试求：

（1）电源变压器的次级电压 U_2；

（2）整流二极管承受的最大反向电压。

3. 有一台 220V/36V 的降压变压器，副边接一盏 36V/40W 的灯泡，试求：

（1）若变压器的原边绕组 $N_1 = 1\,100$ 匝，副边绕组应是多少匝？

（2）灯泡点亮后，原、副边的电流各为多少？

第6章 三极管及放大电路

在电子设备中，通常需要把微弱的信号加以放大去推动较大功率的负载工作，如收音机将天线接收下来的微弱信号放大几百万倍，才能推动扬声器发出声音。这就需要放大电路（或称放大器），而放大电路的核心器件为三极管。本章先介绍三极管的基本知识，然后讨论由它构成的基本放大电路的工作原理和一般分析方法。

知识目标

- 掌握三极管的放大作用和电流分配关系，理解三极管的主要参数。
- 掌握共射分压式偏置放大电路的组成，各元件的作用。
- 能够正确地画出放大电路的直流通路和交流通路。
- 掌握用估算法求放大电路静态工作点、输入电阻、输出电阻和电压放大倍数的方法。
- 熟悉射极输出器的特点，并了解它的应用。
- 掌握射极输出器的静态工作点、电压放大倍数、输入电阻和输出电阻的计算。
- 了解反馈及其分类，理解负反馈对放大电路性能的影响。
- 了解集成运算放大电路的外形和符号。
- 掌握理想集成运算放大电路的主要特性、线性使用。

技能目标

- 能识别三极管的管脚，掌握三极管的简易测试方法。
- 会用万用表测量放大电路的静态工作点。
- 会用示波器观察信号的波形。
- 会用毫伏表测量输入、输出信号的有效值，并计算电压放大倍数。
- 能正确识别集成运算放大电路的引脚。
- 初步具备排除集成运算放大电路常见故障的能力。

6.1 认识三极管

三极管是电子线路中的重要元件，它具有电流放大作用。

6.1.1 了解三极管的材料、结构、特性、参数

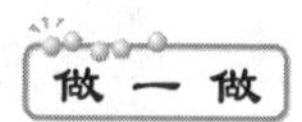

观察常用三极管的外形（见图 6.1）。

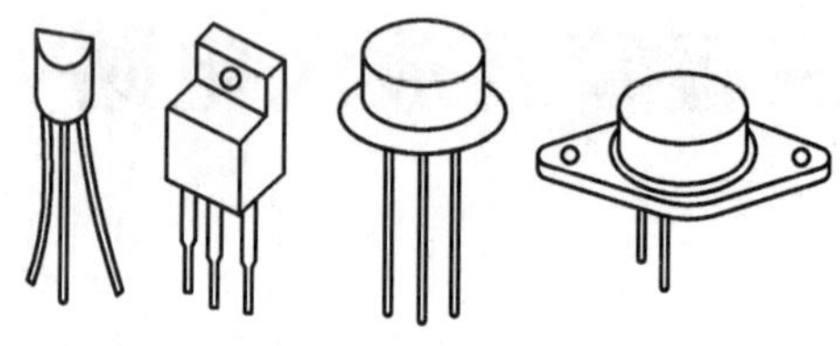

图 6.1 常用三极管的外形

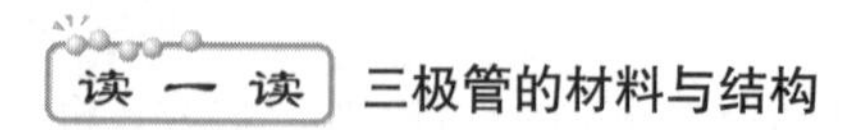

三极管的材料与结构

三极管的制造材料主要有锗（Ge）和硅（Si），其外部由管座和 3 个管脚构成，其内部有 3 个区、2 个 PN 结和 3 个电极。

三极管是由两个相距很近的 PN 结组成的。它有 3 个区，即发射区、基区和集电区，每个区各自引出了一个电极分别称为发射极 e、基极 b 和集电极 c。发射区与基区之间的 PN 结称为发射结，集电区与基区之间的 PN 结称为集电结，如图 6.2 所示。

三极管有两种导电类型，分别为 PNP 型和 NPN 型。三极管的文字符号是 VT，图形符号如图 6.3 所示。

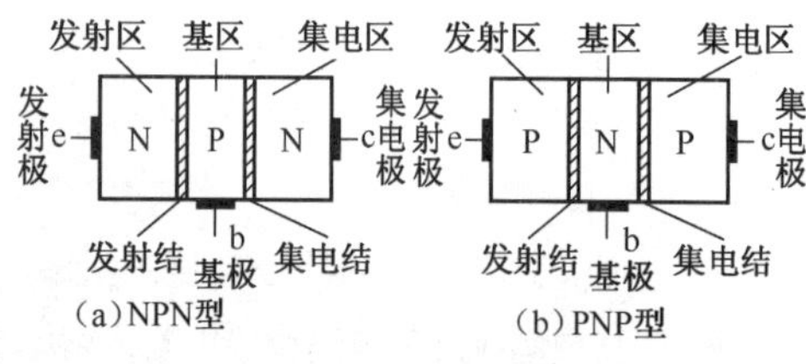

图 6.2 三极管的结构

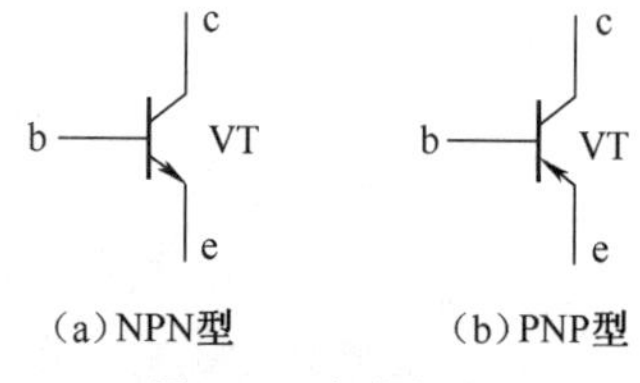

图 6.3 三极管的符号

议一议

二极管具有一个 PN 结，三极管具有两个 PN 结，能否用两个二极管组成一个三极管？

读一读

三极管在制造过程中有一定的工艺要求，3 个区各有特点，所以不能用两个二极管代替三极管，也不能将三极管的发射极和集电极颠倒使用。

读一读 **三极管的型号**

三极管的型号常用来表示它的制造材料、基本性能和用法。它同二极管的命名一样符合国家标准 GB 249—89 的规定，也是由 5 个部分组成，详见本书附录 A。

练一练

指出下列各三极管型号的含义。

3AX31C____________________。　　3DG201A____________________。

3DD15D____________________。　　3DK3B____________________。

读一读　三极管的电流放大特性

1. 三极管的3个工作状态

根据三极管内两个PN结的偏置情况，可把三极管工作状态分成3种情形：放大状态、饱和状态和截止状态。3种状态的PN结偏置情况如表6.1所示。

表6.1　三极管3种状态的PN结偏置情况

	发射结	集电结
放大状态	正偏	反偏
饱和状态	正偏	正偏
截止状态	反偏	反偏

注：PN结正偏是指P型半导体上电位高于N型半导体的电位，PN结反偏正好相反。

2. 三极管的电流放大作用

要使三极管起放大作用，必须让它工作在放大状态。现以NPN型三极管为例，用实验来说明。

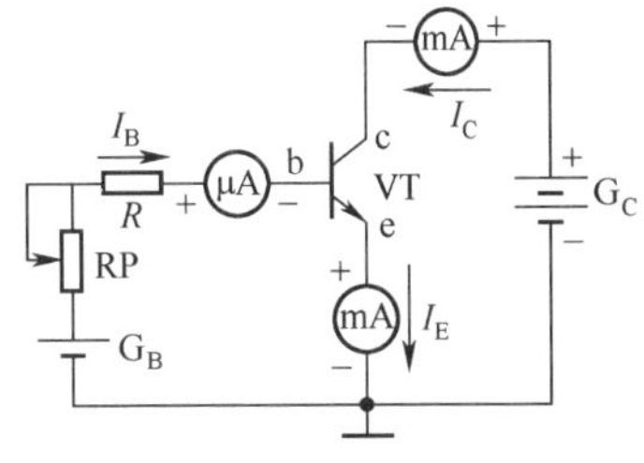

图6.4　三极管3个电流的测量

按图6.4所示电路连接实验器材，图中RP用于调节I_B，R是限流电阻，防止RP调到零，保护三极管。

调节RP使I_B依次为0、20、40、60μA，同时读出与各I_B相对应的I_C、I_E值，并记于表6.2中。I_B、I_C、I_E分别称为基极电流、集电极电流和发射极电流。

表6.2　实验数据记录

实验序号	I_B/μA	I_C/mA	I_E/mA	$\overline{\beta}=I_C/I_B$
1	0			
2	20			
3	40			
4	60			

分析以上实验，得出以下几点结论。

（1）三极管各电极电流分配关系为

$$I_E = I_B + I_C$$

由于I_B相对很小，上式近似为$I_E \approx I_C$。

（2）直流$\overline{\beta}$(h_{FE})：当基极电流I_B增大时，集电极电流I_C按正比例相应增大，I_C与I_B的比值称为三极管直流电流放大系数$\overline{\beta}$，即

$$\overline{\beta} = \frac{I_C}{I_B}$$

（3）交流β(h_{fe})：当基极电流发生微小变化时，集电极电流产生较大变化。集电极电流变化量ΔI_C与基极电流相应变化量ΔI_B的比值称为三极管的交流电流放大系数β，即

$$\beta = \frac{\Delta I_C}{\Delta I_B}$$

实验表明，三极管基极电流发生微小变化时，会引起集电极电流的很大变化。这种以小电流控制大电流的作用，就是三极管的电流放大作用。

一般情况下 $\beta=\overline{\beta}$，二者以后都用 β 表示。

（4）穿透电流（I_{CEO}）：指在基极开路时集电极到发射极的电流。I_{CEO} 是反映三极管温度稳定性的参数，其值越小，三极管的质量越好。

读一读　三极管的主要参数

三极管的主要参数是用来表征管子性能和适用范围的参考数据。

（1）电流放大系数 β：是表示三极管电流放大能力的参数。一般要求在 20～200 之间，β 值太大的管子工作不稳定。

（2）穿透电流（I_{CEO}）：是指在基极开路、集电结反向偏置时，集电极与发射极之间的反向电流。硅管的 I_{CEO} 比锗管小得多，因此硅管的性能更稳定。

（3）极限参数。

① 集电极最大允许电流 I_{CM}：集电极电流过大，三极管 β 值要降低。当 I_C 超过 I_{CM} 后，β 将下降到不能允许的程度。

② 集电极最大允许耗散功率 P_{CM}：集电极电流通过三极管时引起功耗，主要使集电极发热，结温升高。当功耗超过 P_{CM} 后，三极管过热损坏。

③ 反向击穿电压 $U_{(BR)CEO}$：它是基极开路时，加在集电极和发射极之间的最大允许电压。电压超过此值，管子因热击穿而损坏。

6.1.2　判别三极管的管脚和型号

三极管在使用前应了解它的性能优劣，判别它能否符合使用要求。三极管的测试最好使用晶体管特性图示仪，也可用万用表做一些简单的测试。

1. 基极的判别

将万用表置于 R × 100Ω挡或 R × 1kΩ挡。假设三极管的一个电极为 b 极，并用黑表笔与假定的 b 极相连，然后用红表笔分别与另外两个电极相连，如图 6.5 所示。若两次测得的阻值要么同为大，要么同为小，则所假设的电极确实为基极。若两次测得的阻值一大一小，则表明假设的电极并非真正的基极，需将黑表笔所接的管脚调换一个，再按上述方法测试。用此方法可确定三极管的基极和管型，如表 6.3 所示。

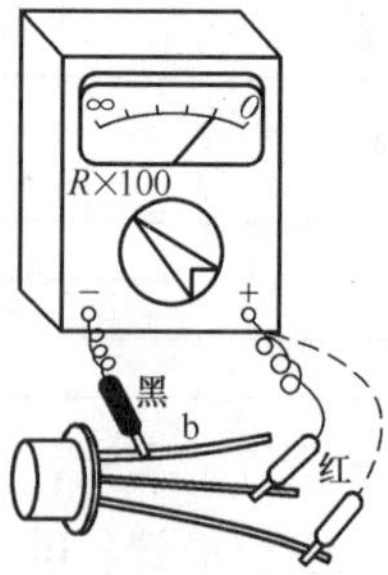

图 6.5　判断三极管的基极和管型

表 6.3　用万用表判别三极管的基极和管型

	假设一个基极
NPN 型	黑表笔接假设基极，红表笔分别接另外两极，阻值均小 红表笔接假设基极，黑表笔分别接另外两极，阻值均大
PNP 型	红表笔接假设基极，黑表笔分别接另外两极，阻值均小 黑表笔接假设基极，红表笔分别接另外两极，阻值均大

2. 发射极、集电极的判别

在基极确定后，可接着判别发射极 e 和集电极 c。以 NPN 型三极管为例：将万用表的黑表笔和红表笔分别接触两个待定的电极，然后用手指捏紧黑表笔和 b 极（不能将两极短路，即相当于一个电阻），观察表针的摆动幅度，如图 6.6 所示。然后将黑、红表笔对调，重测一次。比较两次表针摆动幅度，摆幅大的一次，黑表笔所接管脚为 c 极，红表笔所接管脚为 e 极。若为 PNP 型三极管，上述方法中将黑、红表笔对换即可。

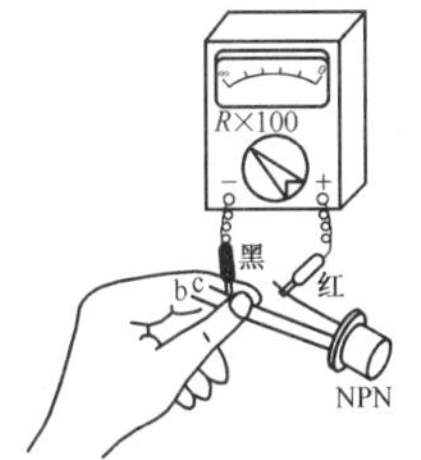

图 6.6　判断三极管的发射极和集电极

3. 电流放大系数 β 的估计

选用带 h_{FE} 测试功能的万用表（如 MF-47 型），将转换开关拨至 ADJ 挡，把红、黑表笔短接，调节调零电位器使指针指在 h_{FE} 的最大值，然后再把转换开关拨至 h_{FE} 挡，断开两表笔，最后把三极管的管脚（按 NPN 型和 PNP 型）插入测试插座，读数即可。

给出三极管 3DD8、3AX31 和 3DG4 各 1 只，先判别三极管的管型和管脚，再判别其 e、b、c 极及 β 值，并将结果记入表 6.4 中。

表 6.4　用万用表对三极管进行相关判别

型　号			3DD8	3AX31	3DG4
管脚图					
阻值	基极接红表笔	b、e 之间			
		b、c 之间			
	基极接黑表笔	e、b 之间			
		c、b 之间			
β 值					
合格否					

拓展与延伸　三极管的特性曲线

共射放大电路中的三极管有两个输入端、两个输出端，如图 6.7 所示。输入端的电流 I_B 与输入端电压 U_{BE} 的关系称为三极管的输入特性；输出端的电流 I_C 与输出端电压 U_{CE} 的关系称为三极管的输出特性。输入特性和输出特性统称为三极管的特性，均可用特性曲线表示。一般特性曲线可由晶体管特性图示仪测得。

1. 输入特性曲线

如图 6.8 所示的输入特性曲线，是在输出电压 U_{CE} 为定值时，I_B 与 U_{BE} 之间对应关系的曲线。

三极管的输入特性曲线与二极管的伏安特性曲线正向部分相似。当 U_{BE} 很小时，$I_B=0$，三极管正向截止。当 U_{BE} 大于门坎电压（硅管为 0.5V，锗管为 0.2V）后，三极管开始导通，产生 I_B。

正常导通时，硅管的导通电压约为0.7V，锗管约为0.3V。

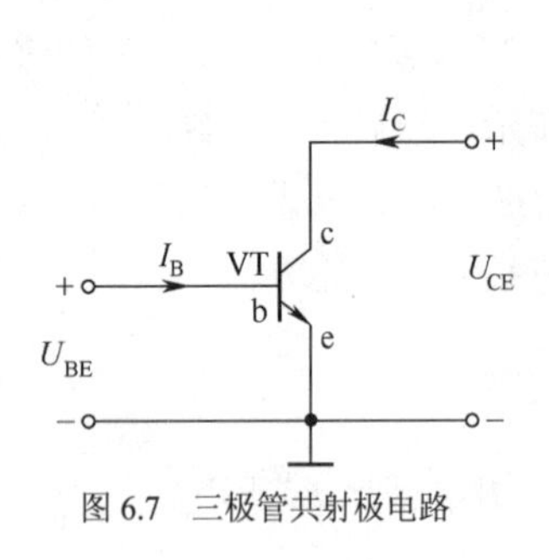

图6.7　三极管共射极电路

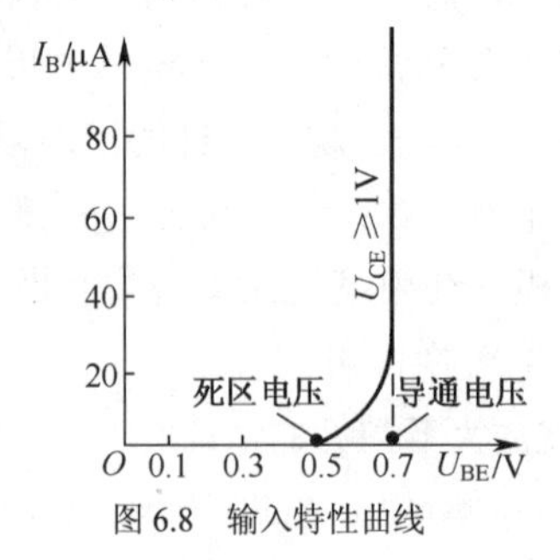

图6.8　输入特性曲线

2. 输出特性曲线

如图6.9所示的输出特性曲线，是在基极电流I_B为某一定值时，集电极电流I_C与集电极电压U_{CE}之间的关系，每一个I_B值对应一根曲线，故输出特性曲线是一族曲线。

输出特性曲线可分为3个区域：截止区、放大区和饱和区。

（1）截止区：由$I_B=0$曲线与横坐标轴所围的区域是截止区。此时三极管内部各极开路，发射结反偏或零偏，集电结反偏。

（2）放大区：在放大区，I_C受到I_B的控制，即$I_C=\beta I_B$，具有电流放大作用。此时三极管的发射结正偏，集电结反偏。

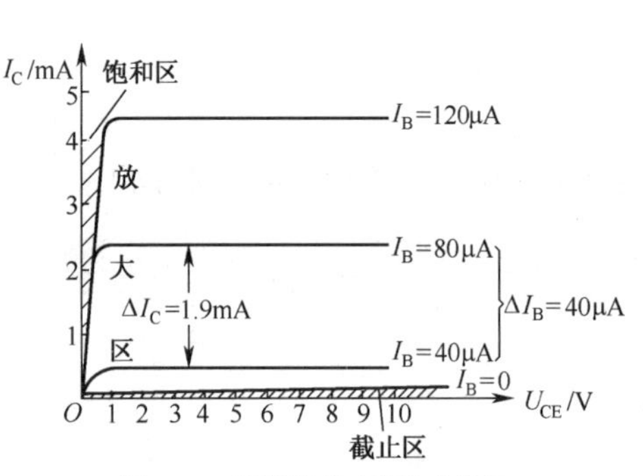

图6.9　三极管的输出特性曲线图

（3）饱和区：在饱和区，三极管的I_C不随I_B的增大而变化。三极管饱和时的U_{CE}值称为饱和压降，记为U_{CES}，一般很小，硅管的$U_{CES}\approx 0.3V$，锗管的$U_{CES}\approx 0.1V$。此时三极管的发射结和集电结都处于正偏状态。

在模拟电路中三极管处于“放大”状态，工作于放大区；在数字电路中三极管处于“开关”状态，工作于饱和区与截止区。

评一评　根据本节任务完成情况进行评价，并将结果填入下列表格。

项目 / 评价人	任务完成情况评价	等　级	评定签名
自己评			
同学评			
老师评			
综合评定			

知识能力训练

1. 若测得三极管3AX31的电流为：当$I_B=20\mu A$时，$I_C=2mA$；当$I_B=60\mu A$时，$I_C=5.4mA$，则可求得该管的β为________。

2. 在某放大电路中，三极管的两个电极电流如图6.10所示，则：

（1）另一个极电流的大小等于________，方向是流________管子；

（2）________脚为 E 极，________脚为 B 极，________脚为 C 极，该管为________型管（填 NPN 或 PNP）；

（3）该管的 $\beta \approx \overline{\beta}$ =________。

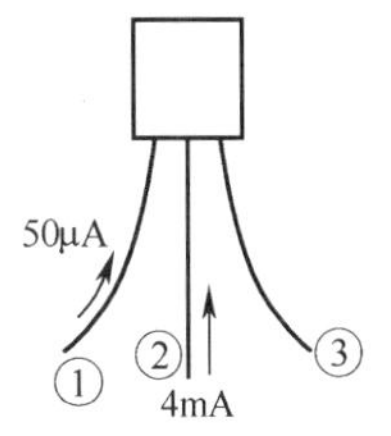

图 6.10　三极管的 3 个极

3. 某三极管的发射极电流为 3.24mA，基极电流为 40μA，则集电极电流 I_C = _____mA。

6.2 认识基本放大电路

所谓放大电路，就是把微弱的电信号（电流、电压或功率）转变为较强的电信号的电子电路。在日常生活和生产领域中，往往要求用微弱的电信号去控制较大功率的负载，如空调器的感温头（传感器）能使温度信号产生微弱的电信号，经过放大电路放大后去控制大功率压缩机的工作，最终控制温度。

6.2.1 连接单管共射放大电路

按图 6.11 所示电路图连接电路。元器件包括三极管 1 只（3DG6C）、电阻器 6 只（15kΩ、11kΩ、5.1kΩ、18kΩ 各 1 只，1kΩ2 只），电位器 1 只（100kΩ），电容器（100μF）3 只，面包板 1 块。

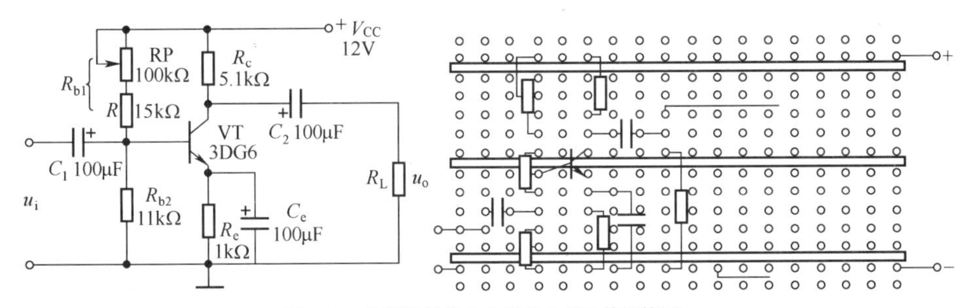

图 6.11　单管共射放大电路及分立元件插接图

连接步骤如下。

1. 检测各元器件

（1）测电阻：用万用表测量各电阻值并与标称值对照。

（2）测电位器：测电位器最大阻值、最小阻值，注意有无突变，若有则应更换。

（3）测试三极管：判别各管脚的电极，检测 β 值。

将所有数据记入表 6.5 中。

表 6.5　测试记录表

名　称	电　阻　器					电位器	电　容　器			三极管
代号	R	R_{b2}	R_c	R_e	R_L	RP	C_1	C_2	C_e	β
标称值										
测量值										

2. 组装及检查电路

根据面包板接线图，按三极管、电阻器、电容器的顺序插装电路（注意三极管的管脚、电解电容器正负极）。然后检查电路，保证组装正确，接线可靠。

6.2.2 测试放大电路的波形和参数

读一读 放大电路中各元器件的作用

电路仍如图6.11所示，其中各元器件的作用如下。

（1）三极管VT：放大电路的核心器件，具有电流放大作用和能量转换作用。

（2）直流电源 V_{CC}：一方面给放大电路提供能源；另一方面保证发射结正偏，集电结反偏，使三极管工作在放大状态。

（3）集电极直流电阻 R_C：把三极管的电流放大作用转换为电压放大的形式。

（4）耦合电容 C_1、C_2：一方面耦合交流信号；另一方面将三极管与信号源、负载的直流静态工作点分开。

（5）R_{B1}、R_{B2}：给三极管的基极提供合适的偏置电流。

（6）R_E：引入直流负反馈，稳定静态工作点。

（7）C_E：提供交流信号的通道，减少信号放大过程中的损耗。

读一读 放大电路的静态、动态及其参数

1. 静态及其参数

静态——放大电路接通电源但没有信号输入的状态。

静态工作点 Q——静态时三极管直流电压 U_{BE}、U_{CE} 和对应的直流电流 I_B、I_C 等参数的统称，分别记作 U_{BEQ}、I_{BQ}、U_{CEQ} 和 I_{CQ}，其波形如图6.12中所示。

2. 动态及其参数

动态——在放大电路的输入端加入交流信号时的状态。动态时电路中的各电压、电流量都随输入信号变化，此时，加在三极管B、E两极间的是直流电压量 U_{BEQ} 和交流信号量 u_i 两种电压量的叠加，记为 u_{BE}，其波形具有单向脉动性。由于 u_{BE} 的作用，将产生另一个脉动直流电流 i_B 流过输入回路。i_B 流经三极管时被放大成较大的电流 i_C，在C、E两极之间将得到放大的电压信号 u_{CE}，它们也都具有单向脉动性。由于隔直电容 C_2 的作用，u_{CE} 的直流量被阻隔，只有交流分量通过 C_2，形成输出电压 u_o，这正是希望得到的放大的电压信号，如图6.13所示。

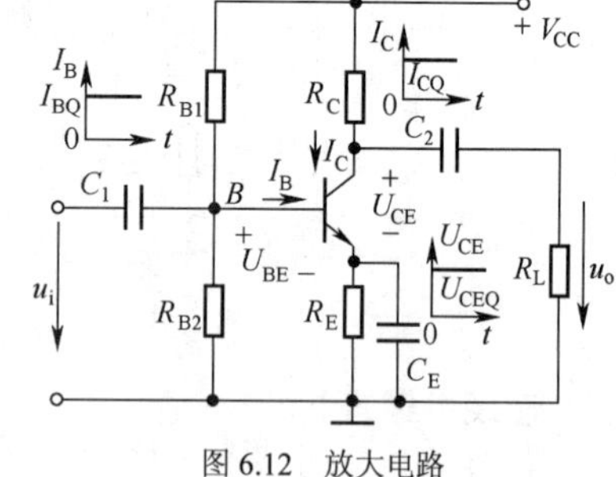

图6.12 放大电路

输入放大电路的是交流电压信号，输出的也是交流电压信号，其幅度被放大，而流经三极管的仍是直流电（脉动直流电），完成交直流分离的是电容器 C_1、C_2。对输入、输出信号来说，直流量仅是一种运载工具，信号被运载进入放大电路，从直流电源中吸取能量，得以放大后离开直流量，输出至负载。

1. 为了使放大电路不失真地放大信号，放大电路必须建立合适的静态工作点。
2. 放大电路输出的交流信号 u_o 与输入信号 u_i 的波形是反相的。
3. 在交流放大电路中同时存在着直流分量和交流分量两种成分。

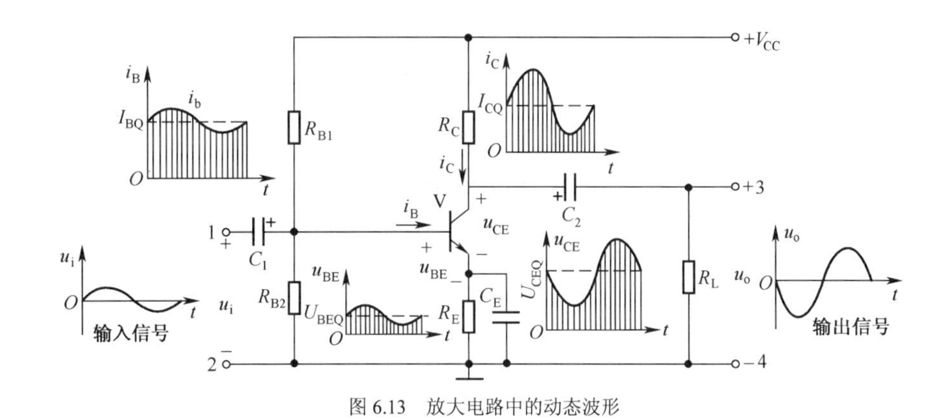

图 6.13　放大电路中的动态波形

为了便于讨论，对放大过程中各量的符号作如下规定：用大写 U、I 加大写的下标表示直流电压、电流分量，如 U_{BE}、I_B、U_{CE}、I_C 等；用小写的 u、i 加小写下标表示交流信号各分量，如 u_i、i_b、u_{ce} 等；用小写的 u、i 加大写下标表示总量，即交、直流的叠加量，如 u_{BE}、i_B、u_{CE} 等。因此上述放大电路中各量的关系为

$$u_{BE}=U_{BEQ}+u_{be}=U_{BEQ}+u_i$$
$$i_B=I_{BQ}+i_b$$
$$i_C=I_{CQ}+i_c$$
$$u_{CE}=U_{CEQ}+u_{ce}=U_{CEQ}+u_o$$

描述放大电路基本性能的指标主要有：电压放大倍数 A_u、输入电阻 r_i、输出电阻 r_o 等。

（1）电压放大倍数 A_u：反映放大电路对信号的放大能力。定义为输出电压有效值与输入电压有效值之比，即

$$A_u=U_o/U_i$$

式中，U_o、U_i 分别为输出交流电压 u_o、输入交流电压 u_i 的有效值。

（2）输入电阻 r_i 和输出电阻 r_o：输入电阻 r_i 是撇开信号源从放大电路的输入端看进去，放大电路对输入信号所呈现的等效动态电阻。

输出电阻 r_o 是撇开负载电阻 R_L 从放大电路的输出端看进去的等效动态电阻。

一般情况下，放大电路的输入电阻大，有利于减小信号源的负担；放大电路的输出电阻小，有利于提高带负载的能力。

做一做　测试放大电路静态工作点

在图 6.11 所示连接好的电路上，测试放大电路的静态工作点 Q、各点波形及 A_u、r_i、r_o 的值。

测试设备：低频信号源 1 台，晶体管毫伏表 1 台，示波器 1 台，万用表 2 块，直流稳压电源 1 台。

把直流电源调至 12V，在三极管集电极串入万用表甲（直流电流 5mA 挡），在三极管基极串入万用表乙（直流电流 100μA 挡）。

（1）按 $I_{CQ}=1\text{mA}$ 调试：调节 RP，使万用表的指示为 $I_{CQ}=1\text{mA}$，读出此时基极电流 I_{BQ} 的值。拆下万用表，连接好电路后，再用万用表电压挡测此时三极管各极对地电位：V_C、V_B、V_E，将测试值填入表 6.6 中。

表 6.6　　测试记录表

测试要求	实测值					计算		
	V_C/V	V_B/V	V_E/V	I_{BQ}/μA	I_{CQ}/mA	U_{BEQ}/V	U_{CEQ}/V	β
I_{CQ} = 1mA					1			
最大不失真时								

（2）以最大不失真输出为依据调测：接入负载 R_L（18kΩ），输入端加入 1kHz、3～5mV 正弦波信号 u_i，用示波器观察波形。调节 RP 并改变输入信号 u_i 的幅度，使输出信号达到最大不失真为止。去掉输入信号后，用万用表再测 V_C、V_B、V_E 和 I_{CQ}、I_{BQ} 的值，记入表 6.6 中，算出最佳静态工作点。

议 一 议

测量集电极电流 I_{CQ} 时，需要把电路断开，很不方便，能否用测量电压的方法来间接测量电流？

用测量电压的方法可以解决。用万用表测量 V_C 或 V_E，则 $I_{CQ} \approx I_{EQ} = V_E/R_E$ 或 $I_{CQ} = (V_{CC} - V_C)/R_C$。

做 一 做　测试放大电路各点的信号波形

（1）调试电位器 RP，使放大电路处于最大不失真状态。

（2）调节低频信号源，使其输出 5mV、1kHz 的低频正弦波信号，接入放大电路输入端。

（3）调节示波器，使其处于示波状态，接入放大电路的输出端。

（4）观察放大电路的 u_i、u_{BE}、u_{CE} 和 u_o 的波形，填入表 6.7 中。

表 6.7　　波形记录表

u_i	u_{BE}	u_{CE}	u_o

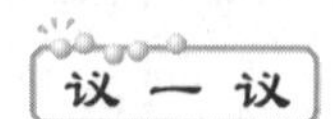

上述测量的波形与图 6.13 所示波形是否一致。

做 一 做　测试放大电路的放大倍数

（1）在放大电路输入端输入 f = 1kHz，U_i = 10mV 的正弦波信号，令放大电路输出端分别为空载、R_L = 18kΩ、R_L = 1kΩ时，在输出波形无明显失真的情况下，用毫伏表测量输出电压 U_o，记入表 6.8 中。

表 6.8　　测量值记录表

负载情况 \ 电压	U_o/V	U_i/mV	A_u
$R_L = \infty$		10	
R_L = 18kΩ		10	
R_L = 1kΩ		10	

（2）计算出电压放大倍数 A_u，并填入表 6.8 中。

在表 6.8 中，负载电阻变小，电压放大倍数 A_u 怎么变化？

6.2.3 认识放大电路的性能特点

通过电路分析可以认识电路的性能特点。放大电路分析分为直流分析和交流分析，直流分析的是放大电路的静态工作点 Q，在直流通路上进行；交流分析的是放大电路的性能指标（A_u、r_i、r_o 等），在交流通路进行。

读 一 读 直流通路和交流通路

在放大电路中，同时存在着直流分量和交流分量两种成分。直流信号的通道称为直流通路，交流信号的通道称为交流通路。

直流通路和交流通路的画法如下：

画直流通路时，把电容器视为开路，电感器视为短路，其他不变；

画交流通路时，把电容器和电源都短路成一条直线。

【例 6.1】 画出图 6.14（a）所示放大电路的直流通路和交流通路。

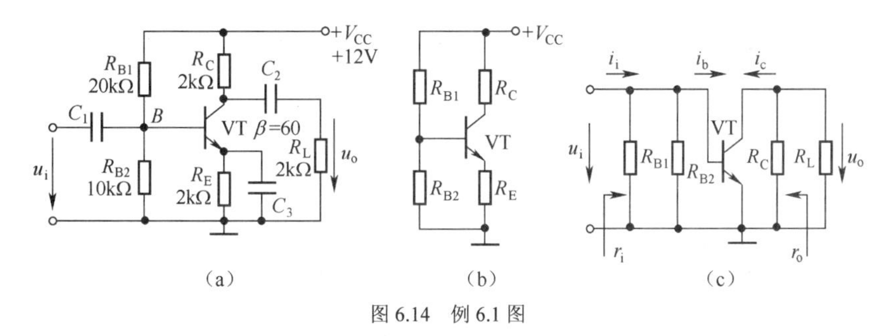

图 6.14 例 6.1 图

【解】 画直流通路时，把电容器视为开路，负载去掉，如图 6.14（b）所示。

画交流通路时，把电容器和电源都短路，此时电源的正负极短接在一起，如图 6.14（c）所示。

画出图 6.15 所示电路的直流通路和交流通路。

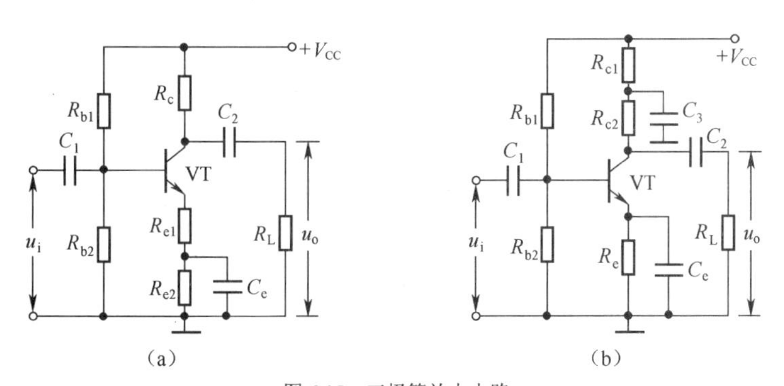

图 6.15 三极管放大电路

读一读 放大电路的静态工作点 Q 的求法

在图 6.14（b）所示的直流通路中，忽略基极电流 I_{BQ}，则电路静态工作点为

$$U_{BQ}=\frac{R_{b2}}{R_{b1}+R_{b2}}V_{CC}$$

$$U_{EQ}=U_{BQ}-U_{BEQ}$$

$$I_{CQ}\approx I_{EQ}=\frac{U_{EQ}}{R_E}$$

$$I_{BQ}=\frac{I_{CQ}}{\beta}$$

$$U_{CEQ}=V_{CC}-I_{CQ}(R_C+R_E)$$

【例 6.2】 求图 6.14 所示放大器的静态工作点（本书默认 NPN 型三极管为硅管，PNP 型三极管为锗管）。

【解】 $U_{BQ}=\frac{R_{b2}}{R_{b1}+R_{b2}}V_{CC}=\frac{10}{20+10}\times 12=4(\text{V})$

$U_{EQ}=U_{BQ}-U_{BEQ}=4-0.7=3.3(\text{V})$

$I_{CQ}\approx I_{EQ}=\frac{U_{EQ}}{R_E}=\frac{3.3}{2}=1.7(\text{mA})$

$I_{BQ}=\frac{I_{CQ}}{\beta}=\frac{1.7}{60}=0.028(\text{mA})=28(\mu\text{A})$

$U_{CEQ}=V_{CC}-I_{CQ}(R_C+R_E)=12-1.7(2+2)=5.2(\text{V})$

读一读 放大电路的性能参数的计算

（1）放大电路的输入电阻 r_i：在图 6.14（b）所示放大电路的交流通路中，

$$r_i=R_{b1}//R_{b2}//r_{be}\approx r_{be}$$

其中 r_{be} 称为三极管的输入电阻，在低频小信号时，$r_{be}=300+(1+\beta)\frac{26(\text{mV})}{I_E(\text{mA})}$，$I_E$ 是流经发射极的直流电流。

（2）放大电路的输出电阻 r_o：在图 6.14（b）中，

$$r_o=R_C//r_{ce}\approx R_C$$

（3）电压放大倍数 A_u：对共射放大电路，A_u 可按如下公式估算：

$$A_u=-\beta\frac{R'_L}{r_{be}}$$

其中 $R'_L=R_C//R_L$ 称为放大电路的交流负载。

若放大电路未接负载电阻 R_L，则 $R'_L=R_C$，称放大电路空载，此时 A'_u 为

$$A'_u=-\beta\frac{R_C}{r_{be}}$$

由于 $R'_L<R_C$，$A_u<A'_u$，表明放大电路接入负载后电压放大倍数将下降。

【例 6.3】 电路如图 6.14（a）所示，试计算其 A_u、A'_u、r_i 和 r_o 的值。

【解】（1）求有载、空载电压放大倍数 A_u、A'_u：

在例 6.2 中已求出 $I_{EQ} \approx I_{CQ} = 1.7\text{mA}$，所以：

$$r_{be} = 300 + (1+\beta)\frac{26}{I_E} = 300 + (1+60)\frac{26}{1.7} = 1.23\ (\text{k}\Omega)$$

$$R'_L = R_C // R_L = 2//2 = 1\ (\text{k}\Omega)$$

$$A_u = -\beta\frac{R'_L}{r_{be}} = -60 \times \frac{1}{1.23} = -48.8$$

$$A'_u = -\beta\frac{R_C}{r_{be}} = -60 \times \frac{2}{1.23} = -97.6$$

（2）求输入电阻 r_i：在图 6.14（c）所示的交流通路中，

$$r_i = R_{b1} // R_{b2} // r_{be} = 20//10//1.23 = 1.04\ (\text{k}\Omega)$$

（3）求输出电阻 r_o：

$$r_o = R_C = 2\ (\text{k}\Omega)$$

电路如图 6.16 所示，已知三极管的 $\beta = 60$，试：

（1）求静态工作点；

（2）求 A_u、r_i 和 r_o；

（3）说明各元件的作用。

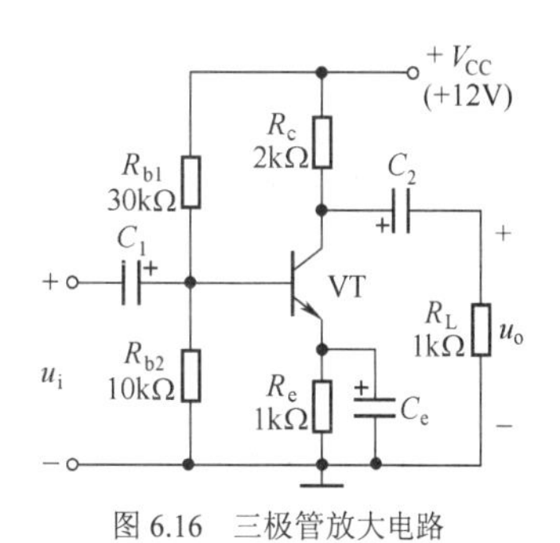

图 6.16　三极管放大电路

6.2.4 观测静态工作点对放大电路性能的影响

做 一 做 观测静态工作点对输出波形的影响

在图 6.11 所示的电路中，输入 $u_i = 5 \sim 10\text{mV}$、$f = 1\text{kHz}$ 的正弦波信号，用示波器观察输出电压 u_o 的波形，并用万用表测量三极管的 U_{CEQ} 电压。

（1）调节电位器 RP 并改变输入信号 u_i 的幅度，使输出信号达到最大不失真为止，将此时的波形绘入表格 6.9 中。

表 6.9　　测试记录表

	RP 偏大	RP 合适	RP 偏小
失真情况		不失真	
u_o 的波形			
U_{CEQ}			

（2）在保持 u_i 不变的情况下，调大 RP，观察输出波形 u_o 的变化，将明显失真的波形绘入表 6.9 中。

（3）在保持 u_i 不变的情况下，调小 RP，观察输出波形 u_o 的变化，将明显失真的波形绘入表 6.11 中。

在 3 种情况下，分别测出其 U_{CEQ} 的值，也填入表 6.11 中。

静态工作点选得合适，放大电路才能正常地放大信号，否则就产生所谓的失真。静态工作点选得过高（I_{CQ} 过大），放大电路将产生饱和失真（u_o 波形下平顶）；静态工作点选得过低（I_{CQ} 过小），放大电路将产生截止失真（u_o 波形上平顶），分别如图 6.17（a）、（b）、（c）所示。

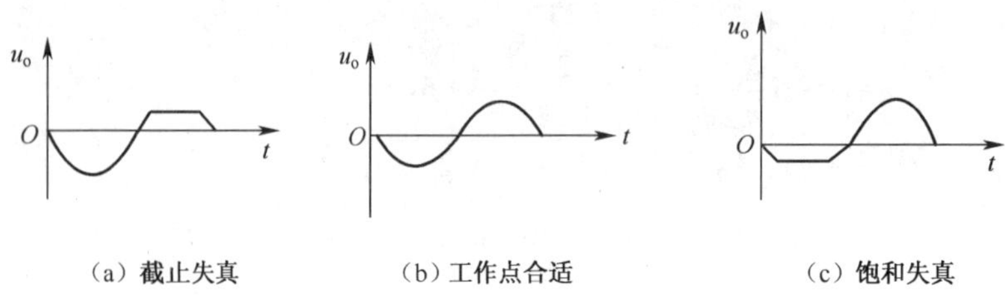

（a）截止失真　　（b）工作点合适　　（c）饱和失真

图 6.17　静态工作点对信号输出波形的影响

调整静态工作点的方法很简单，只需调节上偏置电阻 R_{b1}，就能改变 I_{BQ}、I_{CQ} 和 U_{CEQ} 的值。

议 一 议

怎么判断饱和失真与截止失真？

读 一 读

失真情况由波形判断，应根据输入波形来分析。对于 NPN 型三极管组成的放大器，若是在输入电压波形的正半周失真，则为饱和失真；若是在输入电压波形的负半周失真，则为截止失真。

如图 6.18 所示，放大电路输出电压的负半周失真，由于共射电路的倒相作用也就是输入波形的正半周时产生了失真，为饱和失真。

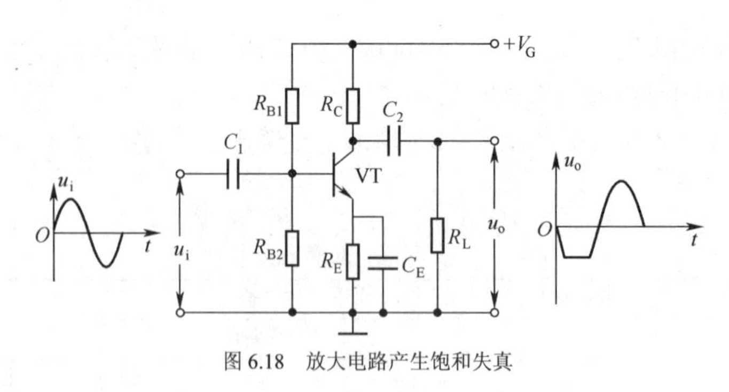

图 6.18　放大电路产生饱和失真

拓展与延伸　A_i、A_P 和增益 G

衡量放大电路的指标不仅仅是电压放大倍数 A_u，还有电流放大倍数 A_i，功率放大倍数 A_P。有时放大倍数 A_u、A_i 和 A_P 的数值很大，不便于运算，采用增益来表示放大器的放大能力，可方便地解决问题。

（1）电流放大倍数 A_i：是放大器输出电流有效值 I_o 与输入电流有效值 I_i 的比值，即

$$A_i = \frac{I_o}{I_i}$$

（2）功率放大倍数 A_P：是放大器输出功率 P_o 与输入功率 P_i 的比值，即

$$A_P = \frac{P_o}{P_i}$$

由于 $P_o = U_o I_o$，$P_i = U_i I_i$，故

$$A_P = \frac{U_o I_o}{U_i I_i} = A_u A_i$$

（3）增益 G：放大倍数采用对数表示称为增益 G，其单位一般取分贝（dB）。

在电信工程中，对应3种放大倍数的增益分别为

功率增益　　$G_P = 10\lg A_P\,(\mathrm{dB})$

电压增益　　$G_u = 20\lg A_u\,(\mathrm{dB})$

电流增益　　$G_i = 20\lg A_i\,(\mathrm{dB})$

例如，电压放大倍数 $A_u = 100$，则 $G_u = 20\lg 100 = 40(\mathrm{dB})$。

另外，采用增益可将乘、除法运算简化为简单的加、减法运算。

评一评　**根据本节任务完成情况进行评价，并将结果填入下列表格。**

项目 / 评价人	任务完成情况评价	等　级	评定签名
自己评			
同学评			
老师评			
综合评定			

知识能力训练

1. 在共射放大电路中，若静态工作点 Q 选得过高，将引起________失真；Q 点选得过低，易引起________失真。

2. 某共射放大器的输入电压 $U_i = 0.3\mathrm{V}$，输出电压 $U_o = 3\mathrm{V}$，那么 $A_u =$ ________。

6.3 认识负反馈放大电路

反馈在电子线路中得到了广泛的应用。在放大电路中引入各种不同的负反馈，可以有效地改善有关的技术性能指标，提高放大电路的质量，如在音响功放中引入了负反馈可以大大改善音质，成为高保真音响。因此，几乎所有的实际放大电路中都引入了这样或那样的负反馈。

6.3.1 连接负反馈放大电路，认识反馈概念

按图6.19所示电路图，连接好各元器件。在虚线连接前，放大电路能正常工作；在虚线连接后，放大电路性能将大大改善。元件 C_f、R_f 组成反馈电路，其作用是反馈交流信号。

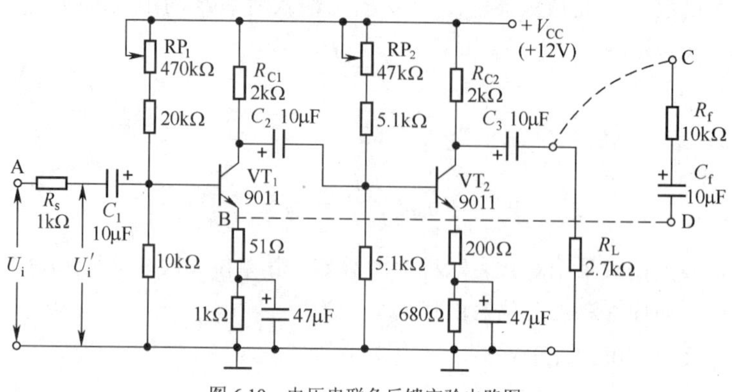

图 6.19　电压串联负反馈实验电路图

读一读　反馈的类型及其判别法

1. 反馈

反馈是指从放大电路的输出端把输出信号的一部分或全部通过一定的方式送回到放大电路输入端的过程，如图 6.20 所示。

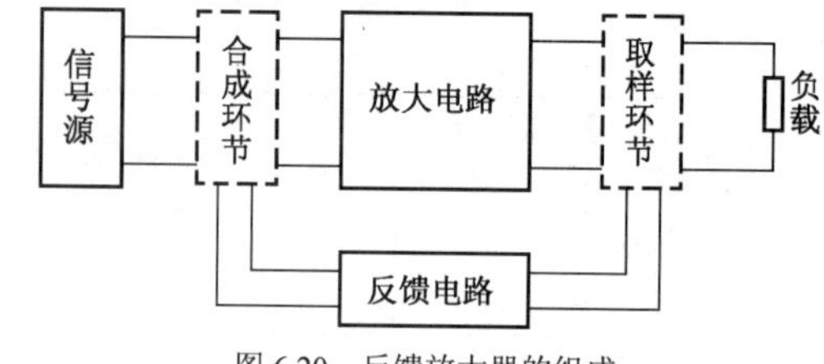

图 6.20　反馈放大器的组成

2. 反馈的类型

反馈主要分为 3 大类。

（1）正反馈和负反馈。凡反馈信号起到增强输入信号作用的叫做正反馈，凡反馈信号起到削弱输入信号作用的称为负反馈。判别正反馈、负反馈的方法是瞬时极性法，即先假设某一瞬时，输入信号极性为“+”，经过一系列反馈再到输入端，若为“+”，则加强输入信号，为正反馈，反之为负反馈。

（2）电压反馈和电流反馈。在放大电路的输出端，凡反馈信号取自输出电压并与输出电压成正比的是电压反馈，凡反馈信号取自输出电流并与输出电流成正比的是电流反馈。判别电压反馈、电流反馈的方法是把放大电路的输出端短路，反馈信号因而消失的为电压反馈，不消失的为电流反馈，如图 6.21 所示。

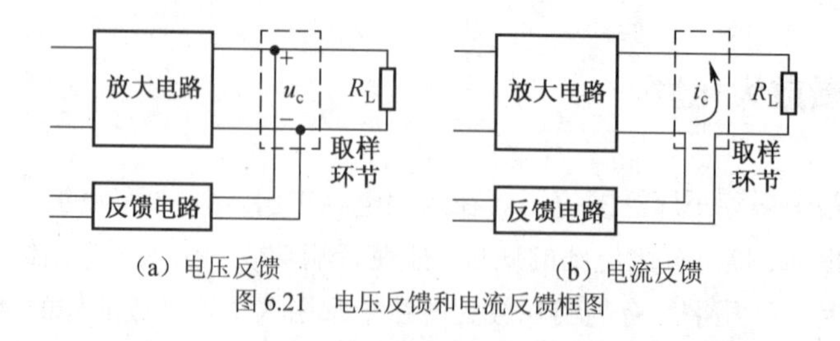

图 6.21　电压反馈和电流反馈框图

（3）串联反馈和并联反馈。在放大电路的输入端，串联反馈是指反馈信号 u_f 与输入信号 u_i 串联相加（减）后，作为放大电路的净输入电压信号 u_i'；并联反馈是指反馈电流 i_f 与输入电流 i_i 并联相加（减）后，作为放大电路的净输入电流信号 i_i'。判别串联反馈、并联反馈的方法是把放大电路的输入端短路，反馈信号被短路掉的为并联反馈，反馈信号没有被短路掉的为串联反馈，如图 6.22 所示。

【例 6.4】 判别图 6.23（a）、（b）两电路中反馈元件 R_f 引进的是何种反馈类型。

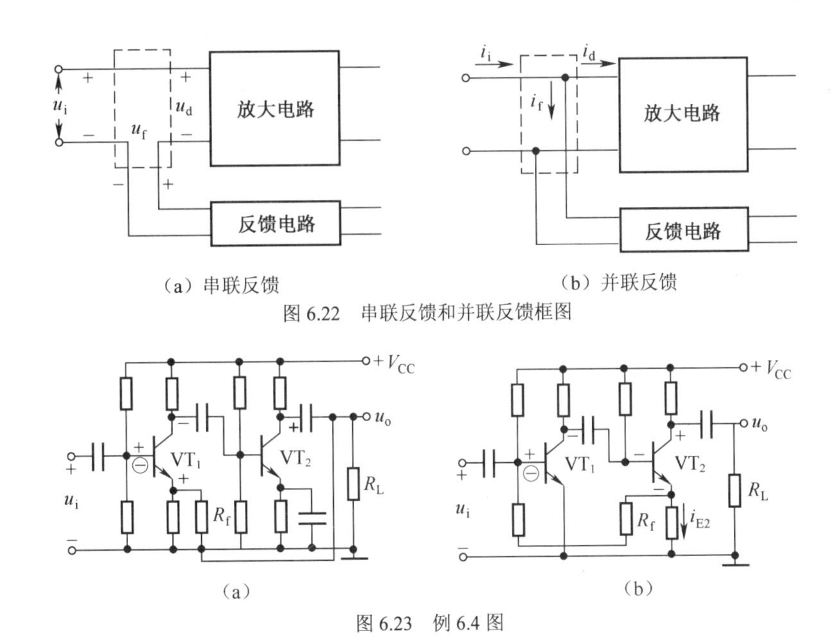

（a）串联反馈　　（b）并联反馈

图 6.22　串联反馈和并联反馈框图

（a）　　（b）

图 6.23　例 6.4 图

【解】（1）先判别正、负反馈：用瞬时极性法。先假设某一瞬间，输入信号的极性为“+”，把它标在三极管的基极上，然后根据该瞬间各三极管的集电极、基极和发射极相对应的信号极性都一一标在图上。最后将反馈信号与输入信号进行比对，二者极性相同为正反馈，相反为负反馈。图（a）、（b）中的反馈信号极性都为“⊖”，是负反馈。

（2）再判别电压、电流反馈：当输出端分别短路后，图（a）中的 u_f 消失，而图（b）中的 i_{E2} 没消失，所以图（a）是电压反馈，图（b）是电流反馈。

（3）最后判别串联、并联反馈：当输入端分别短路后，图（a）中的 u_f 不消失，是串联反馈，而图（b）中的 u_f 消失，所以是并联反馈。

判别图 6.24（a）、（b）两电路中反馈元件 R_f 引进的是何种反馈类型。

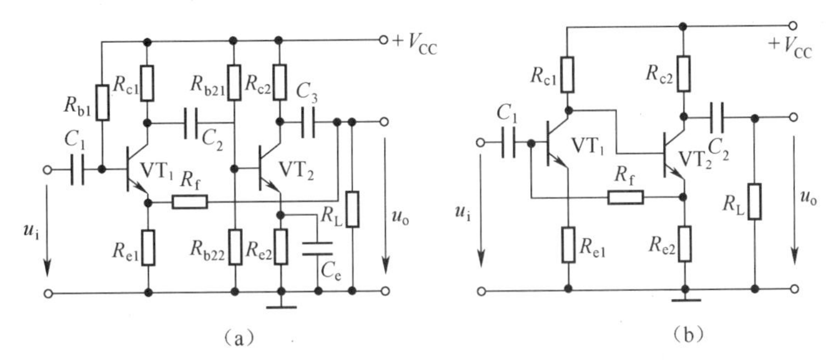

（a）　　（b）

图 6.24　反馈类型判别图

6.3.2 验证负反馈对放大电路性能的影响

做 一 做　**调节静态工作点**

实验电路：前面连接好的电路（见图 6.19）。

实验设备：直流稳压电源1台，低频信号源1台，毫伏表1台，示波器1台，万用表1块。

调节RP_1，使VT_1管的I_{CQ1}为1.5mA；调节RP_2，使VT_2管的I_{CQ2}为2mA。

做一做 观察负反馈对放大倍数大小的影响

（1）在放大电路输入端加$f=1\text{kHz}$、$U_i=5\text{mV}$的正弦波信号，用示波器监测输出电压u_o，若有失真可微调RP_1和RP_2。

（2）断开反馈支路CD，用毫伏表测出U_o，填入表6.10中。

表6.10 实验记录表（一）

	输出电压	电压放大倍数
CD开路（无反馈）	$U_o=$	$A_u=U_o/5\text{mV}=$
CD接入（加反馈）	$U'_o=$	$A'_u=U'_o/5\text{mV}=$

（3）接入反馈支路CD，用毫伏表测出U'_o，填入表6.12中。

（4）计算出两种情况下的电压放大倍数。

根据上表的数据，表明负反馈会________________。

读一读

低频小信号放大器正常工作时，I_{CQ}一般为1～3mA，U_{CEQ}为几伏的电压。接入负反馈后，电压放大倍数要降低。

做一做 观察负反馈对非线性失真的影响

（1）断开反馈支路CD，逐渐调大放大电路的输入信号u_i，直至u_o将要失真时，记下此时的U_i和U_o值于表6.11中。

表6.11 实验记录表（二）

	（1）CD断开（无反馈）	（2）CD接入（加反馈）	（3）CD重新断开（无反馈）
输入电压	$U_i=$	$U'_i=$	$U'_i=$
输出电压	$U_o=$	$U'_o=$	$U'_o=$
波形			

（2）接入反馈支路CD，逐渐调大放大电路的输入信号u'_i，直至示波器显示输出电压达到U_o值时，在表6.11中记下此时的输入信号U'_i值。

（3）保持U'_i不变，再断开反馈支路CD，观察输出信号波形变化的情况，将上述结果记入表6.11中。

比较表6.11中的（1）、（2）数据，表明________________。

比较表 6.11 中的（2）、（3）数据，表明____________________________。

做一做 **观察负反馈对放大倍数稳定性的影响**

（1）改变电源电压，让直流稳压电源输出从 12V 变至 9V，保持输入电压 $U_i = 5\text{mV}$ 不变，分别测量反馈支路 CD 断开和接入时的输出电压，并按公式

$$\frac{\Delta A_u}{A_u} = \frac{A_{u1} - A_{u2}}{A_{u1}}$$

计算这两种状态下放大倍数的相对变化量，填入表 6.12 中（A_{u1} 是电源为 12V 时的放大倍数，A_{u2} 电源为 9V 时的放大倍数）。

表 6.12 实验记录（三）

测试条件	$V_{CC} = 12\text{V}$		$V_{CC} = 9\text{V}$		放大倍数稳定性
反馈支路 CD 断开（无反馈）	$U_{o1} =$	$A_{u1} =$	$U_{o2} =$	$A_{u2} =$	$\frac{A_{u1} - A_{u2}}{A_{u1}} =$
反馈支路 CD 接入（加反馈）	$U'_{o1} =$	$A'_{u1} =$	$U'_{o2} =$	$A'_{u2} =$	$\frac{A'_{u1} - A'_{u2}}{A'_{u1}} =$

（2）根据表 6.12 所示的数据，说明负反馈对放大倍数稳定性的影响。

议一议

负反馈引入后，放大倍数的稳定性如何变化？

读一读 **负反馈对放大电路性能的影响**

（1）放大倍数将下降，但稳定性得到提高。

（2）改善了输出波形，减小了非线性失真。

（3）展宽了通频带。放大电路对各种频率的信号放大能力并非相同，在其性能不降低的情况下，有一个频率的范围，称为通频带。引入负反馈后，放大电路通频带加宽。

另外，负反馈还可以稳定放大器的静态工作点和改变放大电路的输入、输出电阻。

议一议

试分析图 6.11 所示电路中的 R_E 是如何稳定静态工作点的。

读一读 **电路的稳压过程**

当环境温度升高时，引起 I_{CQ} 增大，由于 $I_{EQ} \approx I_{CQ}$，所以 I_{EQ} 也增大，导致发射极电位 $U_{EQ} = I_{EQ}R_E$ 上升，而基极电位不变，使 U_{BEQ} 减小，I_{BQ} 也减小，从而遏制了集电极电流 I_{CQ} 的增加。稳压过程用符号式表示如下：

$$T\text{（温度）}\uparrow \rightarrow I_{CQ}\uparrow \rightarrow I_{EQ}\uparrow \rightarrow U_{EQ}\uparrow \rightarrow U_{BEQ}\downarrow \rightarrow I_{BQ}\downarrow \rightarrow I_{CQ}\downarrow$$

6.3.3 连接射极输出器并分析其性能

前面所讲的放大电路是从集电极输出，为共射极接法。而射极输出器是从发射极输出，为共

集电极接法。射极输出器是一个很重要的放大电路，应用非常广泛。

读 一 读　射极输出器的电路结构和反馈类型

如图 6.25（a）所示电路中，三极管的集电极直接接直流电源，输出信号 u_o 由发射极电阻 R_E 两端引出。射极输出器的直流通路和交流通路如图 6.25（b）、（c）所示。交流信号的输入电路与输出电路是以集电极为公共端，故称之为共集电极放大电路。

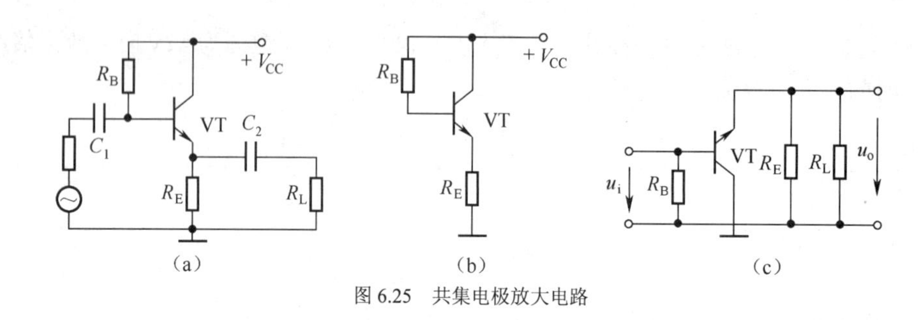

图 6.25　共集电极放大电路

射极输出器是一个电压串联负反馈放大电路。其反馈信号 u_f 就是 u_o，是把输出电压的全部反馈叠加至放大电路的输入端。

按图 6.26 所示电路图连接电路。

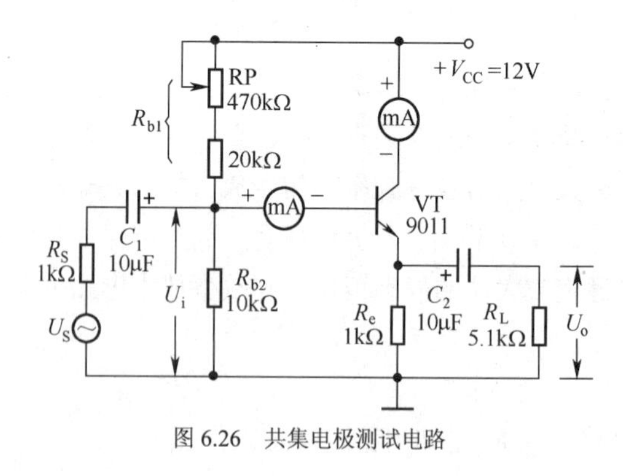

图 6.26　共集电极测试电路

实验设备：直流稳压电源 1 台，双踪示波器 1 台，信号发生器 1 台，毫伏表 1 台，万用表 1 块。

实验步骤如下。

（1）调试静态工作点。将万用表串入三极管的集电极，调节 RP 使 $I_{CQ}=2\text{mA}$，可使放大电路工作于放大状态。

（2）测试电压放大倍数。去掉万用表，连接好电路。从放大电路的输入端输入 $U_i=1\text{V}$、$f=1\text{kHz}$ 的正弦波信号。用毫伏表测量输出电压 U_o，并计算出 A_u，记入表 6.13 中。

（3）观察 u_o 与 u_i 的相位关系。将输入 u_i 和输出 u_o 分别接双踪示波器的 Y_1、Y_2 通道，并调节示波器，显示两路信号，在表 6.15 中绘出 u_i、u_o 的波形。

表 6.13 测试记录表

电压放大倍数 A_u	输入 u_i、输出 u_o 的波形
U_i = 1V	
U_o = ________V	
A_u________	

读一读 射极输出器的性能分析

1. 静态分析

在图 6.25（b）所示的直流通路中，基极回路列出如下方程：

$$V_{CC} = I_{BQ}R_B + U_{BEQ} + I_{EQ}R_E$$
$$= I_{BQ}R_B + U_{BEQ} + (1+\beta)I_{BQ}R_E$$

整理后得

$$I_{BQ} = \frac{V_{CC} - U_{BEQ}}{R_B + (1+\beta)R_E}$$

而

$$I_{CQ} = \beta I_{BQ}$$
$$U_{CEQ} = V_{CC} - I_{CQ}R_E$$

故射极输出器的静态工作点由以上公式给出。

2. 动态分析

（1）电压放大倍数 A_u：

因为 $u_i = u_{be} + u_o$ （u_{be}很小）

所以 $u_i \approx u_o$

故 $A_u = \frac{u_o}{u_i} \approx 1$（但略小于 1）。

上式表明 u_o 与 u_i 同相位，且大小近似相等。

（2）输入电阻 r_i：r_i 是从交流通路的输入端看进去的电阻，经推导为

$$r_i = [r_{be} + (1+\beta)R_L'] // R_B \approx (1+\beta)R_L' // R_B$$

其中，$R_L' = R_E // R_L$；r_i 约等于数十到数百千欧，比共射放大电路的输入电阻（约为 1kΩ）大得多。

（3）输出电阻 r_o：r_o 是从交流通路的输出端看进去的电阻，经推导为

$$r_o = \frac{R_S // R_B + r_{be}}{1+\beta} \approx \frac{R_S + r_{be}}{1+\beta}$$

r_o 约为十几欧到几十欧，比共射放大电路的输出电阻（约几千欧）小得多。

射极输出器的特性归纳为：电压放大倍数略小于 1，电压跟随性好，输入阻抗高、输出阻抗低，而且具有一定的电流放大能力和功率放大能力。

读一读 **射极输出器的用途**

在多级放大器中，射极输出器可作为输入级，以减轻信号源的负担；也可作为输出级，提高带负载的能力；还可以作为放大器的中间隔离级，减小后级对前级电路的影响；另外，还可以用作阻抗变换器。

【例 6.5】 在图 6.25（a）所示射极输出器中，已知 $V_{CC}=12V$，$\beta=60$，$R_B=200k\Omega$，$R_E=2k\Omega$，$R_L=2k\Omega$，信号源内阻 $R_S=100\Omega$，$U_{BEQ}=0.6V$，试求：

（1）静态工作点；

（2）电压放大倍数；

（3）输入电阻 r_i；

（4）输出电阻 r_o。

【解】（1）计算静态工作点：

$$I_{BQ}=\frac{V_{CC}-U_{BEQ}}{R_B+(1+\beta)R_E}=\frac{12-0.6}{200+(1+60)\times 2}=0.035\text{（mA）}=35\text{（μA）}$$

$$I_{CQ}=\beta I_{BQ}=60\times 0.035=2.1\text{（mA）}$$

$$U_{CEQ}=V_{CC}-I_{CQ}R_E=12-2.1\times 2=7.8\text{（V）}$$

（2）电压放大倍数：

$$A_u\approx 1$$

（3）计算输入电阻 r_i；

$$r_{be}=300+(1+\beta)\frac{26}{I_E}=300+(1+60)\frac{26}{2.1}=1.02\text{（kΩ）}$$

$$R'_L=R_E/\!/R_L=2/\!/2=1\text{（kΩ）}$$

$$r_i\approx(1+\beta)R'_L/\!/R_B=(1+60)\times 1/\!/200=46.8\text{（kΩ）}$$

（4）计算输出电阻 r_o：

$$r_o=\frac{R_S+r_{be}}{1+\beta}=\frac{0.1+1.02}{1+60}=19\text{（Ω）}$$

射极输出器是________组态，其输入电阻________，输出电阻________，电压放大倍数________。

拓展与延伸 反馈的另一种判别法

判别反馈除了用“短路法”以外，还可以用“两点法”，这种方法主要用来判别电压、电流反馈和并联、串联反馈。

三极管的 3 个电极中 b、e 均可作为信号输入端，c、e 均可作为输出端。如果输出信号 u_o、反馈信号 u_f 是从 c、e 极中同一点（如 c 极）取出，则反馈为电压反馈；从两点取出（如 u_o 从 c 极取，u_f 从 e 极取），则为电流反馈。同样，输入信号 u_i、反馈信号 u_f 从三极管 b、e 极中同一点

（如 b 极）加入，则反馈为并联反馈；从两点加入（如 u_i 从 b 极加入，u_f 从 e 极加入），则为串联反馈（见图 6.27）。

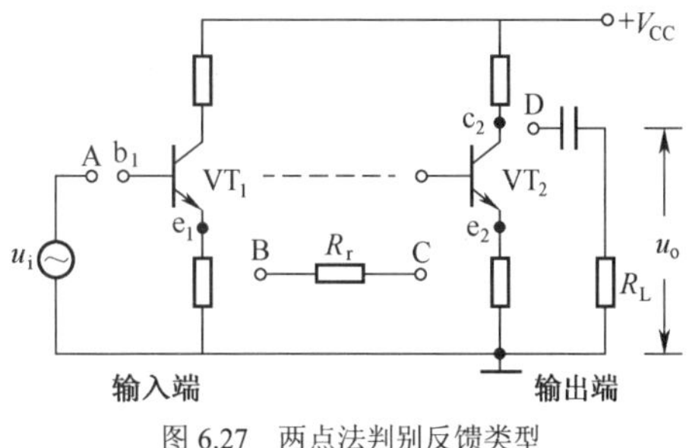

图 6.27　两点法判别反馈类型

电压反馈：D—c_2，C—c_2 或 D—e_2，C—e_2。

电流反馈：D—c_2，C—e_2 或 D—e_2，C—c_2

并联反馈：A—b_1，B—b_1 或 A—e_1，B—e_1。

串联反馈：A—b_1，B—e_1 或 A—e_1，B—b_1。

为了便于大家记忆和掌握，特编写了如下口诀。

一点出为压，两点出为流。

一点入为并，两点入为串。

并入阻小，串入阻大。

压出阻小，流出阻大。

压稳压，流稳流。

即并联反馈使输入电阻减小，串联反馈使输入电阻增大，电压反馈使输出电阻减小，电流反馈使输出电阻增大，电压反馈稳定输出电压，电流反馈稳定输出电流。

上述口诀只适用于负反馈情况。

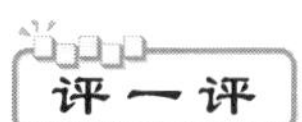

根据本节任务完成情况进行评价，并将结果填入下列表格。

项目 / 评价人	任务完成情况评价	等　级	评定签名
自己评			
同学评			
老师评			
综合评定			

知识能力训练

1. 射极输出器常作为放大电路的输入级，是由于它的________很高，向信号源吸取的电流较________。

2. 射极输出器的反馈类型为________，它的输出信号与输入信号相位________。

6.4　认识集成运算放大电路

在工业自动化控制中，经常遇到一类变化极其缓慢（即变化频率接近于零）或者是极性固定的直流信号，这类信号的放大不能采用阻容耦合放大电路。为此，人们采用集成电路技术，制造出一种能放大直流信号的放大电路——集成运算放大电路（简称集成运放）。

6.4.1 了解集成运算放大电路的外部特性

做一做 观察集成运放的外形及符号

集成运放是一种内部为直接耦合的高放大倍数的集成电路。图 6.28 所示为国产 CF741 集成运放的引脚功能图。集成运放具有很多引脚，作为一个电路元件，运算放大电路抽象为具有两个输入端、一个输出端的三端放大器。图 6.29 所示为集成运放的图形符号，两个输入端中，标“+”的为同相输入端，标“–”的为反相输入端。

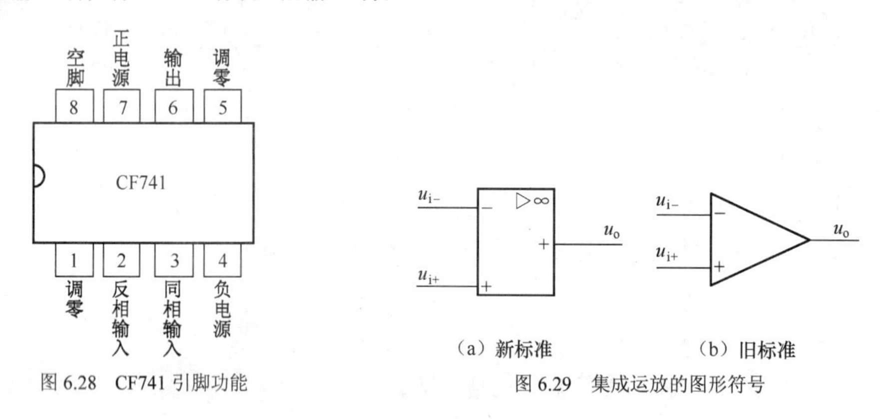

图 6.28 CF741 引脚功能

图 6.29 集成运放的图形符号

我国集成电路型号命名方法见附录 A。

读一读 集成运放的主要参数

（1）开环电压放大倍数 A_{uo}：指无外加反馈时，集成运放本身的差模放大倍数，它体现运放器件的放大能力，一般为 10^4～10^7。

（2）开环输入电阻 r_i：指差模输入时，运放无外加反馈时的输入电阻，一般在几十千欧至几十兆欧范围，r_i 大的运放性能好。

（3）开环输出电阻 r_o：指运放无外加反馈回路时的输出电阻，一般为 20～200Ω，r_o 小的运放带负载能力强。

（4）开环频带宽度 BW：反映无反馈时，运放有效地放大信号的频率范围，一般在几千赫至几百千赫。

读一读 集成运放的主要理想特性

根据集成运算放大电路参数的主要特点，常常将它理想化为一个放大器模型，其具有以下理想特性。

（1）开环电压放大倍数 A_{uo} 为无穷大。

（2）开环输入电阻 r_i 为无穷大。

（3）开环输出电阻 r_o 为 0。

（4）开环频带宽度 BW 为无穷大。

由以上集成运放的理想特性我们还能推导出什么？

读 一 读

理想集成运放的两个重要推论（见图 6.30）。

（1）虚断：指运算放大电路的两个输入端上的电流等于零，即 $I_+ = I_- = 0$（好像运放两输入端在内部是断开的），这是由于运放的输入电阻 $r_i = \infty$ 所致。

（2）虚短：指运放的两个输入端的电压为零，即 $u_A = u_B$。推导如下：

因为
$$A_{uo} = \frac{u_o}{u_B - u_A}$$

所以
$$u_B - u_A = \frac{u_o}{A_{uo}} = \frac{u_o}{\infty} = 0$$

故
$$u_A = u_B$$

由此可见，两个输入端之间与短路相似。

【例 6.6】 运用"虚断"、"虚短"的方法，推导如图 6.31 所示反相输入比例运算放大电路的电压放大倍数 A_{uf}（A_{uf}是运放加了反馈后的放大倍数）。

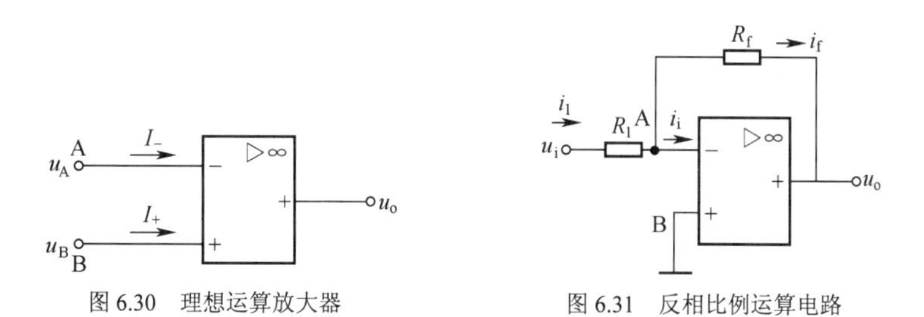

图 6.30 理想运算放大器　　图 6.31 反相比例运算电路

【解】 因为 $i_1 = i_f + i_i$　　（基尔霍夫电流定律）

而
$$i_1 = \frac{u_i - u_A}{R_1}$$

$$i_f = \frac{u_A - u_o}{R_f}$$

$$i_i = 0 \quad （虚断）$$

所以
$$\frac{u_i - u_A}{R_1} = \frac{u_A - u_o}{R_f}$$

又因为
$$u_A = u_B = 0 \quad （虚短）$$

所以
$$\frac{u_i}{R_1} = \frac{-u_o}{R_f}$$

故
$$u_o = -\frac{R_f}{R_1} u_i$$

因此
$$A_{uf} = \frac{u_o}{u_i} = -\frac{R_f}{R_1}$$

在以上电路中，虽然 A 端不像 B 端那样真正接地，但因为 $u_A = u_B = 0$，A 端的电位也为零，通常把 A 端称为"虚地"。

运用“虚断”、“虚短”的方法，推导图6.32所示同相输入运算放大电路的电压放大倍数A_{uf}。

【解】因为 $i_1 = i_f + i_i$　　（基尔霍夫电流定律）

而　　$i_1 =$ ________

　　$i_f =$ ________

　　$i_i = 0$　　（虚断）

所以　　$\frac{u_A}{R_1} = \frac{u_o - u_A}{R_f}$

即　　$u_o =$ ________

又因为　　$u_A = u_B = u_i$　　（虚短）

所以　　$u_o = \left(1 + \frac{R_f}{R_1}\right) u_i$

故　　$A_{uf} = \frac{u_o}{u_i} =$ ________。

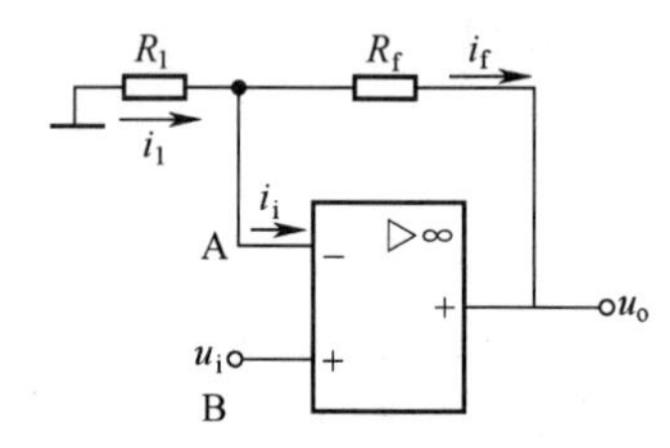

图6.32　同相输入运算放大电路

6.4.2　加法器电路的组装与测试

在反相输入比例运算放大电路的反相输入端加多个输入信号，就构成了加法比例运算放大电路（简称加法器），加法器在电子线路中应用相当广泛。

读 一 读　推导加法器电路的输出与输入的关系

在图6.33所示的加法器电路中，u_{I1}、u_{I2}和u_{I3}是3路输入信号，电阻R_4称为平衡电阻，其值为$R_4 = R_1//R_2//R_3//R_f$。

因为　　$i_i + i_f = i_1 + i_2 + i_3$

而　　$i_1 = \frac{u_{i1} - u_A}{R_1}$

$$i_2 = \frac{u_{i2} - u_A}{R_2}$$

$$i_3 = \frac{u_{i3} - u_A}{R_3}$$

$$i_f = \frac{u_A - u_o}{R_f}$$

$i_i = 0$　　（虚断）

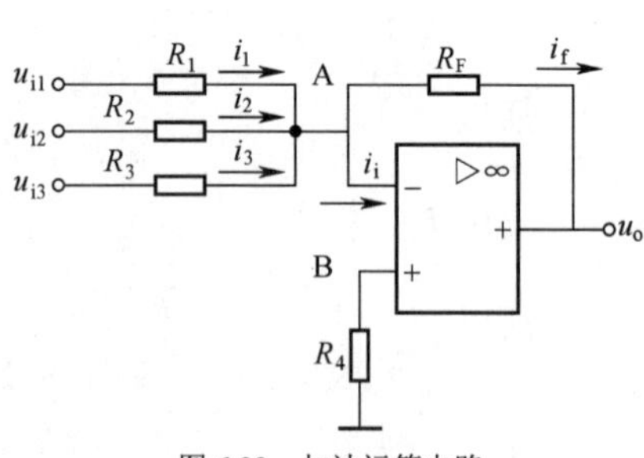

图6.33　加法运算电路

所以　　$\frac{u_A - u_o}{R_f} = \frac{u_{i1} - u_A}{R_1} + \frac{u_{i2} - u_A}{R_2} + \frac{u_{i3} - u_A}{R_3}$

又因为虚地，即 $u_A = u_B = 0$

所以　　$-\frac{u_o}{R_f} = \frac{u_{i1}}{R_1} + \frac{u_{i2}}{R_2} + \frac{u_{i3}}{R_3}$

故加法器的一般公式为

$$u_o=-R_f\left(\frac{u_{i1}}{R_1}+\frac{u_{i2}}{R_2}+\frac{u_{i3}}{R_3}\right)$$

当 $R_1=R_2=R_3=R_f$ 时，上式为

$$u_o=-(u_{i1}+u_{i2}+u_{i3})$$

由此可见，电路输出正比于各输入电压之和，故为加法器。

做一做 组装加法器电路

实验器材：双路稳压电源（输出±15V）1 台，万用表 1 块，0～2.0V 可调直流电源（直流信号源）2 组，集成运放芯片 LM741 及电阻若干。

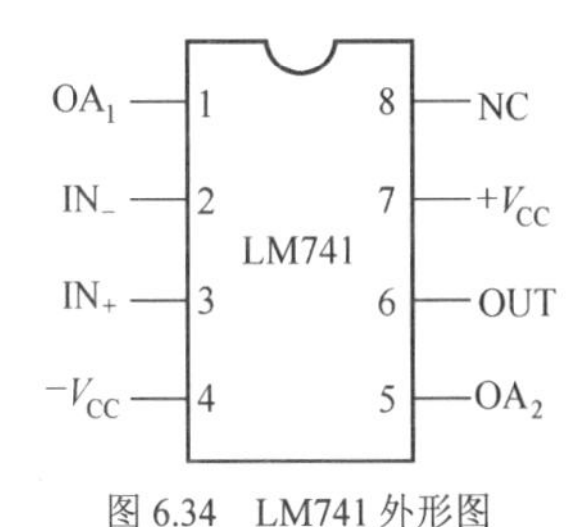

图 6.34　LM741 外形图

1. 安装集成运放电路

（1）集成运放 LM741 的外形如图 6.34 所示，其引脚功能如表 6.14 所示。

表 6.14　LM741 引脚功能表

1 脚	2 脚	3 脚	4 脚	5 脚	6 脚	7 脚	8 脚
调零	反相输入	同相输入	负电源	调零	输出	正电源	空脚

（2）按图 6.35 所示电路图搭接好 LM741 集成运放的调试电路。

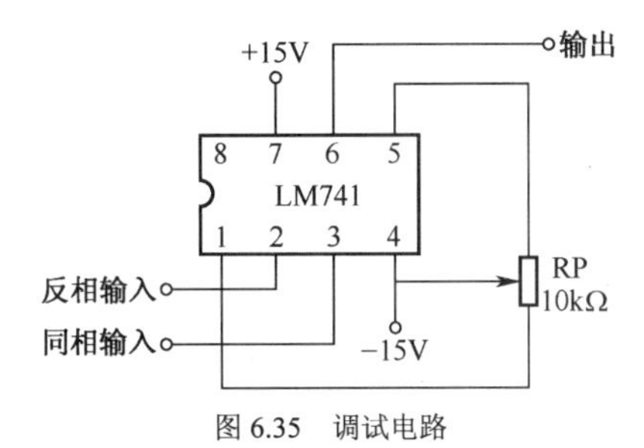

图 6.35　调试电路

（3）检查电路无误后，在 LM741 的 4 脚接−15V 电源，7 脚接+15V 电源。

2. 调试集成运放电路

（1）将 LM741 的 2、3 两个输入引脚用导线对地短路，用万用表观测 LM741 的输出端 6 脚的电压，通过电位器 RP 调零（即调整 RP 使输出电压 $u_o=0$V）。

（2）将 LM741 的 2、3 两个输入引脚的对地短路线去除。这样由 LM741 构成的运算放大电路即可工作了。

集成运算放大电路为什么要调零？调零时为什么要将集成运算放大电路的输入端对地短路？

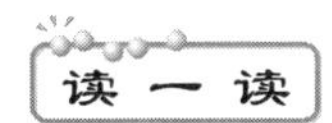

由于制造原因，集成运算放大电路在使用时，存在所谓的“零点”问题，即在其输入端不加信号时，输出端的信号也不为零，因此集成运算放大电路使用时需要调零。一般将其输入端对地短路，使其无输入信号（即处于静态），调节电位器使输出电压为零。

做一做 加法器电路的检测

1. 将图 6.35 所示的集成运算放大电路改接成加法器电路（见图 6.36）。

2. 电路检查无误后，接通正、负电源。

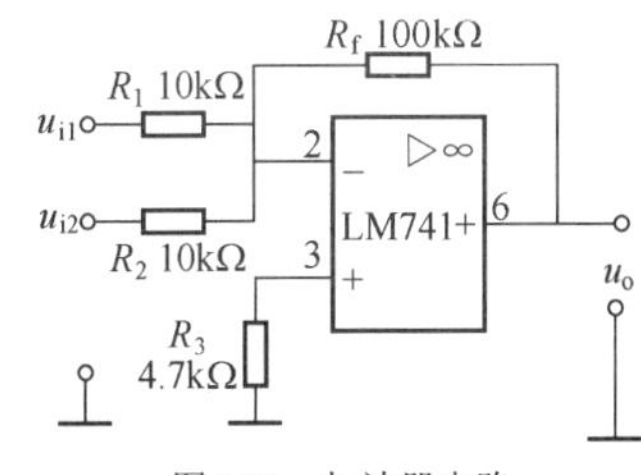

图 6.36　加法器电路

3. 在电阻 R_1 端加入直流信号电压 u_{i1}，在电阻 R_2 端加入直流信号 u_{i2}。

4. 按表 6.15 所示数据调整 u_{i1}、u_{i2}，用万用表测量出每次对应的输出电压 u_o，记录在表 6.15 中。

表 6.15　　数据记录表

输入电压 u_{i1}		−0.4V	−0.2V	0.2V	0.4V
输入电压 u_{i2}		−0.2V	0.4V	−0.4V	0.2V
输出电压 U_o	实测值				
	计算值 $u_o = -(R_f/R_1)(u_{i1}+u_{i2})$				

5. 将实测的结果与用公式计算的结果比较。

从上表的实测值和计算值可看出________________________。

某运算放大电路的 u_o、u_i 的关系为

$$\frac{u_o}{u_{i1}+u_{i2}+u_{i3}} = -50 \text{（V）}$$

（1）画出该运算放大电路的电路图。

（2）计算各个电阻的阻值关系。

6.4.3　减法器电路的组装与测试

在集成运算放大电路的两个输入端都加入信号，就构成了减法器电路，减法器在电子线路中的应用也很广泛。

读一读　推导减法器输出与输入的关系

在图 6.37 所示的减法器电路中，u_{i1} 为反相输入端信号，u_{i2} 为同相输入端信号，在同相输入端和“地”之间接有电阻 R_3。

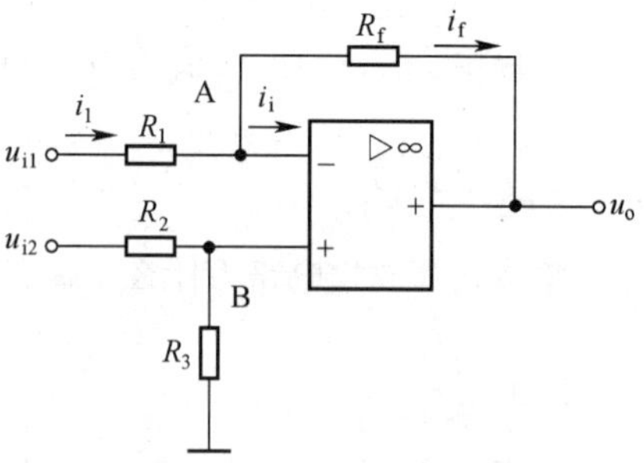

因为　$i_1 = i_f + i_i$

而　$i_1 = \dfrac{u_{i1} - u_A}{R_1}$

$i_f = \dfrac{u_A - u_o}{R_f}$

$i_i = 0$　（虚断）

所以　$\dfrac{u_{i1} - u_A}{R_1} = \dfrac{u_A - u_o}{R_f}$

即　$u_A = \dfrac{u_{i1}R_f + u_o R_1}{R_1 + R_f}$

图 6.37　减法运算电路

在同相输入端，由于 $i_i = 0$，故

$$u_B = \frac{R_3}{R_2 + R_3} u_{i2}$$

又因为虚短，即 $u_A = u_B$

所以减法器的一般公式为

$$\frac{u_{i1}R_f + u_o R_1}{R_1 + R_f} = \frac{R_3}{R_2 + R_3}u_{i2}$$

当 $R_1 = R_2 = R_3 = R_f$ 时，上式为

$$u_o = u_{i2} - u_{i1}$$

由此可见，电路输出正比于两端输入电压之差，故为减法器。

做一做　组装减法器电路

本次实验所需器材、集成电路 LM741 的安装及调试与组装加法器电路时一样。

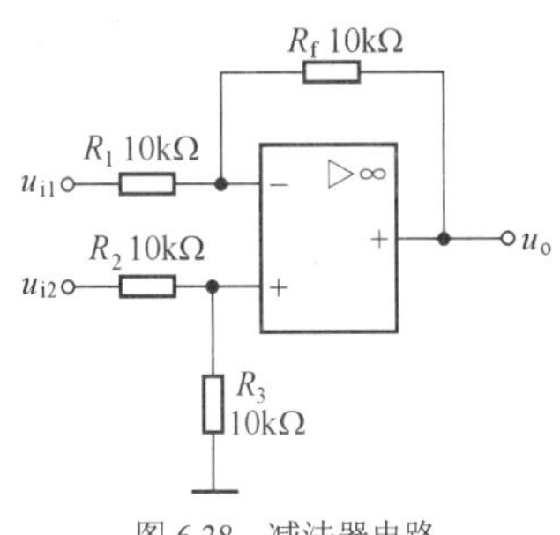

图 6.38　减法器电路

做一做　减法器电路的检测

1. 将图 6.35 所示的集成运算放大电路改接成减法器电路（见图 6.38）。

2. 电路检查无误后，接通正、负电源。

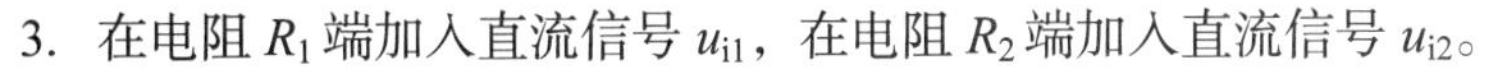

3. 在电阻 R_1 端加入直流信号 u_{i1}，在电阻 R_2 端加入直流信号 u_{i2}。

4. 按表 6.16 所示数据调整 u_{i1}、u_{i2}，用万用表测量出每次对应的输出电压 u_o，记录在表 6.16 中。

表 6.16　　减法器电路检测记录

输入电压 u_{i1}		0.5V	1V	−0.3V	0.6V
输入电压 u_{i2}		0.4V	0.4V	0.7V	−0.2V
输出电压 u_o	实测值				
	计算值 $u_o = u_{i2} - u_{i1}$				

5. 将实测的结果与公式计算的结果比较。

从上表的实测值和计算值可看出______________________。

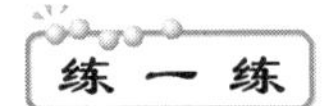

练一练

某运算放大电路的 u_o 与 u_i 的关系为

$$\frac{u_o}{u_{i2} - u_{i1}} = 20$$

（1）画出该运算放大电路的电路图。

（2）计算各个电阻的阻值关系。

评一评　根据本节任务完成情况进行评价，并将结果填入下列表格。

项目 / 评价人	任务完成情况评价	等　级	评 定 签 名
自己评			
同学评			
老师评			
综合评定			

知识能力训练

1. 在图 6.39 所示电路中，$u_{o1}=$ ________ u_{i1}，$u_{o2}=$ ________ u_{i2}，$u_{o3}=$ ________ u_{i3}。

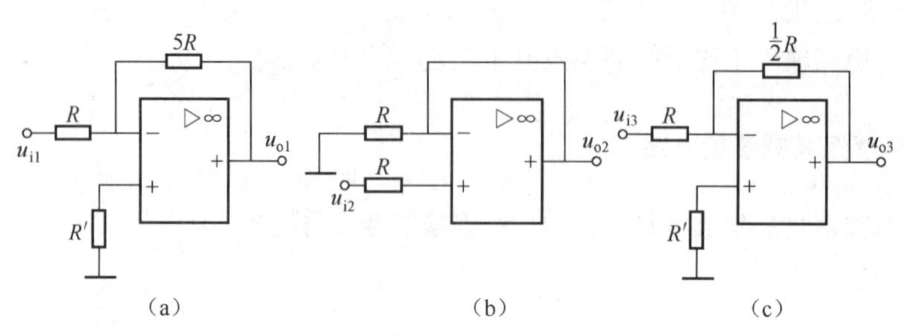

图 6.39　运放电路

2. 集成运算放大器 CF741CT 型号中第 1 个 C 表示________，F 表示________，741 表示________，第 2 个 C 表示________，T 表示________。

3. 如图 6.40 所示电路，$R_1=R_2=R_3=R_f=10\text{k}\Omega$，输入电压 $u_{i1}=30\text{mV}$，输出电压 $u_o=20\text{mV}$，求 u_{i2}。

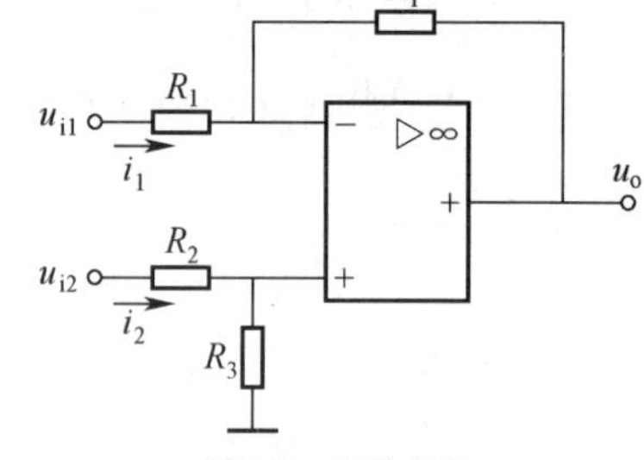

图 6.40　运放电路

EDA 技术与 EWB 电路仿真软件简介

EDA 是电子设计自动化（Electronic Design Automation）的缩写，在 20 世纪 90 年代初从计算机辅助设计（CAD）、计算机辅助制造（CAM）、计算机辅助测试（CAT）和计算机辅助工程（CAE）的概念发展而来。

EDA 技术就是以计算机为工具，设计者在 EDA 软件平台上，用硬件描述语言（HDL）完成设计文件，然后由计算机自动地完成逻辑编译、化简、分割、综合、优化、布局、布线和仿真，直至对于特定目标芯片的适配编译、逻辑映射、编程下载等工作。EDA 技术的出现，极大地提高了电路设计的效率和可操作性，减轻了设计者的劳动强度。

利用 EDA 工具，电子设计师可以从概念、算法、协议等开始设计电子系统，大量工作可以通过计算机完成，将电子产品从电路设计、性能分析到设计出 IC 版图或 PCB 版图的整个过程交由计算机自动处理完成。

现在对 EDA 的概念或范畴用得很宽，包括在机械、电子、通信、航空航天、化工、矿产、生物、医学、军事等各个领域，都有 EDA 的应用。目前 EDA 技术已在各大公司、企事业单位和科研教学部门广泛使用。例如，在飞机制造过程中，从设计、性能测试及特性分析直到飞行模拟，都可能涉及 EDA 技术。

常用的 EDA 软件包括 EWB、PROTEL、ORCAD 等。

EWB（Electronics Workbench，中文译为“电子工作台”）是一种电子电路计算机仿真设计软件，于 1988 年开发成功。目前国内外已有许多学校将软件仿真的内容纳入电子类课程的教学中，在微机上搭接和测试各种不同的功能电路，与传统的测量、调试手段相比，具有省时、省材、操作方便等优点。另外，经 EWB 进行分析和仿真完成的电路，可以在其他印制板设计软件（如 PROTEL、ORCAD 等）的支持下，直接排出印制电路板。

本章小结

1. 了解以下基本知识

（1）三极管的结构——基极、发射极和集电极。

（2）三极管的3种工作状态——截止状态、饱和状态和放大状态。

（3）三极管的导电类型——NPN型、PNP型。

（4）三极管的主要参数——β、I_{CEO}、P_{CM}、I_{CM}和$U_{(BR)CEO}$。

（5）直流通路、交流通路。

（6）失真。

（7）反馈的类型及判别的方法。

（8）射极输出器的特点。

（9）集成运算放大器的特点。

（10）增益。

2. 掌握下列操作方法

（1）三极管的简易测试。

（2）用万用表测量放大电路的静态工作点。

（3）会用示波器观察信号的波形。

（4）会用毫伏表测量输入、输出信号的有效值。

（5）正确识别集成运算放大电路的引脚。

（6）能进行简单的焊接。

3. 掌握下列电路规律和分析方法

（1）放大器的静态和动态的分析。

（2）反馈类型的判别方法。

（3）运放中“虚断”与“虚短”的分析。

（4）加法器和减法器的计算。

思考与练习

一、判断题

1. 三极管的放大作用具体体现在$\Delta I_C > \Delta I_B$上。（　　）
2. 共射放大器的R_C阻值越大，其电压放大倍数越高，带负载能力越强。（　　）
3. 射极输出器没有电压放大作用，只有一定的电流放大和功率放大能力。（　　）
4. 负反馈放大器是靠牺牲放大倍数来换取各种性能改善的。（　　）
5. 集成运算放大器实质上是一种高增益的直流放大器。（　　）

二、选择题

1. 三极管用于放大时，应使其（　　）。

A. 发射结正偏、集电结反偏　　B. 发射结正偏、集电结正偏

C. 发射结反偏、集电结正偏　　D. 发射结反偏、集电结反偏

2. 一个由NPN型三极管组成的共射放大电路，若输出电压u_o为正弦波，而用示波器观察到输出波形如图6.41所示，则此放大器的静态工作点设置得（　　）。

A. 偏高　　B. 偏低　　C. 正常　　D. 无法判断

3. 图6.42所示电路中，R_f引入的反馈为（　　）。

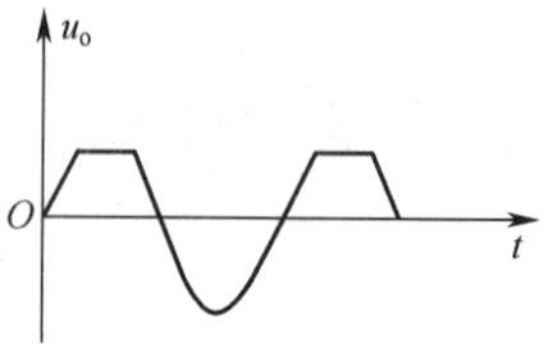

图6.41　选择题2图

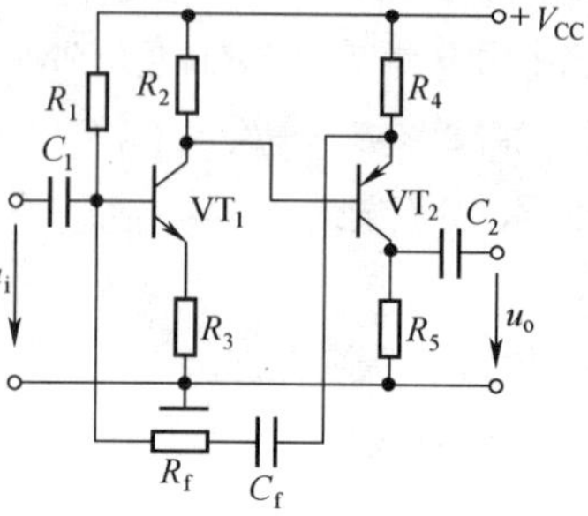

图6.42　选择题3图

A. 电压串联反馈　　B. 电压并联反馈

C. 电流串联反馈　　D. 电流并联反馈

4. 如图6.43所示电路，$R_2=2R_1$，$u_i=-2V$，则输出电压u_o为（　　）。

A. 4V　　B. –4V

C. 8V　　D. –8V

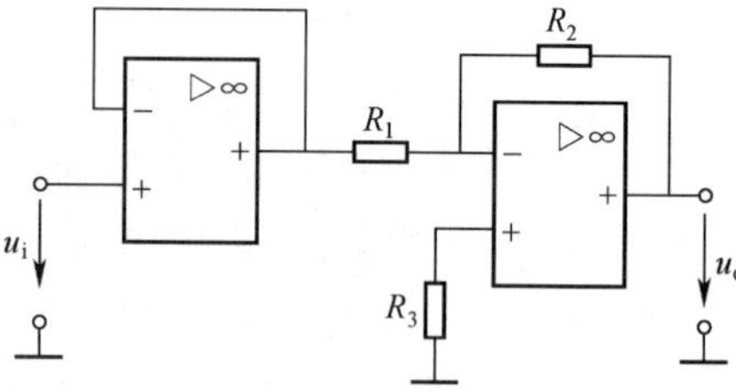

图6.43　选择题4图

5. 射极输出器的主要特点是（　　）。

A. 电压放大倍数小于1，输入阻抗低、输出阻抗高

B. 电压放大倍数小于1，输入阻抗高、输出阻抗低

C. 电压放大倍数大于1，输入阻抗低、输出阻抗高

D. 电压放大倍数大于1，输入阻抗高、输出阻抗低

三、填空题

1. 在三极管的极限参数中，当$I_C>I_{CM}$时，将引起________；当$U_{CE}>U_{(BR)CEO}$时，将引起________；当$P_C>P_{CM}$时，将引起________。

2. 放大器引入负反馈可使它的放大倍数的稳定性，________，通频带________，非线性失真________，而输入、输出电阻将改变。

3. 射极输出器的反馈类型为________，它把输出信号________（填全部、部分）反馈到输入端。

4. 如图6.44所示，$u_i=10V$，$R_1=10\Omega$，$R_2=20\Omega$，则$I_1=$________，$u_A=$________，$u_o=$________。

5. 集成运算放大器不仅能放大交流信号，而且能放大________信号。

6. 共射放大电路中，R_C电阻的作用是把三极管的________作用转换成________形式。

7. 3DG6B型三极管是________材料高频小功率________型三极管。

8. 放大器接有负载电阻R_L后，电压放大倍数将________。

9. 反相比例运算放大器是一种________负反馈放大器。

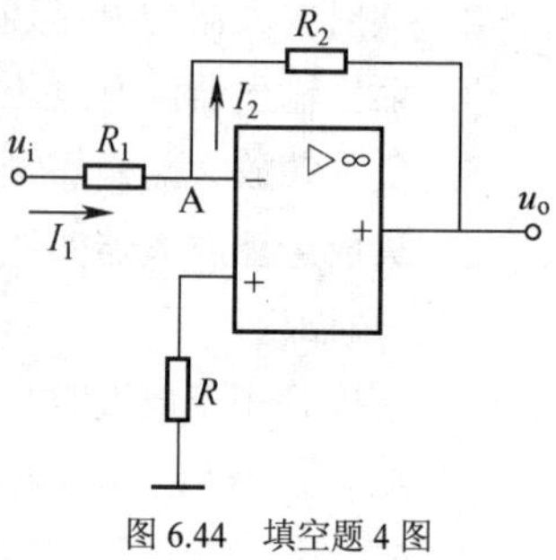

图6.44　填空题4图

10. 对于一个放大器来说，一般希望其输入电阻要________些，以减轻信号源的负担；输出电阻要________些，以增大带负载能力。

四、分析计算题

1. 在图 6.45 中，$V_{CC}=12V$，$\beta=50$，$R_{B1}=30k\Omega$，$R_{B2}=10k\Omega$，$R_C=3k\Omega$，$R_E=2.3k\Omega$，$R_L=3k\Omega$，$U_{BEQ}=0.7V$。试：

（1）估算该电路的静态工作点；

（2）估算该电路的 r_i 和 r_o；

（3）估算电压放大倍数 A_u。

2. 画出一个射极输出器电路，并指出其用途是什么？

3. 计算图 6.46 所示电路的输出电压 u_o。

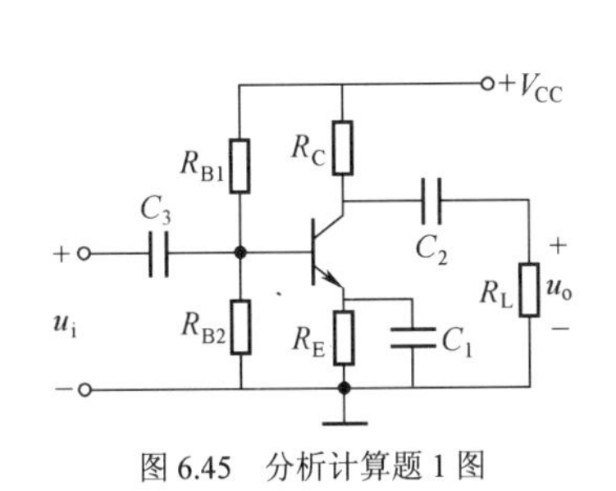

图 6.45 分析计算题 1 图

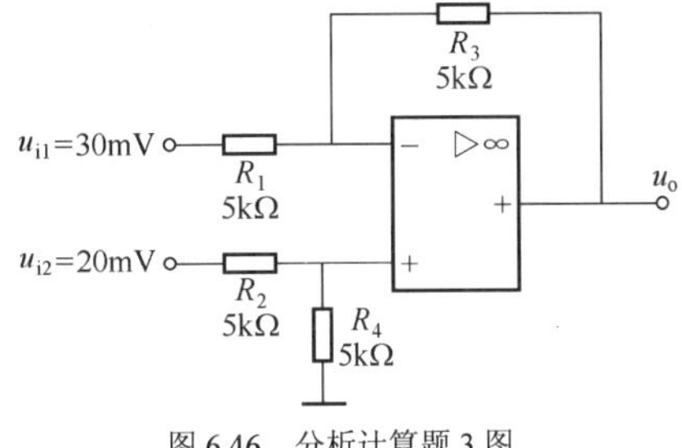

图 6.46 分析计算题 3 图

第7章

数字电路

21 世纪是信息化时代，信息化时代又被称为数字时代，数字地球、数字化生存等概念已被人们耳熟能详，今天的人们已越来越多地与数字联系在一起，从个人身份证号、手机号到 IP 地址、QQ 号、信用卡密码等无不打上数字的烙印，数字已经不完全是 1、2、3 了，它已经完全侵入了我们的生活。从家用电器到生活方式的完全改变，我们已经迈入了一个完全可以用数字标记和管理的社会。今后，我们的生活可能就是用数字代码来管理的，复杂的信息资料将是用类似 1110011001…这样的简单数字代替，所有这一切的基础就是我们的各类生产、生活、学习资料都必须转化为一系列的数字，承担这一任务的就是以数字电路为基础的数据采集、分析和处理系统，本章就从数字信号的基本概念入手来认识与我们的生活密切相关的数字电路。

知识目标

- 理解数字信号、模拟信号、数字电路、模拟电路的基本概念。
- 掌握与门、或门、非门等基本门电路以及与非、或非、异或等组合门电路的电路符号、逻辑功能及应用。
- 掌握 RS 触发器、JK 触发器以及 D 触发器、T 触发器的逻辑符号、逻辑功能以及应用。
- 了解逻辑电路的基本分析方法。

技能目标

- 学会识读门电路芯片，掌握其基本的装接和使用方法。
- 学会识读触发器芯片，掌握其基本的装接和使用方法。

7.1 了解数字电路的基础知识

7.1.1 认识数字信号与数字电路

（1）按图 7.1 所示连接电路。

（2）观察在打开和合上开关 S 的两种情况下，灯 L 的状态。

可以看到，开关 S 合上，灯 L 亮；开关断开，灯 L 熄灭。

开关 S 有两种状态，即合上与打开；灯 L 也有两种状态，即亮与不亮。

议一议

开关 S 有无第 3 种状态？灯 L 有无第 3 种状态？

做一做

（1）在前面电路中加入一个可调电阻（见图 7.2）。

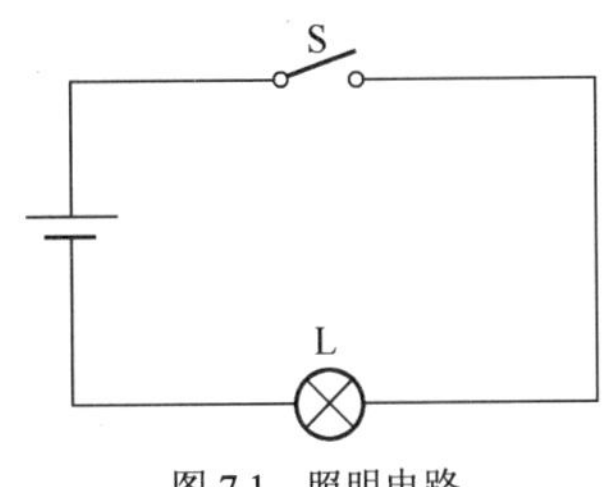

图 7.1　照明电路

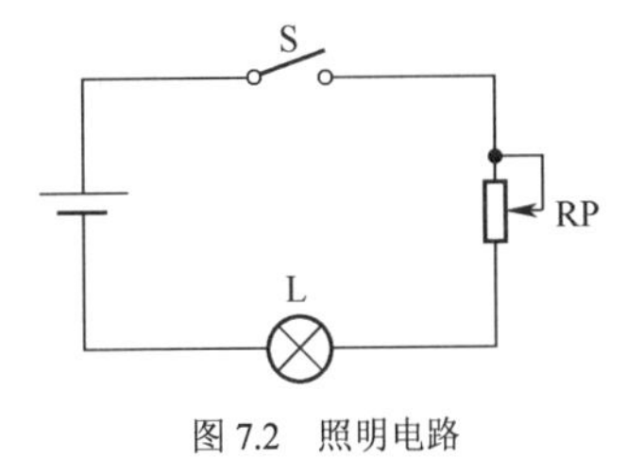

图 7.2　照明电路

（2）合上开关 S，调节 RP，观察灯 L 的状态变化。

可以看到，RP 由小到大，灯 L 由亮变暗。

议一议

在这一过程中，灯 L 的亮度有多少种状态？R_W 的大小有多少种？

读一读

（1）数字信号——在数值上和时间上不连续变化（离散）的信号（见图 7.3）。

（2）模拟信号——在数值上和时间上连续变化的信号（见图 7.4）。

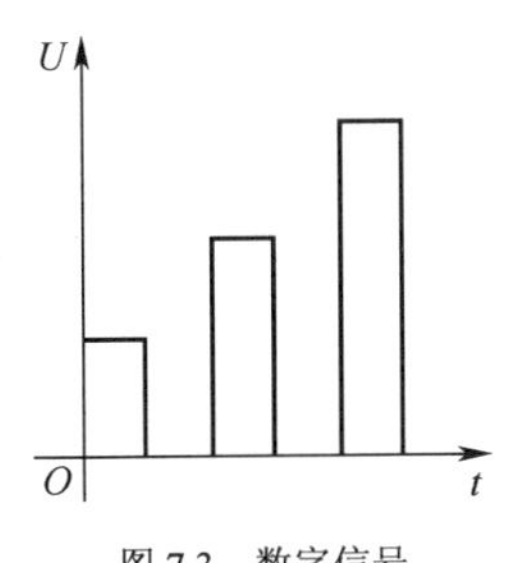

图 7.3　数字信号

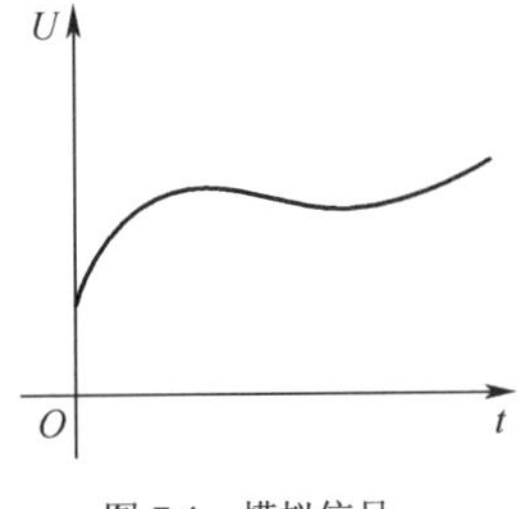

图 7.4　模拟信号

数字电路——处理数字信号的电路。

模拟电路——处理模拟信号的电路。

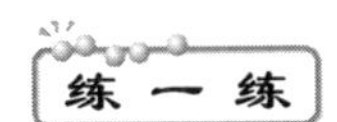

列举日常生产生活中遇到的信号哪些属于数字信号？哪些属于模拟信号？

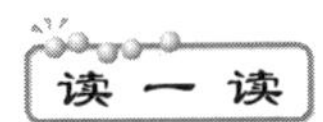

我们在日常生活中所体验的世界其实是非常“模拟化”的。从宏观的角度看，这个世界一点

也不数字化，反而具有连续性的特点，不会骤然开关、由黑而白、或是不经过渡就从一种状态直接跳入另一种状态。

从微观的角度看，和我们相互作用的物体（电线中流动的电子或我们眼中的光子）都是相互分离的，只不过由于它们的数量太过庞大，因此，感觉上似乎连续不断。而事实上它们都是相互分离的，它们的变化也是离散的、跳跃式的，所以具有“数字化”的特点。

数字信号有很多的优点，其中最主要的有以下5点。

（1）具有数据压缩功能。

（2）具有纠正错误的功能。

（3）抗干扰能力强，不易失真。

（4）传输容量大，便于多媒体集成。

（5）便于存储、处理和交换。

由于数字信号的明显优点，所以现代的通信、广播、电视、计算机数据传输等均已实现或正在实现数字化。

7.1.2 认识逻辑代数和逻辑变量

数字电路的特点

数字电路主要研究的是信号的状态，如灯的亮与不亮、开关的开与关、信号的有与无等，而不研究具体的信号大小。数字信号基本上只有两个状态，所以常用二进制数的0和1来表示，相应的电信号用低电平和高电平表示，如：

灯不亮——“0”——低电平；

灯亮——“1”——高电平。

开关断开——“0”——低电平；

开关闭合——“1”——高电平。

低电平、高电平均是指一个电压范围而不是某个具体的电压数值，如高电平通常为3～5V，低电平通常为0～0.4V。

（1）数字电路中的器件主要工作于“开”或“关”的状态，不存在中间状态，所以数字电路的基本元件又称开关元件，基本数字电路又称开关电路。

（2）数字电路中的数字运算普遍采用的是二进制。

【例7.1】 完成下列二进制运算。

$0+0$，$0+1$，$1+0$，$1+1$，$1+1+1$

1×0，1×1，0×0，0×1

【解】 $0+0=0$，$0+1=1$，$1+0=1$，$1+1=10$，$1+1+1=11$

$1\times0=0$，$1\times1=1$，$0\times0=0$，$0\times1=0$

完成下列二进制运算。

11 + 10，1 + 1 + 10，10 × 0，1101 + 1011

读一读

数字信号之间的这种非数值的状态关系，称为逻辑关系，因此数字（开关）电路又称逻辑电路。逻辑电路中各输入、输出状态称为逻辑变量，它们之间的逻辑关系称为逻辑函数（代数），逻辑变量与常规数学变量的不同之处在于它只有两种取值（状态），即“0”和“1”。“0”和“1”在这里表示事物的两种对立状态，其本身没有数值意义。

逻辑变量之间的运算遵循一套不同于普通代数运算的规则，称为逻辑代数运算规则。

逻辑体制分为正逻辑和负逻辑两种，其规定如下。

正逻辑：“1”——代表高电平，“0”——代表低电平；

负逻辑：“1”——代表低电平，“0”——代表高电平。

没有特殊说明，一般均为正逻辑。

逻辑代数的运算包括逻辑加、逻辑乘和逻辑非 3 种基本运算（类似于普通代数的加、减、乘、除）。

逻辑加——又称或运算。

逻辑乘——又称与运算。

逻辑非——又称非运算。

逻辑代数运算规则如下。

1. 或运算

$0+0=0$

$0+1=1$

$1+1=1$

$A+0=A$

$A+1=1$

$A+\overline{A}=1$

$A+A=A$

2. 与运算

$0\times0=0$

$0\times1=0$

$1\times1=1$

$A\times0=0$

$A\times1=A$

$A\times\overline{A}=0$

$A\times A=A$

3. 非运算

$\overline{0}=1$

$\bar{1} = 0$

$\bar{\bar{A}} = A$

逻辑代数运算定律：

$A \times B = B \times A$

$A + B = B + A$

$(A \times B) \times C = A \times (B \times C)$

$(A + B) + C = A + (B + C)$

$A \times (B + C) = A \times B + A \times C$

$\left.\begin{aligned}\overline{AB} &= \bar{A} + \bar{B}\\ \overline{A+B} &= \bar{A} \times \bar{B}\end{aligned}\right\}$ 此式称为摩根定律（又称反演定律）

逻辑代数运算规则中哪些与普通代数一致？

1. 根据定义，判别图 7.5 所示信号属于模拟信号还是数字信号？

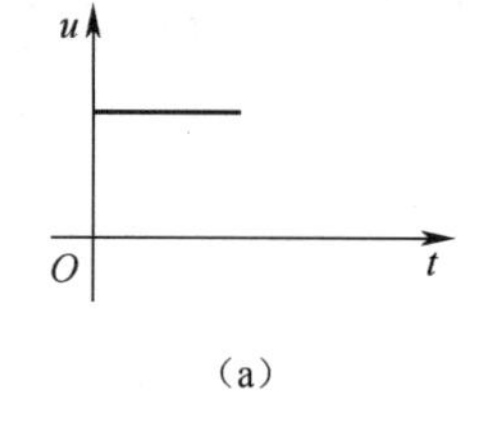

（a）

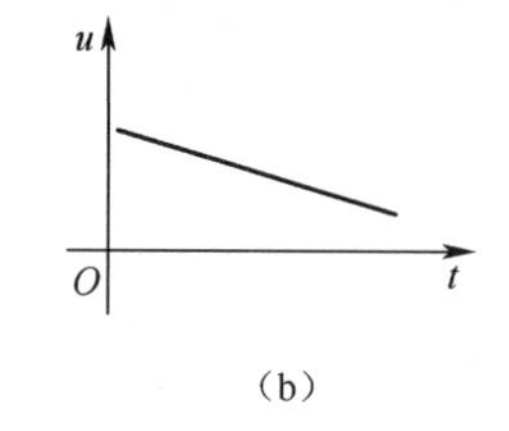

（b）

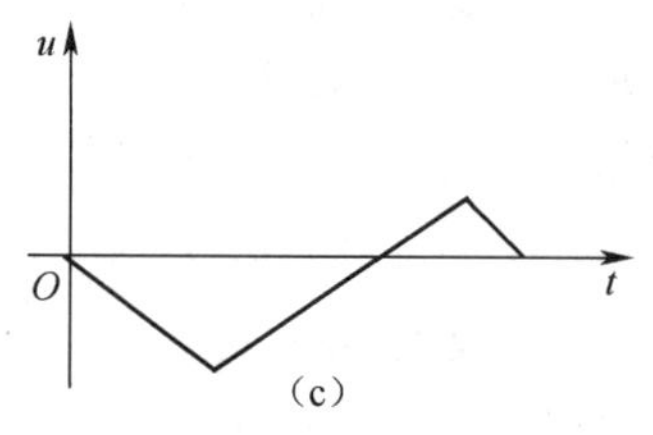

（c）

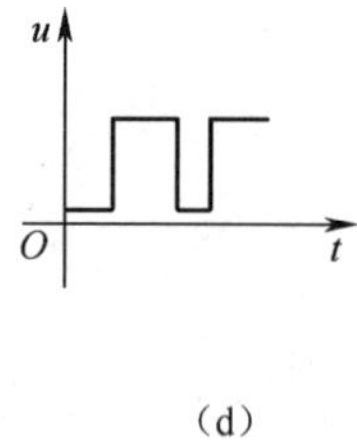

（d）

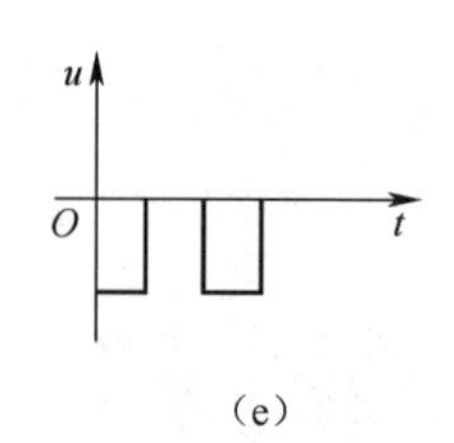

（e）

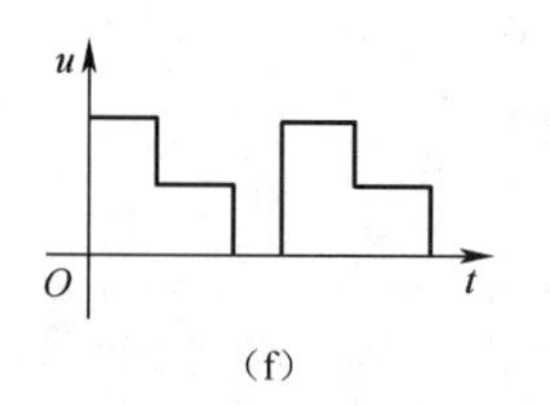

（f）

图 7.5　模拟信号与数字信号

2. 完成下列逻辑运算。

① $A + A + A =$

② $1 + A + 0 =$

③ $(0 + A) + 1 =$

④ $1 \times A \times B =$

⑤ $(0 \times A) \times B =$

⑥ $(A + B) + 1 =$

⑦ $\bar{\bar{A}} \times B + 1 =$

⑧ $(0 + B) \times \bar{B} =$

⑨ $\overline{A + B} \times 1 + 1 =$

⑩ $\overline{AB} \times 0 =$

评一评　根据本节任务完成情况进行评价，并将结果填入下列表格。

项目 / 评价人	任务完成情况评价	等　级	评 定 签 名
自己评			
同学评			
老师评			
综合评定			

知识能力训练

完成下列逻辑运算。

$A \times A =$ ________　　　　$1 + 1 + 1 =$ ________

$A + 1 =$ ________　　　　$1 \times 1 + 1 \times 0 =$ ________

$A \times 0 =$ ________　　　　$0 \times 1 + 1 \times 0 =$ ________

$(A + 1) \times (B + 1) =$ ________

$(A + B) \times AB =$ ________

7.2 认识逻辑门电路

数字电路的基本组成元件是二极管、三极管、场效应管等开关元件。这些元件连同其他元件组成一个个单元电路。依据一定的条件或开或关，就像门一样控制着输出信号的状态，所以这些单元电路又称门电路。本节将通过认识一些基本门电路器件来了解数字电路的基本逻辑运算控制过程。

7.2.1 识读基本门电路芯片，认识基本门电路

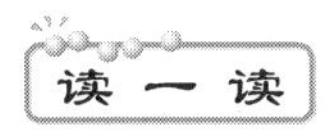

数字电路最基本的逻辑运算是逻辑与、逻辑或和逻辑非，实现这 3 种控制的单元电路分别称为与门电路、或门电路和非门电路。

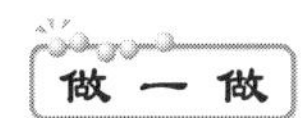

观看与门集成电路芯片（CT 74LS08 或 CC4081）（见图 7.6），注意观察芯片管脚的排列情况。

V_{CC} 14, 4B 13, 4A 12, 4Y 11, 3B 10, 3A 9, 3Y 8

CT74LS08

1 1A, 2 1B, 3 1Y, 4 2A, 5 2B, 6 2Y, 7 GND

图 7.6　CT 74LS08

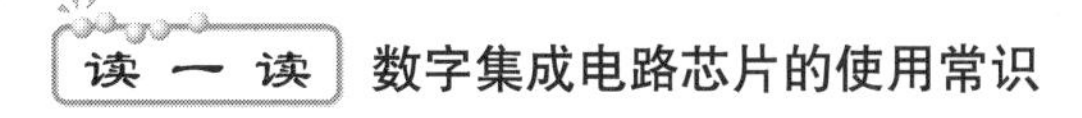

数字集成电路芯片的使用常识

数字集成电路按照组成器件的种类主要分成两类：一类是以普通三极管作为组成器件的集成电路，简称 TTL 电路；另一类是以场效应管作为组成器件的集成电路，简称 MOS 电路，其中应

用最广的是 CMOS 电路。TTL 电路型号以“CT”字母开头，CMOS 电路型号以“CC”字母开头（详见附录 A 中的表 A2）。

数字集成电路目前大量采用双列直插式外形封装，芯片管脚主要有 14 管脚和 16 管脚两种，其管脚编号判读方法是把标志（凹口）置于左方，逆时针自左下脚依次而上，管脚依次为管脚 1，管脚 2，…，管脚 14（见图 7.7），其中右下角（管脚 7 或管脚 8）为接地端，左上角（管脚 14 或管脚 16）为直流电源。

要了解芯片的具体功能，必须阅读芯片外引线排列图。

阅读 74LS08、74LS32、74LS04 芯片外引线排列图（见图 7.8、图 7.9 和图 7.10）。

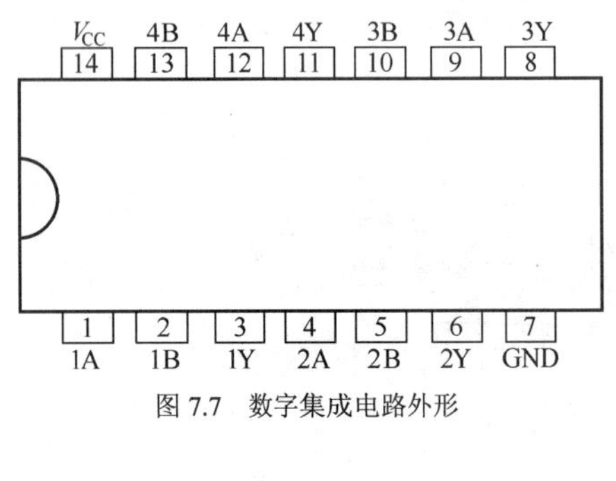

图 7.7　数字集成电路外形

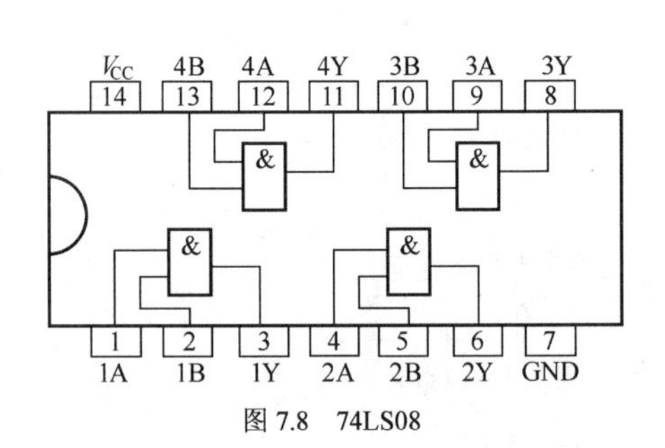

图 7.8　74LS08

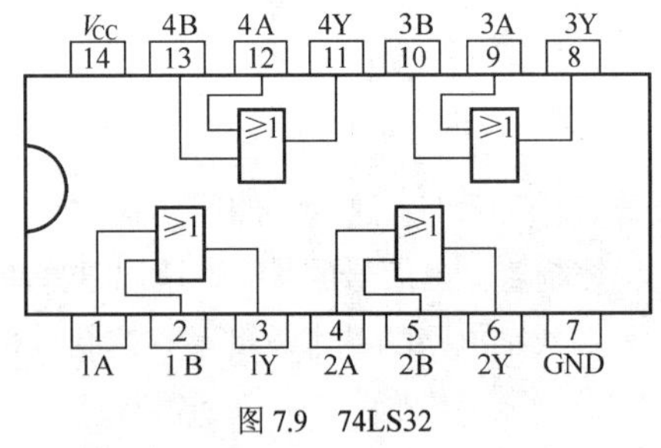

图 7.9　74LS32

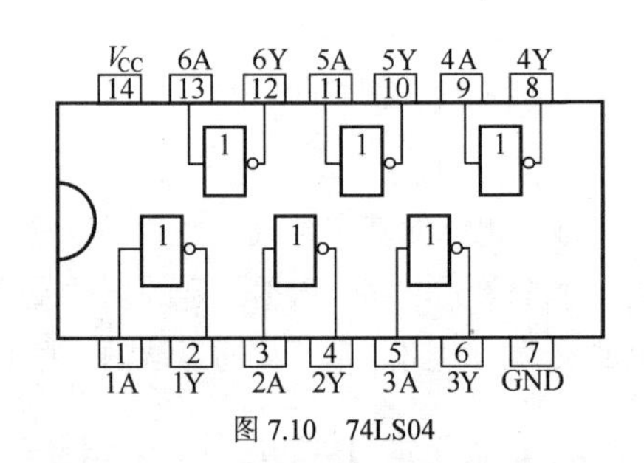

图 7.10　74LS04

74LS08 芯片内部包含 4 个与门，每个与门均含 2 个输入端，故称四 2 输入与门芯片，74LS32 芯片包含 4 个或门，每个或门均包含 2 个输入端，故称四 2 输入或门芯片，74LS04 芯片包含 6 个非门。

读一读　**认识与门电路和与逻辑**

与门电路的符号如图 7.11（a）所示，其输入端可以有 2 个或 2 个以上，输出端有且只有 1 个，“&”代表与逻辑关系。

与逻辑关系——当决定一件事情的各个条件全部具备时，这件事情才会发生，这种因果关系称为与逻辑关系。例如，图 7.11（b）中开关 A、B 全闭合时，灯才会亮，对灯亮（果）而言，开关 A、B 闭合（因）是与逻辑关系。

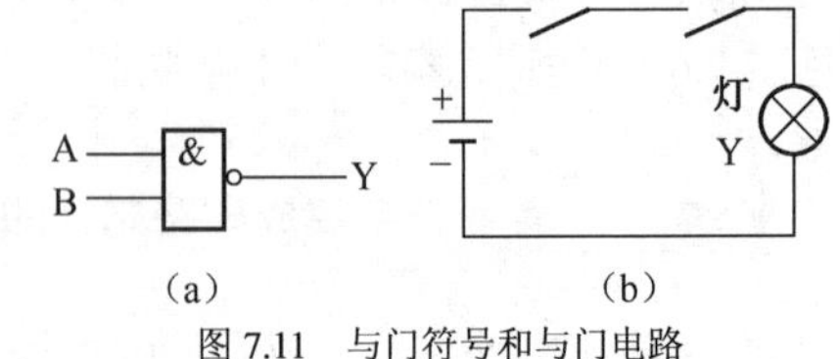

图 7.11　与门符号和与门电路

与逻辑关系的表示方法如下。

（1）逻辑表达式：Y = AB，读作 Y 等于 A 与 B。

（2）真值表：将所有可能的输入、输出值对应关系列成一张表（见表 7.1）。

表 7.1　　与门真值表

B	A	Y
0	0	0
0	1	0
1	0	0
1	1	1

与逻辑功能——有 0 出 0，全 1 出 1。

列真值表的方法。

（3）波形图（见图 7.12）。

请举例说明日常生活中存在哪些与逻辑关系。

根据图 7.13 所示与门电路的输入波形，画出对应的输出波形。

Y = AB

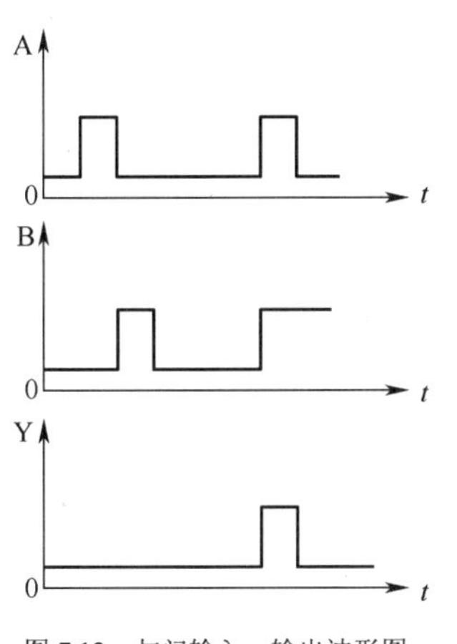

图 7.12　与门输入、输出波形图

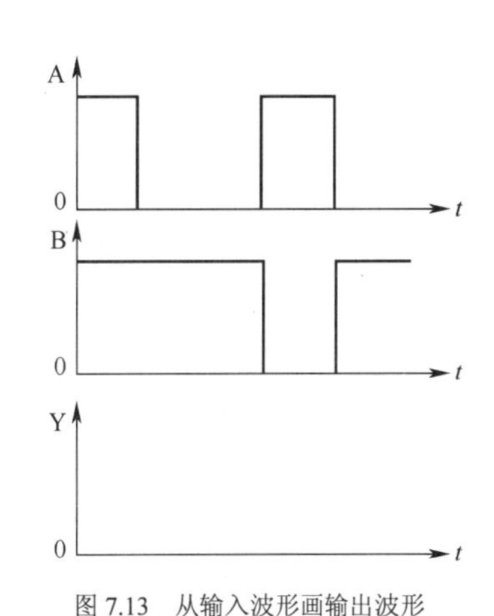

图 7.13　从输入波形画输出波形

读 一 读　认识或门电路和或逻辑关系

或门电路的符号如图 7.14（a）所示，其中输入端可以有 2 个或 2 个以上，输出端有且只有 1

个，“≥”代表或逻辑关系。

或逻辑关系——当决定一件事情的各个条件中，只要具备一个或者一个以上的条件，这件事情就会发生，这样的因果关系称为或逻辑关系。例如，图 7.14（b）中开关 A、B，只要其中任意一个闭合，灯 Y 就会亮，对于灯亮（果）而言，开关 A、B 闭合（因）是或逻辑关系。

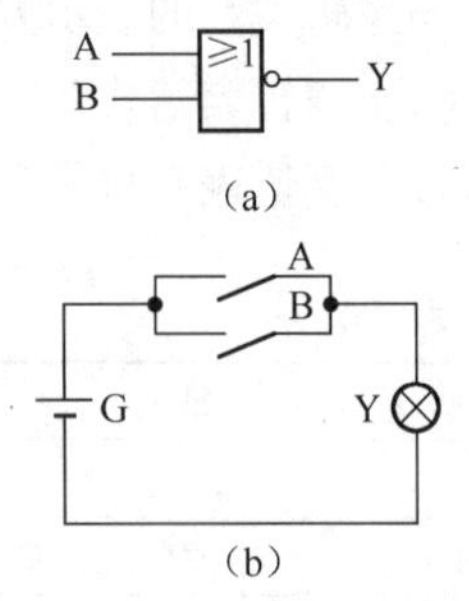

图 7.14　或门符号和或门电路

或逻辑关系的表示方法如下。

（1）逻辑表达式：Y＝A＋B，读作 Y 等于 A 或 B。

（2）真值表（见表 7.2）。

表 7.2　或门真值表

B	A	Y
0	0	0
0	1	1
1	0	1
1	1	1

或逻辑功能——有 1 出 1，全 0 出 0。

（3）波形图（见图 7.15）。

议 一 议

生活中存在哪些或逻辑关系。

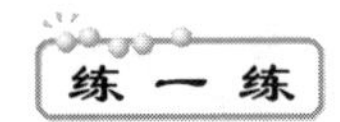

根据图 7.16 所示或门电路的输入波形，画出对应的输出波形。

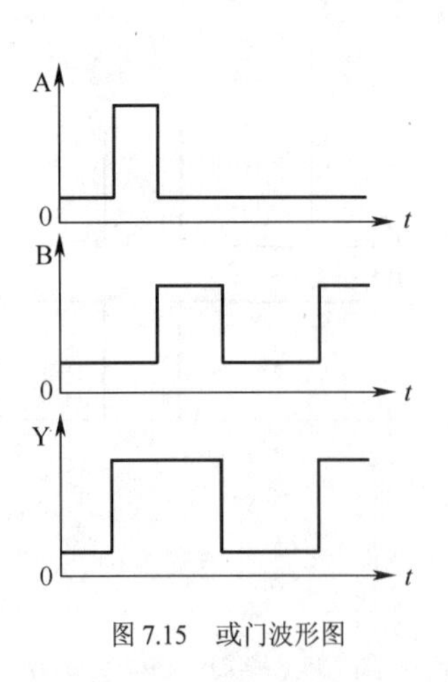

图 7.15　或门波形图

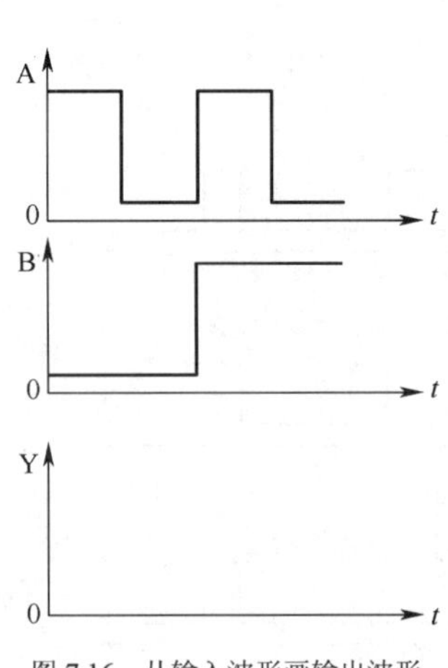

图 7.16　从输入波形画输出波形

读 一 读　认识非门电路和非逻辑关系

非门电路符号如图 7.17（a）所示，其输入端只有一个，输出端也只有一个，“1”和“○”代表非逻辑关系。

非逻辑关系——事情和条件总是呈相反的状态，这种逻辑关系称为非逻辑关系。例如，图 7.17（b）中开关 A 闭合，灯就灭，而开关 A 断开时，灯就亮，对灯亮（果）而言，开关 A 闭合（因）是非逻辑关系。

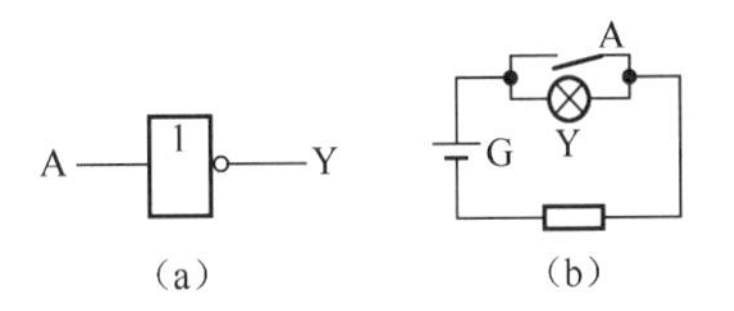

图 7.17　非门符号和非门电路

非逻辑关系的表示方法如下。

（1）逻辑表达式：$Y=\overline{A}$，读作 Y 等于 A 非。

（2）真值表（见表 7.3）。

表 7.3　　非门真值表

A	Y
0	1
1	0

（3）波形图（见图 7.18）。

生活中存在哪些非逻辑关系。

根据图 7.19 所示非门电路的输入波形，画出相应的输出波形。

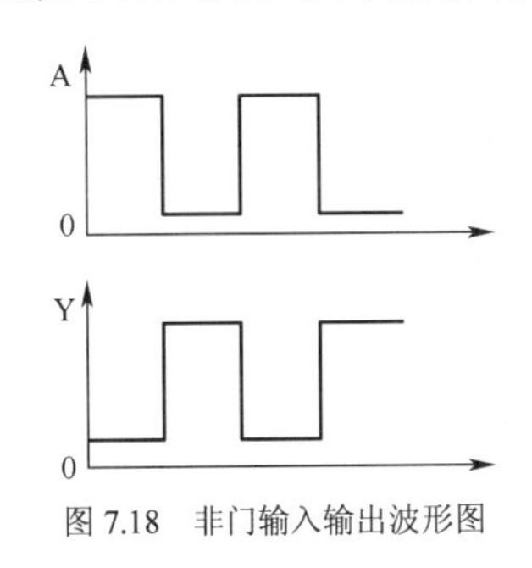

图 7.18　非门输入输出波形图

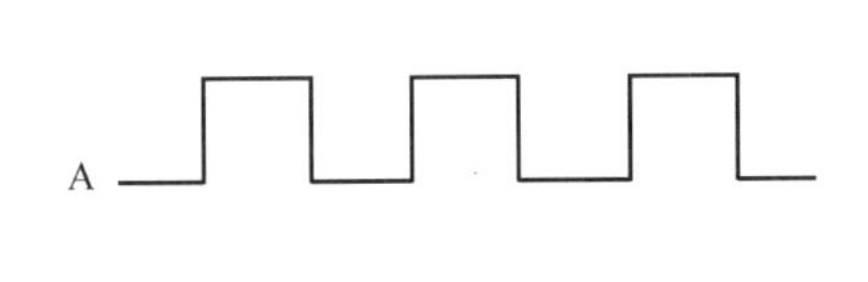

图 7.19　从非门输入波形画出输出波形

7.2.2　识读组合门电路芯片，认识组合门电路

与、或、非门电路称为基本门电路，实际应用中常常将它们组合起来使用，称为组合门电路。

做 一 做

（1）观看一组组合门电路的芯片，74LS00（与非）、74LS02（或非）、74LS86（异或）。

（2）识读上述芯片外引线排列图（见图 7.20、图 7.21 和图 7.22）。

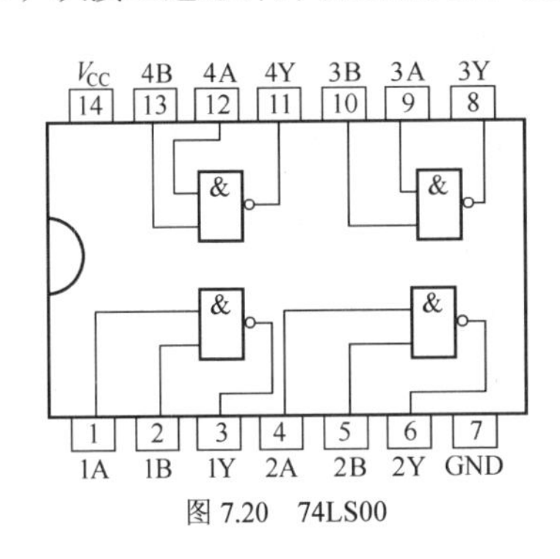

图 7.20　74LS00

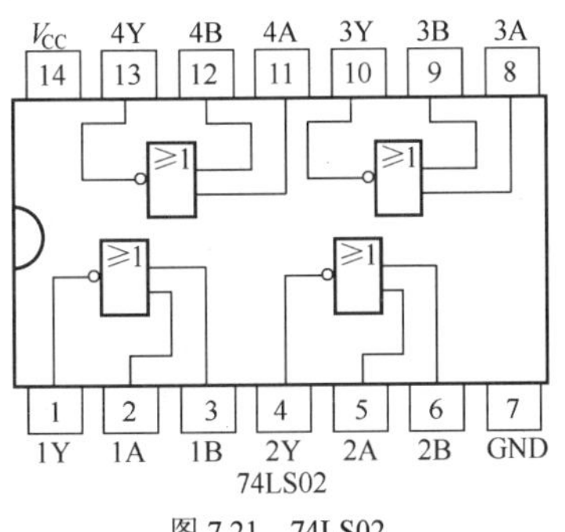

图 7.21　74LS02

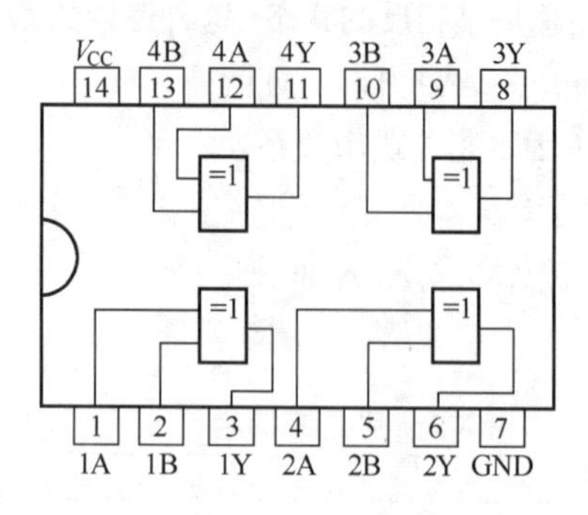

图 7.22　74LS86

（3）依次将芯片插入面包板，将管脚 14 接 + 3.6V 直流电源正极，管脚 7 接直流电源负极（见图 7.23）。

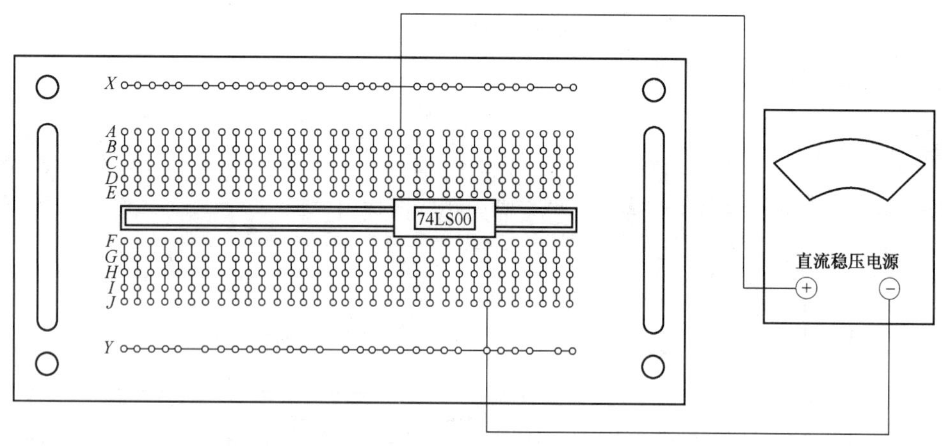

图 7.23　实验电路

（4）调节直流稳压电源，使其输出一个 3.6V 左右的电压作为高电平输入信号，另外从芯片接地端（GND）引出一根线作为低电平输入信号。

（5）按表 7.4～表 7.6 中的要求依次在各芯片输入端输入信号，用万用表测量输出电压，并依次填入表 7.4～表 7.6 中（输出电压在 3～5V，记为高电平 1，反之输出电压在 0.2V 左右记为低电平）。

表 7.4　　74LS00 真值表

1A	1B	1Y	2A	2B	2Y	3A	3B	3Y	4A	4B	4Y
0	0		0	0		0	0		0	0	
0	1		0	1		0	1		0	1	
1	0		1	0		1	0		1	0	
1	1		1	1		1	1		1	1	

表 7.5　　74LS02 真值表

1A	1B	1Y	2A	2B	2Y	3A	3B	3Y	4A	4B	4Y
0	0		0	0		0	0		0	0	
0	1		0	1		0	1		0	1	
1	0		1	0		1	0		1	0	
1	1		1	1		1	1		1	1	

表 7.6　74LS86 真值表

1A	1B	1Y	2A	2B	2Y	3A	3B	3Y	4A	4B	4Y
0	0		0	0		0	0		0	0	
0	1		0	1		0	1		0	1	
1	0		1	0		1	0		1	0	
1	1		1	1		1	1		1	1	

根据上述测量结果，分析 3 个芯片的逻辑功能。

读 一 读　与非门电路和与非逻辑功能

与非门电路的符号如图 7.24 所示。

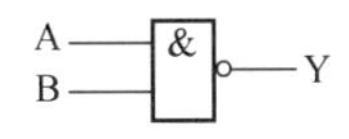

图 7.24　与非门电路符号

与非逻辑关系的表示方法如下。

（1）表达式：$Y=\overline{AB}$。

（2）真值表（见表 7.7）。

表 7.7　与非门真值表

B	A	Y
0	0	1
0	1	1
1	0	1
1	1	0

（3）波形图（见图 7.25）。

与非逻辑功能——有 0 出 1，全 1 出 0。

常用的与非门芯片有 74LS00（四 2 输入与非门）、C004（双 4 输入与非门）等。

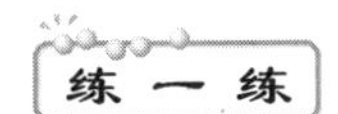

根据图 7.26 所示与非门电路的输入波形，画出对应的输出波形。

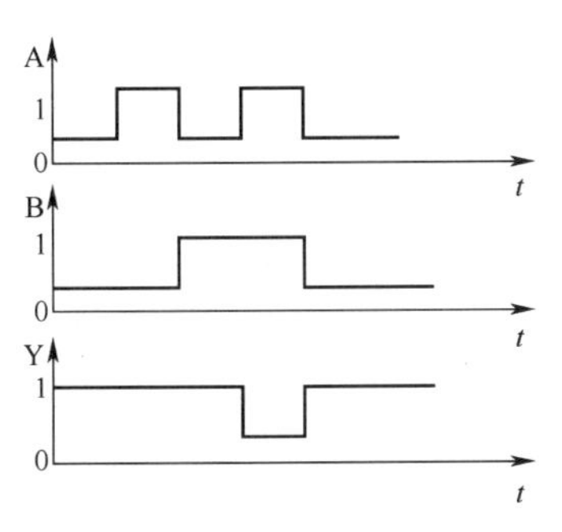

图 7.25　与非门波形图

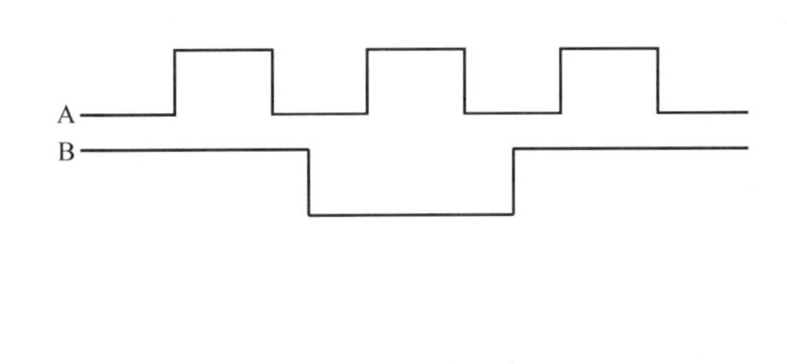

图 7.26　从与非门输入波形画出输出波形

读 一 读　或非门电路和或非逻辑关系

或非门符号如图 7.27 所示。

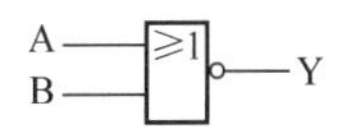

图 7.27　或非门符号

或非逻辑关系的表示方法如下。

（1）表达式：$Y=\overline{A+B}$。

（2）真值表（见表 7.8）。

表 7.8　　或非门真值表

B	A	Y
0	0	1
0	1	0
1	0	0
1	1	0

（3）波形图（见图 7.28）。

或非逻辑功能——有 1 出 0，全 0 出 1。

常用的或非门芯片有 74LS02（四 2 输入或非门）、C007（双 4 输入或非门）等。

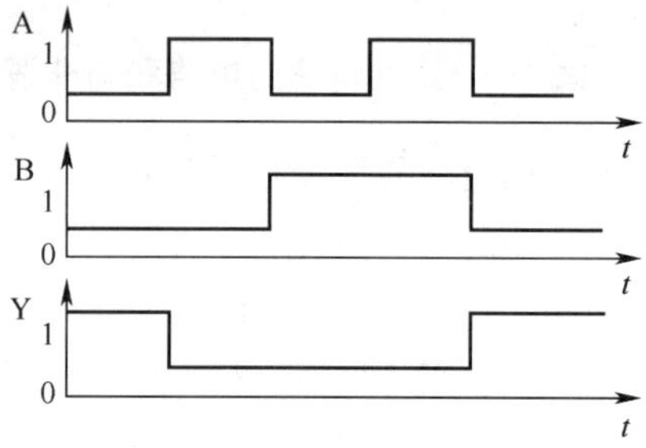

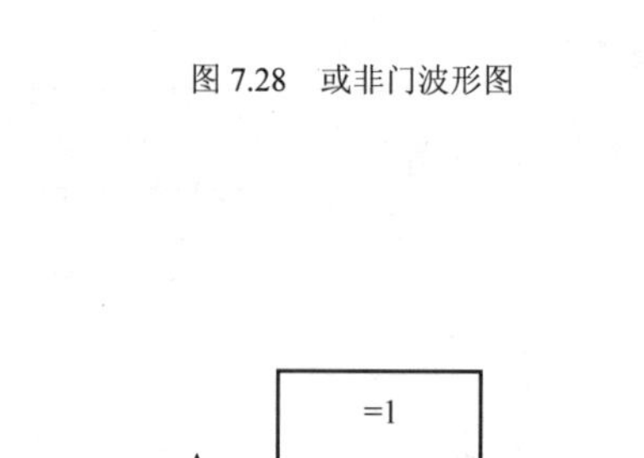

图 7.28　或非门波形图

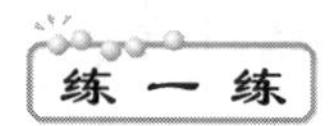

练一练

根据图 7.29 所示或非门电路的输入波形，画出对应的输出波形。

读一读　异或门和异或逻辑关系

异或门符号如图 7.30 所示。

异或逻辑关系的表示方法如下。

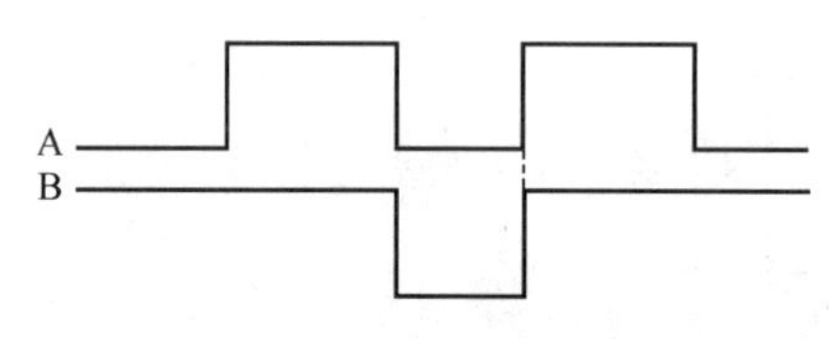

图 7.29　从或非门输入波形画出输出波形

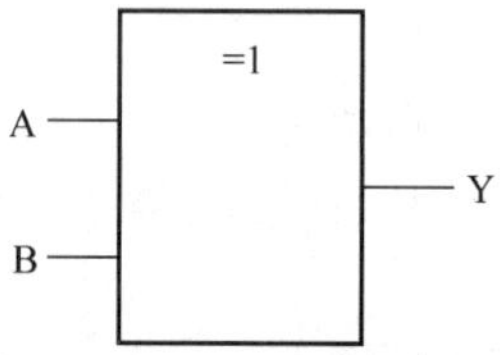

图 7.30　异或门符号

（1）表达式：Y = A ⊕ B，读作 Y 等于 A 异或 B。

（2）真值表（见表 7.9）。

表 7.9　　异或门真值表

B	A	Y
0	0	0
0	1	1
1	0	1
1	1	0

（3）波形图（见图 7.31）。

异或逻辑功能——输入相同时出 0，输入不同时出 1。

常用的异或门芯片为 74LS86（四 2 输入异或门）。

练一练

根据图 7.32 所示异或门电路的输入波形，画出对应的输出波形。

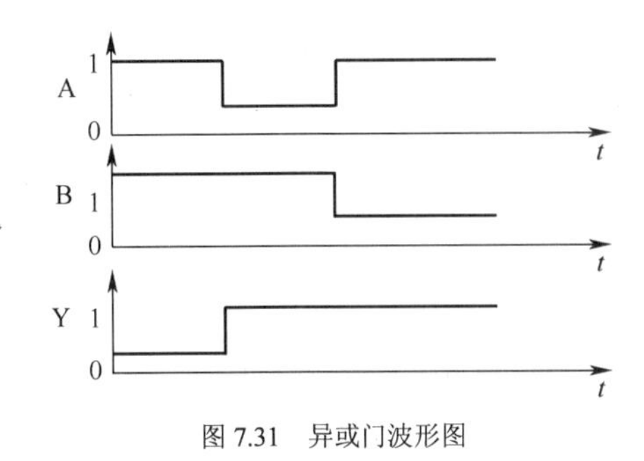

图 7.31 异或门波形图

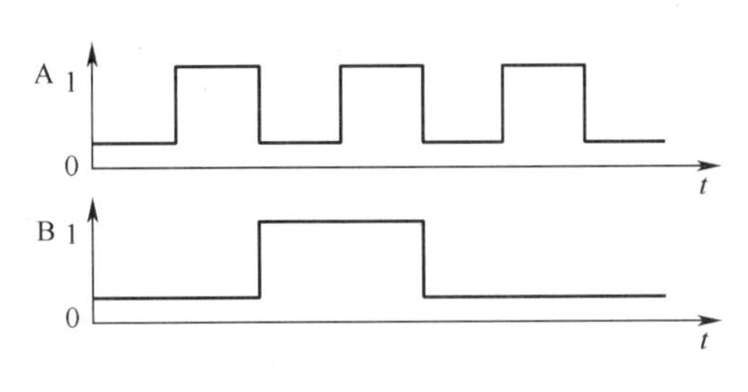

图 7.32 从异或门输入波形画出输出波形

拓展与延伸 组合逻辑电路的分析

在实际应用中，大多不是单一的逻辑门电路，而是多种逻辑门的组合形式，称为组合逻辑电路。有些较为复杂的组合逻辑电路具有专门的功能，已制成专门的芯片，如计算机系统中使用的编码器、译码器、数据分配器等。

无论是简单的组合逻辑电路，还是复杂的组合逻辑电路，都遵循组合门电路的逻辑关系，并且具有如下共同特点：任何时刻的输出状态，直接由当时的输入状态决定，即不具有记忆功能。输出状态与输入信号作用前的电路状态无关。

组合逻辑电路的分析方法如下。

（1）根据逻辑电路写出表达式，由输入到输出逐级推导出输出表达式。

（2）化简表达式。

（3）根据表达式，列出真值表。

（4）根据真值表，分析电路逻辑功能。

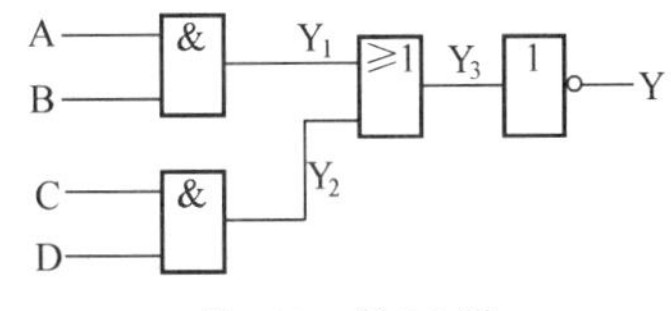

图 7.33 例 7.2 图

【例 7.2】 分析图 7.33 所示的逻辑电路。

【解】（1）逐级写出输出表达式：

$Y_1 = AB$

$Y_2 = CD$

$Y_3 = Y_1 + Y_2 = AB + CD$

$Y = \overline{Y_3} = \overline{AB + CD}$（该式已是最简式，无法再化简）

（2）列出真值表（见表 7.10）。

表 7.10 真值表

D	C	B	A	Y
0	0	0	0	1
0	0	0	1	1
0	0	1	0	1
0	0	1	1	0
0	1	0	0	1
0	1	0	1	1
0	1	1	0	1
0	1	1	1	0

续表

D	C	B	A	Y
1	0	0	0	1
1	0	0	1	1
1	0	1	0	1
1	0	1	1	0
1	1	0	0	0
1	1	0	1	0
1	1	1	0	0
1	1	1	1	0

（3）逻辑功能：当输入端任何一组全为 1 时，输出即为 0，只有各组输入都不全为 1 时，输出才为 1。

【例 7.3】 写出图 7.34 所示逻辑电路的表达式，列出真值表，并分析其逻辑功能。

【解】（1）逐级写出输出表达式：

$Y_1=\overline{A}$

$Y_2=\overline{B}$

$Y_3=A\overline{B}$

$Y_4=\overline{A}B$

$Y=\overline{Y_3+Y_4}=\overline{A\overline{B}+\overline{A}B}$

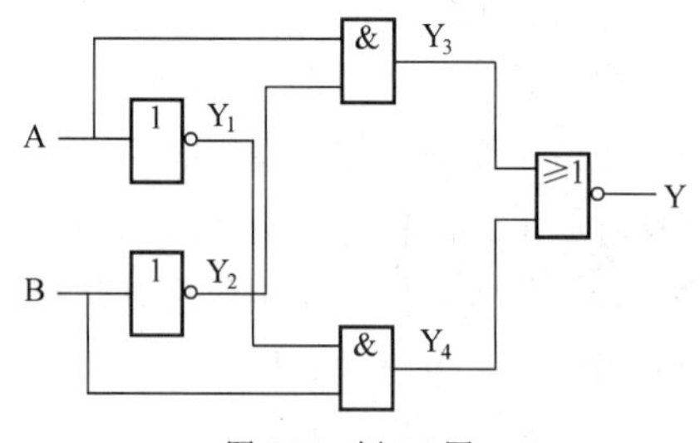

图 7.34　例 7.3 图

（2）列出真值表（见表 7.11）。

表 7.11　　真　值　表

B	A	Y
0	0	1
0	1	0
1	0	0
1	1	1

（3）逻辑功能：输入相同时，输出 1；输入不同时，输出 0。这是同或门电路。

根据图 7.35 所示逻辑电路图，写出其逻辑函数表达式，列出真值表，并分析其逻辑功能。

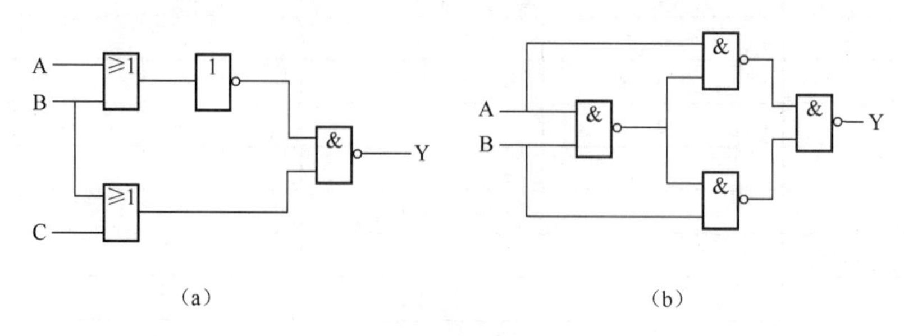

图 7.35　逻辑电路

评一评 根据本节任务完成情况进行评价，并将结果填入下列表格。

项目 评价人	任务完成情况评价	等级	评定签名
自己评			
同学评			
老师评			
综合评定			

知识能力训练

1. 仓库门上有两把锁，只有两把锁同时打开，仓库门才能打开，这种逻辑关系属于________逻辑关系；一把锁有两把钥匙，无论用哪一把钥匙均可把门打开，这属于________逻辑关系。

2. 输入信号 A、B 波形如图 7.36 所示，试分别画出图中各种电路的输出波形。

3. 输入信号 A、B 及对应的输出信号 Y 的波形如图 7.37 所示，其对应的逻辑关系为________。

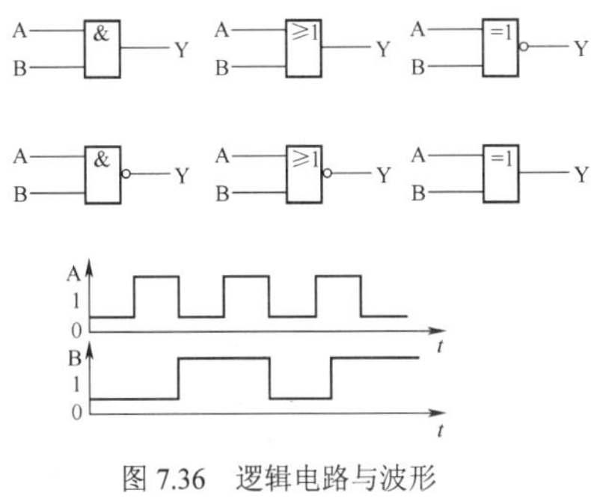

图 7.36　逻辑电路与波形

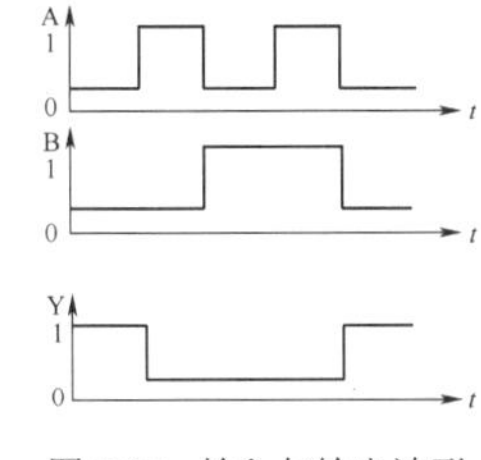

图 7.37　输入与输出波形

4. 与表 7.12 所示真值表功能相同的逻辑表达式为________。

表 7.12　　真　值　表

A	B	Y
0	0	1
0	1	0
1	0	0
1	1	1

5. 根据图 7.38 所示逻辑电路，写出逻辑函数表达式，列出真值表，并分析其逻辑功能。

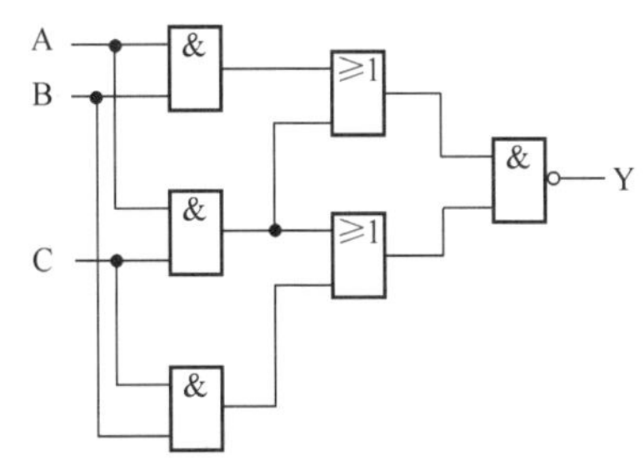

图 7.38　逻辑电路

7.3 认识触发器电路

根据是否具有记忆功能，数字电路分成组合逻辑电路和时序逻辑电路。时序逻辑电路是一种具有记忆功能的电路，它主要由组合逻辑门电路与记忆存储电路组成，最基本的记忆存储单元电路为触发器。本节主要从认识触发器电路入手来了解时序逻辑电路。

7.3.1 认识触发器

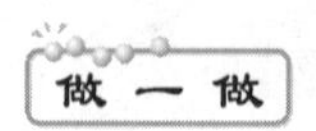

观察集成触发器芯片及外引线排列图 CT74LS110（三 JK）、CC4013（双 D）（见图 7.39）。注意观察芯片外引线的个数、名称、符号等。

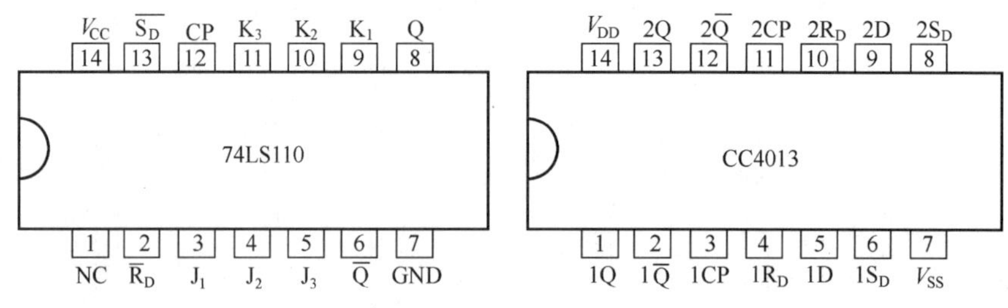

图 7.39 触发器芯片及外引线

读 一 读 触发器的基本知识

触发器是数字电路中的一类基本单元电路，目前主要采用集成电路形式，称为集成触发器。触发器有两个稳定状态，分别输出高电平 1 和低电平 0。在没有外界信号触发时，触发器的状态保持稳定。当有合适的外部触发信号触发时，触发器可以由一个稳态转换为另一个稳态。触发器在外部触发信号触发下，可以在两个稳态之间相互转换。触发器如何转换，由两个条件决定，一是外部触发信号（输入信号），二是触发器原状态（初态）。所以触发器的状态包含了初态的信息，故触发器具有记忆功能。

触发器的种类很多，但目前使用最多的是 JK 触发器和 D 触发器。在触发器的发展过程中，曾出现过基本 RS 触发器、同步 RS 触发器、主从 RS 触发器等。每一个新触发器都是在克服原有触发器缺点的基础上改进而来的。

触发器有两个输出端，分别称为 Q 端和 $\overline{Q}$ 端，二者互为反相信号。触发器的输入端依据不同类型而不同。

触发器的主要逻辑功能如下。

置 0——触发器状态 Q 变为 0 态，$\overline{Q}$ 变为 1 态。

置 1——触发器状态 Q 变为 1 态，$\overline{Q}$ 变为 0 态。

维持——触发器状态 Q 不变，维持原有状态，$Q_{n+1}=Q_n$（初态）。

翻转——触发器状态 Q 发生改变，即由第一个稳态转向另一个稳态，$Q_{n+1}=\overline{Q}_n$。

不同类型的触发器实现上述功能的条件不一样，也不是所有触发器均具有上述逻辑功能（见表 7.13）。

表 7.13　　4 种触发器的逻辑功能

逻 辑 功 能	RS 触发器	JK 触发器	D 触发器	T 触发器
置 0	√	√	√	×
置 1	√	√	√	×
维持	√	√	×	√
翻转	×	√	×	√

√——表示具有该功能；×——表示没有该功能。

几种常见触发器的电路符号如图 7.40～图 7.44 所示。

（1）基本 RS 触发器。

（2）同步 RS 触发器。

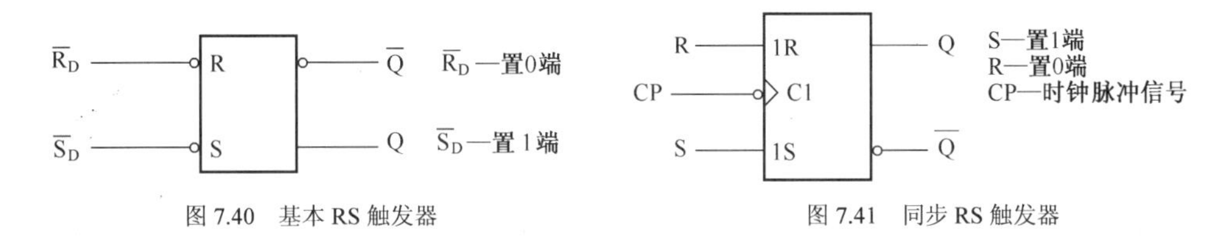

图 7.40　基本 RS 触发器　　　图 7.41　同步 RS 触发器

（3）JK 触发器。

（4）D 触发器。

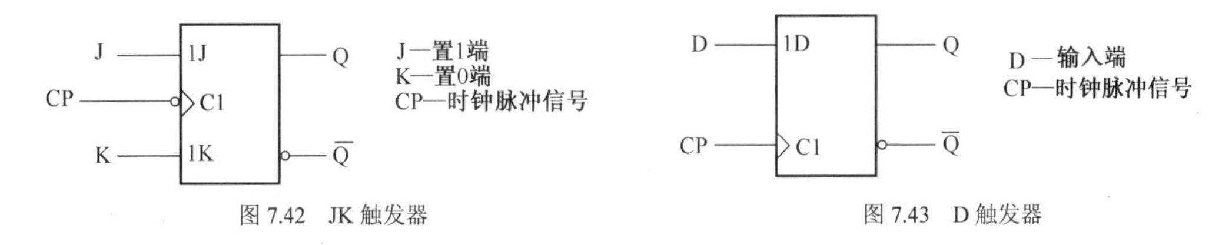

图 7.42　JK 触发器　　　图 7.43　D 触发器

（5）T 触发器。

关于触发器符号的说明如下。

（1）字母上方加横线，表示加入低电平信号有效，如 $\overline{R}_D = 0$，RS 触发器置 0，$\overline{S}_D = 0$，RS 触发器置 1。字母上方不加横线，则表示高电平有效。

（2）电路符号中“○”表示的含义与字母上方加横线含义一致。对于输入端而言，表示低电平有效；对于输出端而言，则表示为 $\overline{Q}$ 输出端；对于时钟脉冲 CP 而言，则表示在 CP 由“1”→“0”时，触发器状态才发生变化。

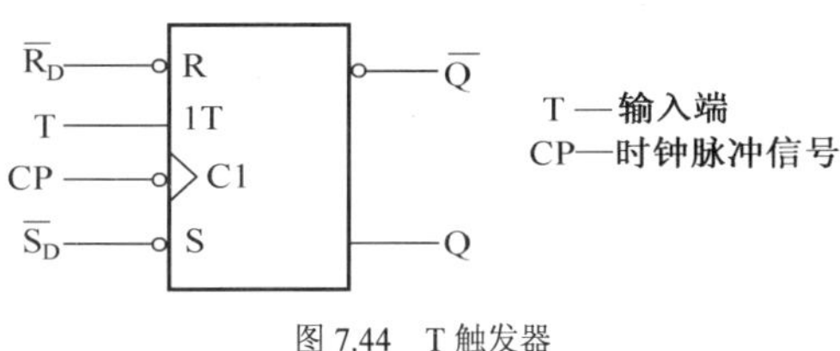

图 7.44　T 触发器

（3）含有双触发器以上国产触发器中，在它的输入、输出符号前加同一数字，如 1R、1S、1Q、1$\overline{Q}$、1CP 等表示属于同一触发器的引出端。

（4）GND——接地端；NC——空脚；$\overline{CR}$（或 CR）——总清零（置零）端，加上低电平（或高电平）信号后，可以让总线所有的触发器置 0，即 Q→0。

（5）依据基本组成器件的不同，集成触发器分成 TTL 和 CMOS 两大类。前者电源电压 V_{CC} 为+5V，后者的电源电压 V_{DD} = +3V～+18V，V_{SS} 接电源负极。

1. 识别图7.45所示触发器符号，说明各符号的含义。

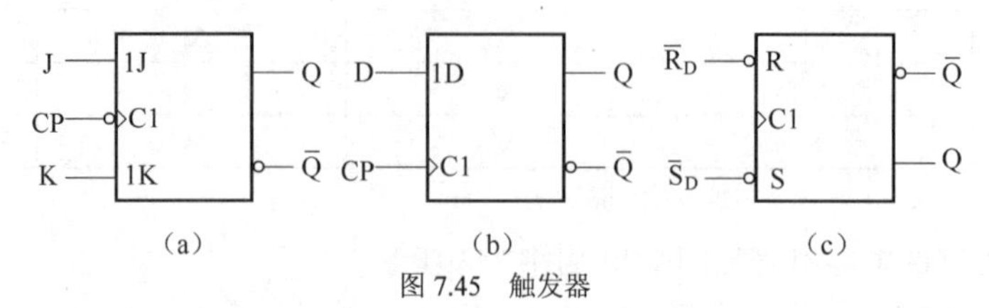

图7.45　触发器

2. 根据图7.46所示芯片外引线图，画出芯片内部组成图。

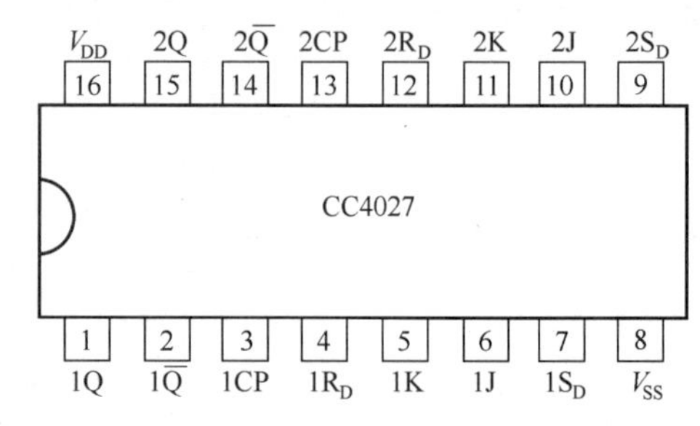

图7.46　芯片外引线图

7.3.2　验证集成触发器的逻辑功能

做一做　验证 $\overline{R}_D$、$\overline{S}_D$ 的逻辑功能

器材准备如下。

（1）直流稳压电源。

（2）万用表。

（3）双JK触发器CT74LS112，双D触发器CT74LS74。

（4）SYB-130型面包板。

（5）逻辑开关（提供高、低电平）。

（6）0-1 显示器（显示输出逻辑电平，或采用逻辑电平笔）。

（7）0-1 按钮（提供CP脉冲，或采用低频信号发生器）。

（8）集成电路起拔器。

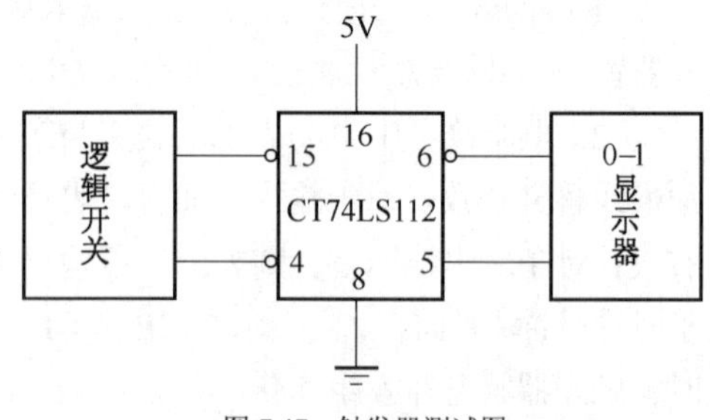

图7.47　触发器测试图

按图7.47所示连接电路，调节直流稳压电源，使输出电压为+5V，接通电路，按表7.14分别给 $\overline{R}_D$、$\overline{S}_D$ 输入信号。CP、J、K等端处于任意状态，测量并记录Q、$\overline{Q}$ 状态，记入表7.14中。

表7.14　测试记录表（CT74LS112）

CP	J	K	$\overline{R}_D$	$\overline{S}_D$	Q	$\overline{Q}$
×	×	×	0	1		
×	×	×	1	0		

将芯片换成 CT74LS74，完成上述相同测试，填入表 7.15 中。

表 7.15 测试记录表（CT74LS74）

CP	D	$\overline{R}_D$	$\overline{S}_D$	Q	$\overline{Q}$
×	×	0	1		
×	×	1	0		

$\overline{R}_D$、$\overline{S}_D$ 分别称为直接置 0 端和直接置 1 端，二者为低电平有效。它们可以不受其他输入信号影响，使触发器直接（强制）置 0 或置 1。常用于触发器初始状态清零。

如何对触发器清零？

做一做 验证触发器逻辑功能

按图 7.48 所示连接电路，使 $\overline{R}_D = \overline{S}_D = 1$（悬空），J、K 端的逻辑电平按表 7.16 所示由逻辑开关提供。CP 脉冲由 0-1 按钮提供（0→1 表示 CP 脉冲的上升沿；1→0 表示 CP 脉冲的下降沿）。

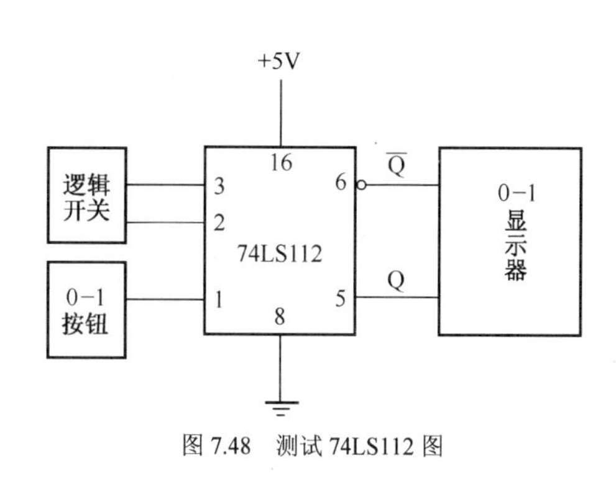

图 7.48 测试 74LS112 图

将测试结果填入表 7.16 中。

表 7.16 测试记录表（74LS112）

J	K	CP	Q_{n+1}	
			$Q_n = 0$	$Q_n = 1$
0	0	0→1		
		1→0		
0	1	0→1		
		1→0		
1	0	0→1		
		1→0		
1	1	0→1		
		1→0		

将芯片换成 74LS74（见图 7.49），重复上述实验，将结果填入表 7.17 中。

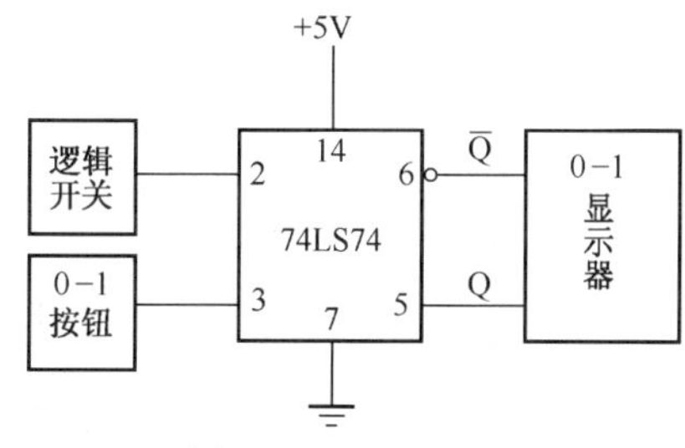

图 7.49 74LS74 测试图

表 7.17　测试记录表（74LS74）

D	CP	Q_{n+1}	
		$Q_n=0$	$Q_n=1$
0	0→1		
	1→0		
1	0→1		
	1→0		

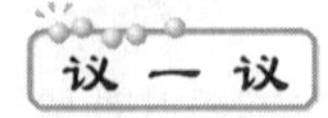

JK触发器和D触发器分别有怎样的逻辑功能？其条件如何？

读一读　各触发器的逻辑功能真值表

1. 基本RS触发器（见表7.18）

表 7.18　基本RS触发器真值表

$\overline{R}$	$\overline{S}$	Q_{n+1}	逻辑功能
0	1	0	置0
1	0	1	置1
1	1	Q_n	维持
0	0	不定	

2. 同步RS触发器（见表7.19）

表 7.19　同步RS触发器真值表

R	S	Q_{n+1}	逻辑功能
0	0	Q_n	维持
0	1	1	置1
1	0	0	置0
1	1	不定	

3. JK触发器（见表7.20）

表 7.20　JK触发器真值表

J	K	Q_{n+1}	逻辑功能
0	0	Q_n	维持
0	1	0	置0
1	0	1	置1
1	1	$\overline{Q}_n$	翻转

4. D触发器（见表7.21）

表 7.21　D触发器真值表

D	Q_{n+1}	逻辑功能
0	0	置0
1	1	置1

5. T 触发器（见表 7.22）

表 7.22　　T 触发器真值表

T	Q_{n+1}	逻辑功能
0	Q_n	维持
1	$\overline{Q}_n$	翻转

【例 7.4】 根据图 7.50 所示触发器输入波形，画出相应的输出波形。

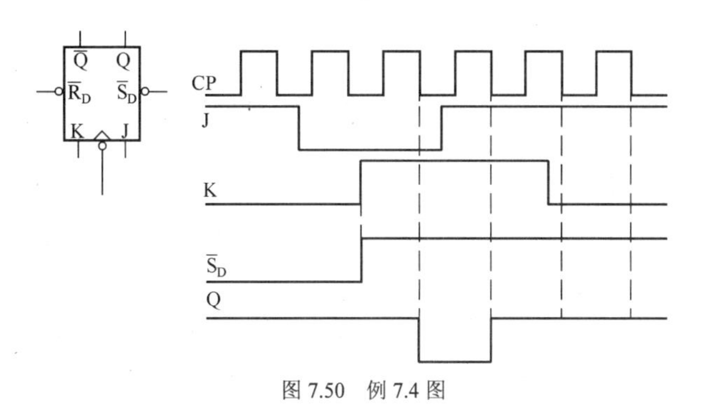

图 7.50　例 7.4 图

练一练

根据图 7.51 所示触发器输入波形，画出相应的输出波形。

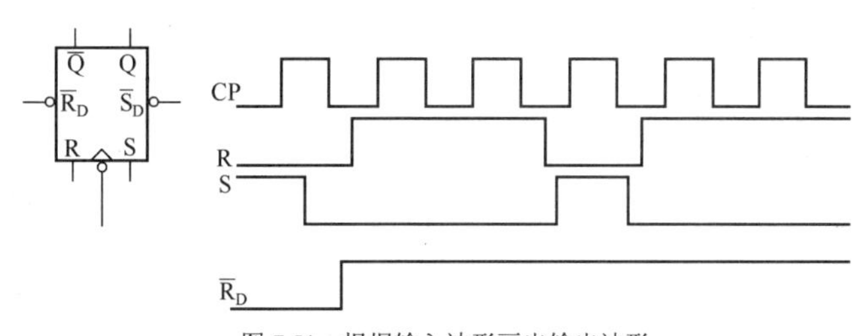

图 7.51　根据输入波形画出输出波形

做一做　触发器的应用实例——分频器

用一片 CC4027 双 JK 触发器中的一个单元电路，构成二分频器如图 7.52 所示，用示波器观察输入、输出波形，并做比较。

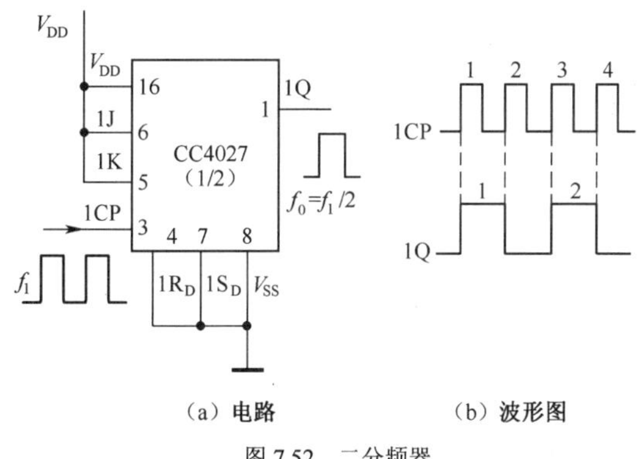

图 7.52　二分频器

图7.52中，J、K接正电源V_{DD}，即J = K = 1，触发器处于翻转状态，每来一个时钟脉冲（上升沿触发），触发器状态翻转一次。由波形可知，在1CP端输入两个时钟脉冲，则在1Q端只输出一个脉冲，即$f_0 = f_1/2$，输出信号频率是输入信号频率的一半，故称二分频器。

评一评 根据本节任务完成情况进行评价，并将结果填入下列表格。

项目 评价人	任务完成情况评价	等　级	评定签名
自己评			
同学评			
老师评			
综合评定			

知识能力训练

1. 触发器有________个稳定状态，其输出状态由________和________决定，在输入信号消失后，输出状态________（变、不变）。

2. 设触发器初态Q = 0，试根据图7.53所示输入波形，画出对应的输出波形。

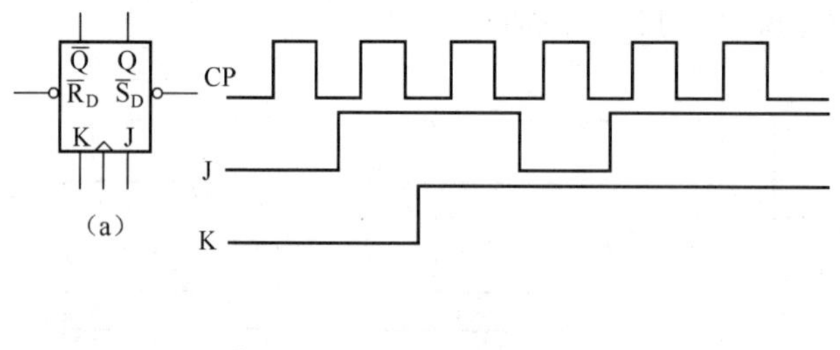

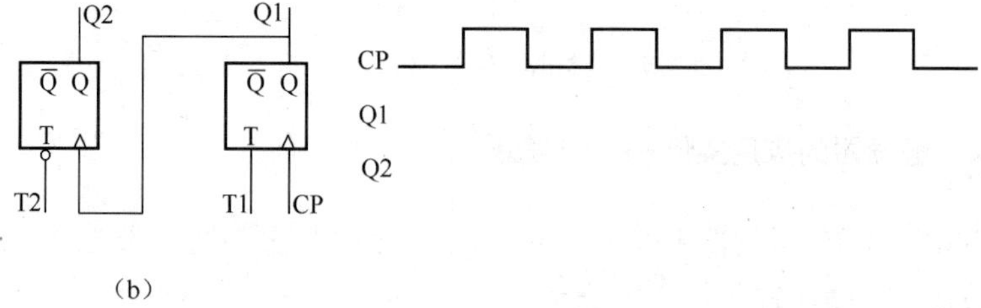

（b）

图7.53　从输入波形画出输出波形

拓展与延伸　计数、译码、显示电路简介

一、计数器

1. 二进制数

（1）只有0和1两个数码。

（2）逢2进1。

（3）表示方法：$(101)_2$、$(1110)_2$等，分别读作“101”、“1110”。

2. 二进制与十进制数互换

（1）二进制数→十进制数——乘权相加法。权指每一位的权重系数，对于二进制而言，由低到高，各位的权分别为 2^0、2^1、2^2、2^3…

二进制数的每位数码（0 或 1）乘以所在数位的权再加起来，等于对应的十进制数。

【例 7.5】 $(1011)_2=(1\times2^0+1\times2^1+0\times2^2+1\times2^3)_{10}$

$=(1\times1+1\times2+1\times8)_{10}$

$=(11)_{10}$

（2）十进制数→二进制数——除 2 取余倒记法。将十进制数不断地除以 2，直到出现商等于 0 为止，把每次得的余数倒着顺序排列即为对应的二进制数。

【例 7.6】 将十进制数 28 转换为二进制数。

2 | 28 ……0
2 | 14 ……0
2 | 7 ……1
2 | 3 ……1
2 | 1 ……1
0

$(28)_{10}=(11100)_2$

3. 二进制计数器

二进制计数器能以二进制数的形式记录输入的 CP 脉冲的个数。

N 位二进制计数器由 *N* 个触发器按一定规律连接而成，图 7.54 所示为由 JK 触发器组成的 3 位二进制计数器。

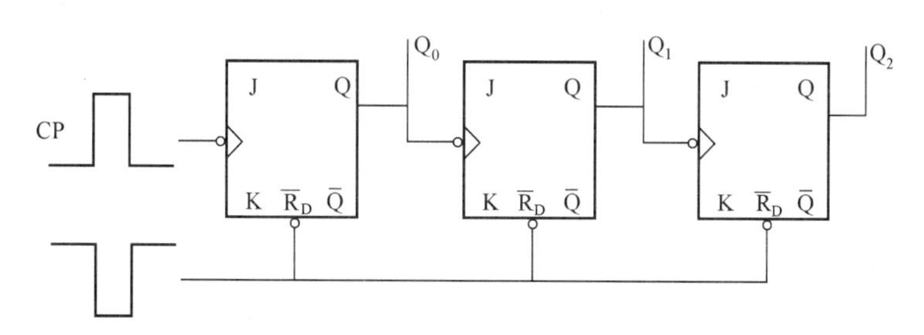

图 7.54 JK 触发器组成的 3 位二进制计数器

J、K 端均悬空（相当于 1），故 JK 触发器处于翻转状态，在开始计数前，先在 $\overline{R}_D$ 输入一个 0 信号，清零，使 $Q_2Q_1Q_0=000$，然后在 CP 端依次输入 CP 脉冲，各 Q 端状态如表 7.23 所示。

表 7.23 真值表

输入脉冲 CP 序号	Q_2	Q_1	Q_0
0	0	0	0
1	0	0	1
2	0	1	0
3	0	1	1
4	1	0	0
5	1	0	1
6	1	1	0
7	1	1	1
8	0	0	0

4. 十进制计数器

把二进制计数器转换成具有十进制计数功能的计数器，即以4位二进制数代表一位十进制数，同时遵循逢十进位的原则，如表7.24所示。

表7.24　　二进制计数器转换成十进制计数器

输入脉冲个数	二进制码				对应十进制数码
	Q_3	Q_2	Q_1	Q_0	
0	0	0	0	0	0
1	0	0	0	1	1
2	0	0	1	0	2
3	0	0	1	1	3
4	0	1	0	0	4
5	0	1	0	1	5
6	0	1	1	0	6
7	0	1	1	1	7

用二进制数码表示十进制数的方法称为二—十进制编码，简称BCD码。4位二进制编码各位的权分别为8、4、2、1，故又称为8421BCD码。

5. 8421BCD码集成计数器简介——CT74LS293

图7.55所示为4位异步二进制计数器CT74LS293外引线排列图。其中Q_0～Q_3为输出端，R_{OA}、R_{OB}为复位端，NC表示空脚。表7.25所示为CT74LS293外引线功能表。

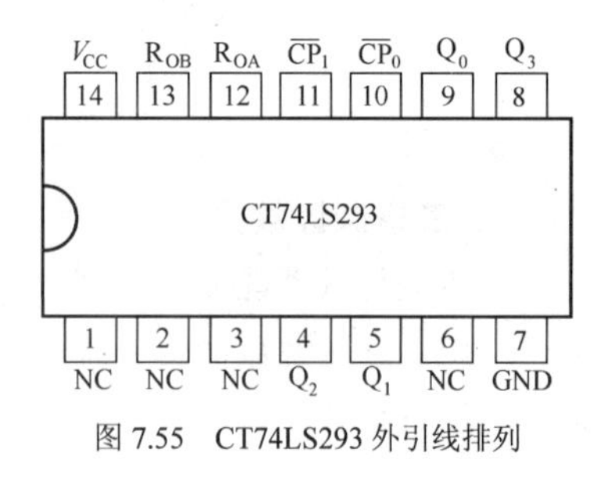

图7.55　CT74LS293外引线排列

表7.25　　CT74LS293外引线功能表

输入			输出			
R_{OA}	R_{OB}	CP	Q_3	Q_2	Q_1	Q_0
1	1	x	0	0	0	0
0	X	↓	加法计数			
x	0	↓	加法计数			

（1）当$R_{OA} = R_{OB} = 1$时，不论$\overline{CP_0}$或$\overline{CP_1}$为何种状态，计数器清零，$Q_3Q_2Q_1Q_0 = 0000$。

（2）当$R_{OA} = 0$或者$R_{OB} = 0$时，电路在$\overline{CP_0}$、$\overline{CP_1}$脉冲的下降沿作用下，进行计数操作。

若将$\overline{CP_1}$与Q_0相连，计数脉冲从$\overline{CP_0}$输入，数据从$Q_3Q_2Q_1Q_0$端输出，电路为4位异步二进制加法计数器；若计数脉冲从$\overline{CP_1}$输入，数据从$Q_3Q_2Q_1$端输出，电路为3位异步二进制加法计数器。

表中“×”表示取值任意——或0或1，“↓”表示由高电平跳变到低电平——脉冲的下降沿触发（若为“↑”，表示脉冲的上升沿——正跳变触发）。

二、数码显示器

数码显示器可将计数器的计数结果以十进制数字形式直观地显示出来。常用的数码显示器为7段数码显示器，它是由7根数码管（常用发光二极管）排列成8字形（见图7.56），不同数码管组合，即可分别显示0～9这10个十进制数码，其对照表如表7.26所示。

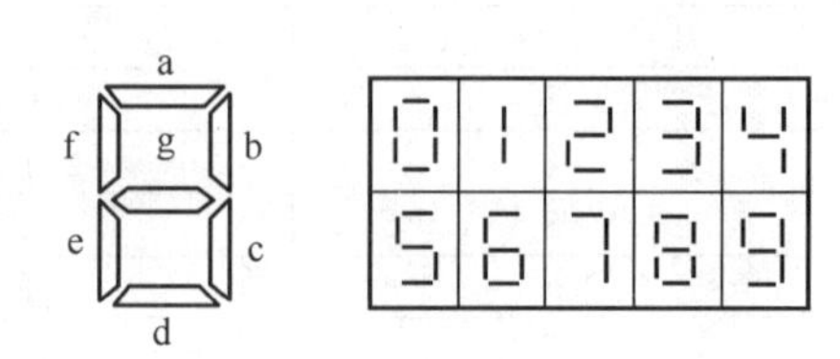

图7.56　数码显示器

表 7.26 7 段数码真值表

数\段	a	b	c	d	e	f	g
0	1	1	1	1	1	1	0
1	0	1	1	0	0	0	0
2	1	1	0	1	1	0	1
3	1	1	1	1	0	0	1
4	0	1	1	0	0	1	1
5	1	0	1	1	0	1	1
6	1	0	1	1	1	1	1
7	1	1	1	0	0	0	0
8	1	1	1	1	1	1	1
9	1	1	1	1	0	1	1

三、译码器

通常人们习惯于十进制计数方式，所以希望以十进制数形式直观地显示所记录的数，而二进制或十进制记数器记录的实际上都是二进制的形式，因此需要一种器件，把二进制数转换为对应的十进制数，这就是译码器。

根据 8421BCD 编码原则，可以用 4 位二进制数表示一位十进制数，因此只要将 4 位二进制数转变为对应十进制的 7 段码，就可以再通过 7 段显示器将记录的二进制数以十进制数的形式直观显示出来（见图 7.57）。7 段译码器的主要芯片有 74LS49 等（见图 7.58），其功能表如表 7.27 所示。

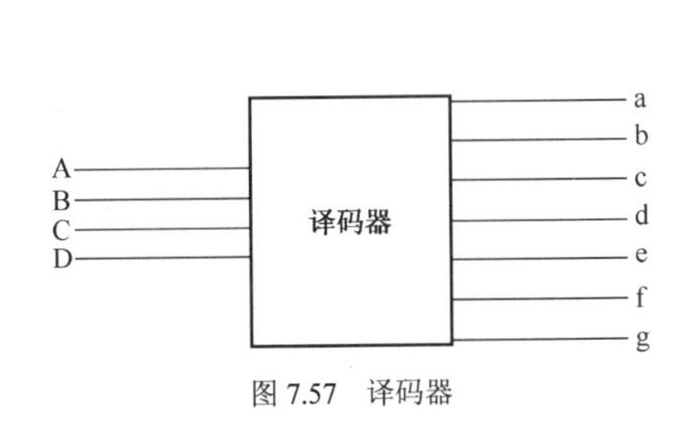

图 7.57 译码器

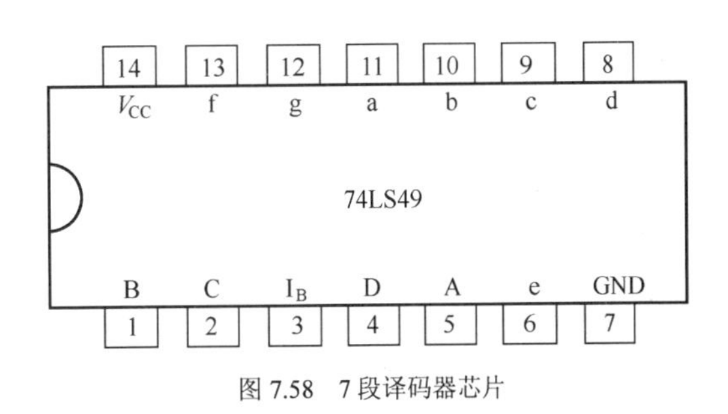

图 7.58 7 段译码器芯片

表 7.27 74LS49 功能表

输入						输出						
十进制	D	C	B	A	I_B	a	b	c	d	e	f	g
0	0	0	0	0	1	1	1	1	1	1	1	0
1	0	0	0	1	1	0	1	1	0	0	0	0
2	0	0	1	0	1	1	1	0	1	1	0	1
3	0	0	1	1	1	1	1	1	1	0	0	1
4	0	1	0	0	1	0	1	1	0	0	1	1
5	0	1	0	1	1	1	0	1	1	0	1	1
6	0	1	1	0	1	1	0	1	1	1	1	1
7	0	1	1	1	1	1	1	1	0	0	0	0
8	1	0	0	0	1	1	1	1	1	1	1	1
9	1	0	0	1	1	1	1	1	1	0	1	1
	×	×	×	×	0	0	0	0	0	0	0	0

计数译码显示器组合原理框图如图7.59所示，原理图如图7.60所示。

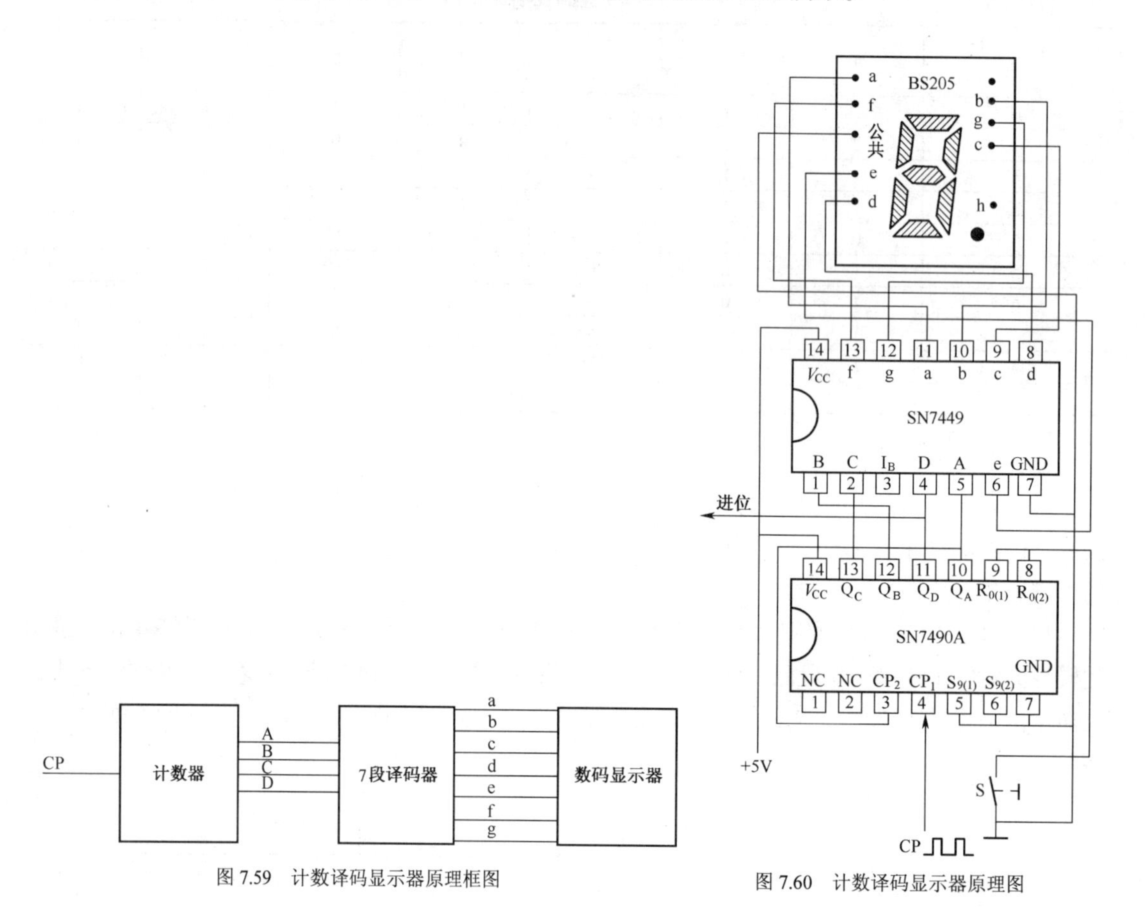

图7.59　计数译码显示器原理框图

图7.60　计数译码显示器原理图

本章小结

1. 触发器是一种具有记忆功能而且在触发脉冲作用下会翻转的电路。触发器具有两个稳定的状态：1态（Q = 1）和0态（Q = 0）。

2. 根据逻辑功能划分，触发器主要有RS触发器、JK触发器、D触发器、T触发器等。

3. 同一类型的触发器具有相同的逻辑功能，但依据其电路结构的不同，其触发条件不同，根据触发器符号可以判断其触发条件。

（1）输入信号低电平触发——输入端字母上加横线，输入端子上带有小圆圈“o”，如$\overline{R}$、$\overline{S}$。

（2）输入信号高电平触发——输入端字母上无横线，输入端子也无小圆圈“o”，如R、S、J、K。

（3）时钟脉冲上升沿触发——CP端电路符号上无小圆圈“o”；下降沿触发——CP端电路符号上有小圆圈“o”。

4. 触发器电路分析——依据触发器的符号，根据输入波形，画出输出波形。

（1）依据触发器芯片或电路符号→判别其逻辑功能和触发条件。

（2）依据输入波形→画出输出波形。

思考与练习

一、判断题

1. 逻辑乘的表达式 Y = AB 的含义是：函数 Y 的值等于自变量 A 和 B 的乘积。（　　）
2. 逻辑加的表达式 Y = A + B 的含义是：函数 Y 的值等于自变量 A、B 之和。（　　）
3. 当输入信号消失后，触发器的输出状态保持不变。（　　）
4. 当 J = K = 0 时，JK 触发器就具有了计数的功能。（　　）
5. 构成计数器的基本电路是与非门。（　　）
6. 时钟脉冲的主要作用是保证触发器的输出状态稳定。（　　）
7. 触发器的共同特点是具有记忆功能。（　　）
8. 仅具有置 0、置 1 功能的触发器叫做 D 触发器。（　　）

二、选择题

1. 下列逻辑关系式正确的是（　　）。

   a. 0 + 1 = 0　　b. 1 + 1 = 1　　c. 0 × 1 = 0　　d. A + 1 = A

   A. a 和 b　　B. b 和 c　　C. c 和 d　　D. b 和 d

2. 与逻辑是指当决定一件事情的 n 个条件（　　）满足，这件事情（　　）会发生。

   A. 全部……才　　B. 至少有一个……才

   C. 全不……才不　　D. 只要有一个……就

3. 与图 7.61 所示逻辑电路对应的逻辑关系为（　　）。

   A. $Y=\bar{A}B+A\bar{B}$　　B. $Y=AB+\overline{AB}$

   C. $Y=\overline{A+B}$　　D. $Y=\overline{AB}$

A —— =1 —— Y
B ——

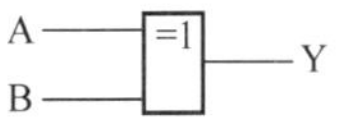

图 7.61　选择题 3 图

4. 与表 7.28 所示真值表功能相同的逻辑表达式为（　　）。

表 7.28　真值表

A	B	Y
0	0	1
0	1	0
1	0	0
1	1	0

   A. $Y=\overline{AB}$　　B. $Y=\bar{A}+\bar{B}$　　C. $Y=\bar{A}\cdot\bar{B}$　　D. $Y=A\bar{B}+\bar{A}B$

5. 或非门的逻辑功能是（　　）。

   A. 有 0 出 1，全 1 出 0　　B. 有 0 出 0，全 1 出 1

   C. 有 1 出 1，全 1 出 0　　D. 有 1 出 0，全 0 出 1

6. 逻辑功能最全的触发器为（　　）。

   A. RS 触发器　　B. JK 触发器　　C. D 触发器　　D. T 触发器

7. 将十进制数转换为二进制数，结果正确的是（　　）。

   A. $(23)_{10}=(10110)_2$　　B. $(29)_{10}=(11100)_2$

   C. $(47)_{10}=(101111)_2$　　D. $(47)_{10}=(101110)_2$

8. 下列电路中，同属于时序逻辑电路的一组是（　　）。

   A. 编码器、寄存器　　B. 寄存器、计数器

C. 加法器、触发器　　　　　　D. 触发器、计数器

三、填空题

1. 凡在________上和________上不________变化的信号，称为数字信号。
2. 异或门的逻辑功能为：当输入信号________时，输出为0；反之，输出为1。
3. 根据原理分类，数字集成电路分为两大类，即________电路和________电路。
4. 一个触发器可以记录________个二进制数，N个触发器以适当方式连接，可以记录________个二进制数。
5. 时序逻辑电路的组成包括________电路和________电路，前者具有________作用，后者具有________作用。
6. $(10010111)_{8421BCD}=(\_\_\_\_\_\_\_\_)_2=(\_\_\_\_\_\_\_\_)_{10}$。
7. 用来累计和寄存脉冲数目的部件称为________。

四、分析题

1. 写出图7.62所示电路的逻辑关系式，列出其真值表，并说明它的逻辑功能。
2. 根据图7.63所示输入信号A、B、C的波形，画出各门电路的输出信号Y_1、Y_2、Y_3的波形。

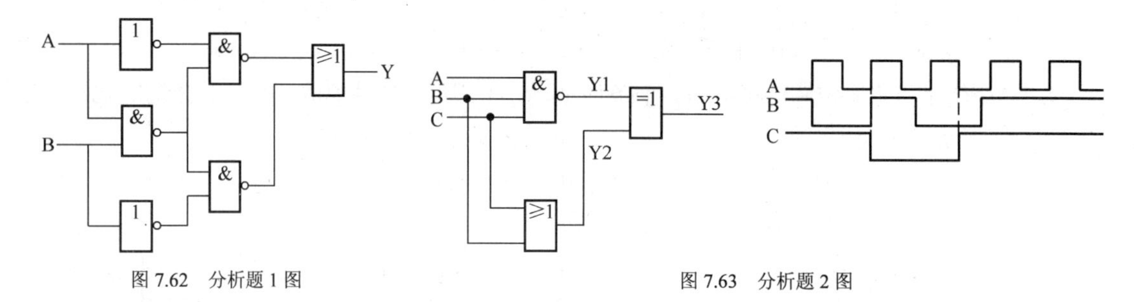

图7.62　分析题1图　　　　图7.63　分析题2图

3. 根据图7.64所示输入信号波形，画出对应的输出信号波形（设初态Q＝1）。

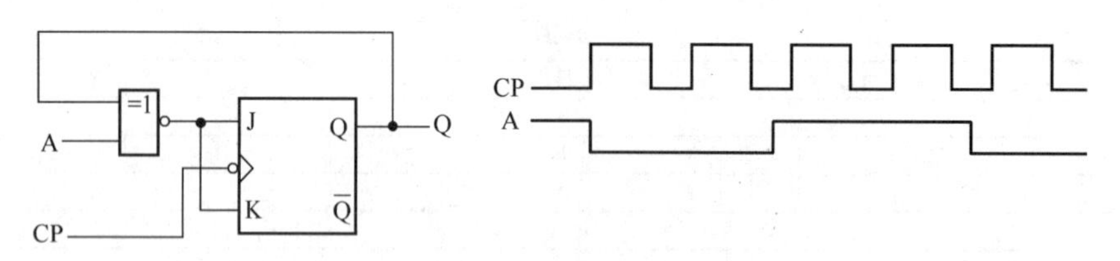

图7.64　分析题3图

4. 初态$Q_1=1$，$Q_2=0$，设$T_1=T_2=1$，试根据图7.65所示CP的波形画出Q_1、Q_2输出波形。

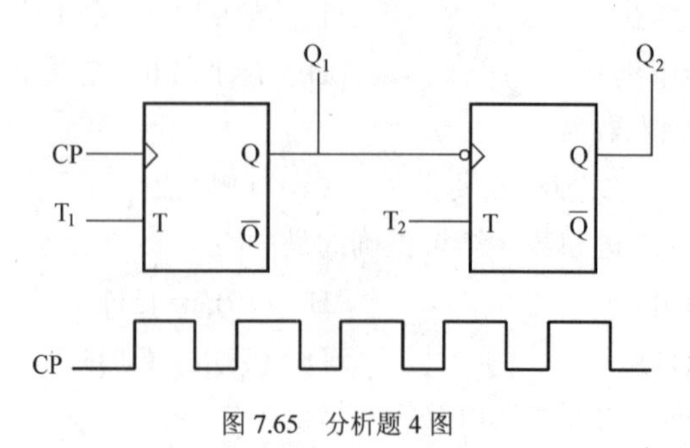

图7.65　分析题4图

附录 A

一、半导体器件型号命名方法

根据中华人民共和国国家标准（GB 249—89）规定，我国半导体器件的型号是按照它的材料、性能、类别来命名的。一般半导体器件的型号由 5 部分组成，如表 A1 所示，而有些半导体器件如场效应管、半导体特殊器件、PIN 型管和激光器件只由第三、四、五部分组成。

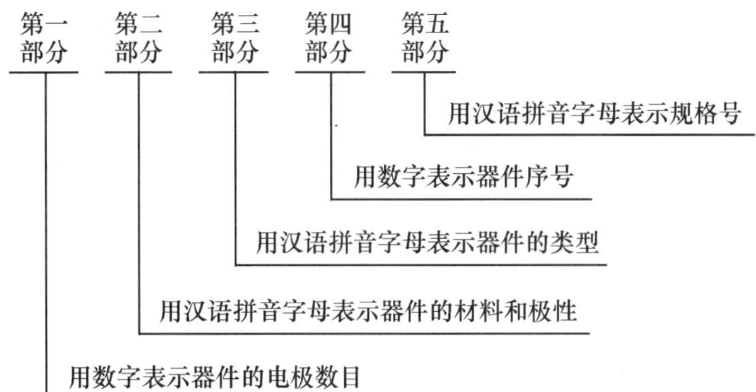

表 A1　　中国半导体器件型号组成部分的符号及其意义

第一部分		第二部分		第三部分				第四部分	第五部分
用数字表示器件的电极数目		用汉语拼音字母表示器件的材料和极性		用汉语拼音字母表示器件的类型				用数字表示器件序号	用汉语拼音字母表示规格号
符号	意义	符号	意义	符号	意义	符号	意　义		
2	二极管	A	N 型，锗材料	P	普通管	D	低频大功率管		
		B	P 型，锗材料	V	微波管	A	高频大功率管		
		C	N 型，硅材料	W	稳压管	T	半导体闸流管（可控整流器）		
		D	P 型，硅材料	C	参量管				
3	三极管	A	PNP 型，锗材料	Z	整流管	Y	体效应器件		
		B	NPN 型，锗材料	L	整流堆	B	雪崩管		
		C	PNP 型，硅材料	S	隧道管	J	阶跃恢复管		
		D	NPN 型，硅材料	N	阻尼管	CS	场效应器件		
		E	化合物材料	U	光电器件	BT	半导体特殊器件		
				K	开关管	FH	复合管		
				X	低频小功率管	PIN	PIN 管		
				G	高频小功率管	JG	激光器件		

示例：

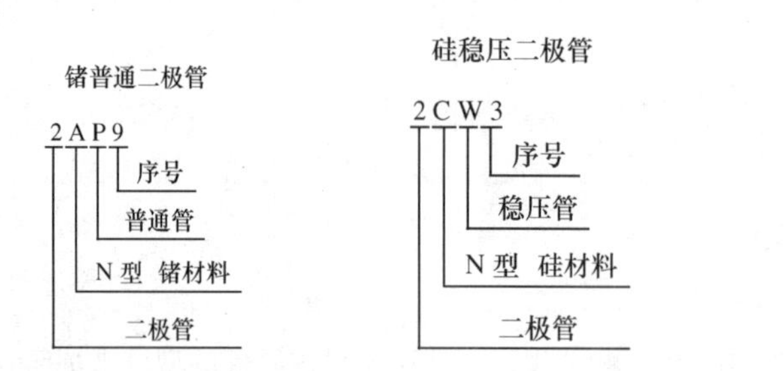

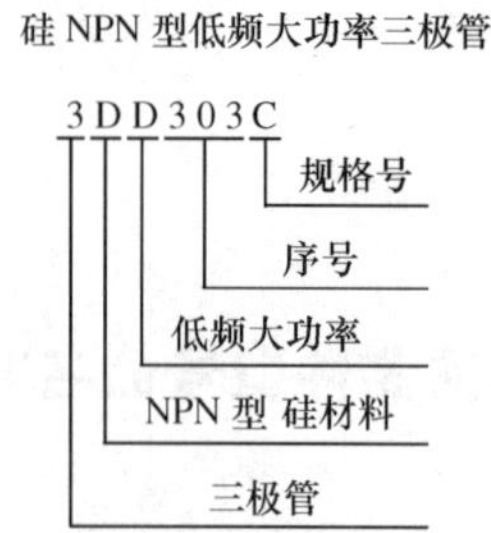

二、集成电路型号命名方法

1982年国家标准局颁布了国家标准《半导体集成电路型号命名方法》，在GB3430—82规定的CT1000～CT4000等系列的基础上，为了适应国内外集成电路发展的需要，在1989年又进行了修改，完全采用了国际通用的器件系列和品种代号。现行的集成电路就是以新国标GB3430—89规定命名，器件的型号由5大部分组成，各部分的符号及含义如表A2所示。

表A2　　我国集成电路现行国家标准命名规定

第0部分	第一部分	第二部分	第三部分	第四部分
C	×	××…	×	×
中国国标产品	器件类型	器件系列品种代号	工作温度范围	封装形式
	T：TTL	其中TTL分为：	C：0℃～70℃	F：多层陶瓷扁平
	H：HTL	54/74×××	G：-25℃～70℃	B：塑料扁平
	E：ECL	54/74H×××	L：-25℃～85℃	H：黑瓷扁平
	C：CMOS	54/74L×××	E：-40℃～85℃	D：多层陶瓷双列直插
	F：线性放大器	54/74S×××	R：-55℃～85℃	J：黑瓷双列直插
	D：音响电视电路	54/74LS×××	M：-55℃～125℃	P：塑料双列直插
	W：稳压器	54/74AS×××	⋮	S：塑料单列直插
	J：接口电路	54/74AL×××		T：金属圆壳
	B：非线性电路	54/74F×××		K：金属菱形
	M：存储器			C：陶瓷芯片载体
	μ：微型机电路	CMOS分为：		K：塑料芯片载体
	AD：A/D转换器	4000系列		G：网络针栅阵列
	DA：D/A转换器	54/74HC×××		⋮
	SC：通信专用电路	54/74HCT×××		
	⋮	⋮		

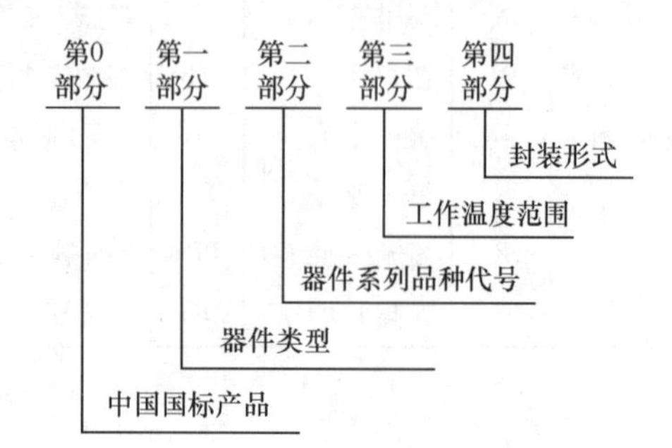

示例：

1. 肖特基 TTL 四 2 输入与非门

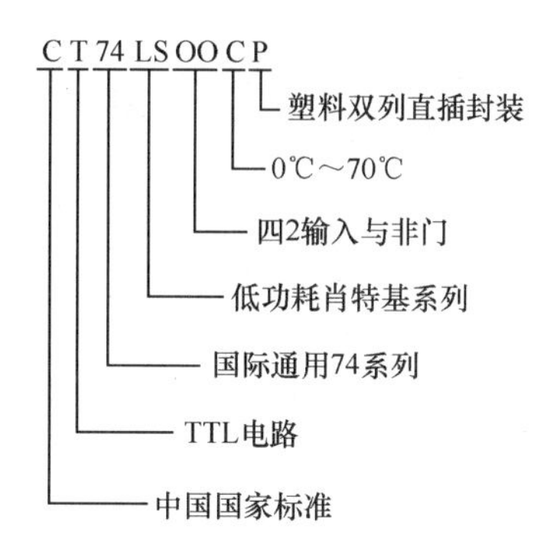

2. CMOS 四 2 输入或非门

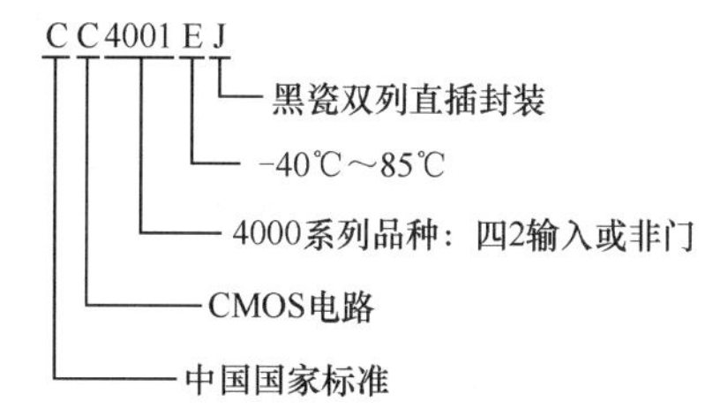

参 考 文 献

[1] 陈振源，褚丽歆．电子技术基础．北京：人民邮电出版社，2006.
[2] 俞艳．电工基础．北京：人民邮电出版社，2006.
[3] 谭克清．电子技能实训——初级篇．北京：人民邮电出版社，2006.
[4] 陈其纯．电子线路．北京：高等教育出版社，2001.
[5] 金国砥．维修电工与实训——初级篇．北京：人民邮电出版社，2006.
[6] 周绍敏．电工基础．北京：高等教育出版社．2001.
[7] 何焕山．工厂电气控制设备．北京：高等教育出版社．1999.
[8] 劳动和社会保障部教材办公室．维修电工技能训练．北京：中国劳动社会保障出版社，2001.
[9] 黄净．电器与 PLC 控制技术．北京：机械工业出版社，2005.
[10] 文春帆，邓金强：电工与电子技术．北京：高等教育出版社，2001.